机械制造技术
课程设计指导书

主　编　严慧萍　刘立美
参　编　沈建成　焦爱胜
　　　　马淑霞　国洪建
主　审　王华栋

西安电子科技大学出版社

内 容 简 介

本书主要介绍机械加工工艺规程的编制和工艺装备的设计。

全书分为六部分。第一部分介绍了机械加工工艺规程及工艺装备设计的目的、内容和设计步骤。第二部分以轴类零件、盘类零件和箱体零件为实例，介绍了这些典型零件机械加工工艺规程的编制和典型表面加工的方法及使用的工装。第三部分介绍了组合机床的设计，包括组合机床总体设计、组合机床“三图一卡”以及组合机床主轴箱设计。第四部分为中等难度的零件图样。第五部分是工艺及工装设计过程中常用的部分参考资料。

图书在版编目(CIP)数据

机械制造技术课程设计指导书/严慧萍主编. —西安：西安电子科技大学出版社，2014.8

高职高专机电类专业“十二五”规划教材

ISBN 978-7-5606-3297-1

Ⅰ. ① 机…　Ⅱ. ① 严…　Ⅲ. ① 机械制造工艺—课程设计—高等职业教育—教学参考资料

Ⅳ. ① TH16-41

中国版本图书馆 CIP 数据核字(2014)第 142722 号

策　　划　马晓娟

责任编辑　马晓娟

出版发行　西安电子科技大学出版社(西安市太白南路 2 号)

电　　话　(029)88242885　88201467　　邮　　编　710071

网　　址　www.xduph.com　　电子邮箱　xdupfxb001@163.com

经　　销　新华书店

印刷单位　陕西天意印务有限责任公司

版　　次　2014 年 8 月第 1 版　　2014 年 8 月第 1 次印刷

开　　本　787 毫米×1092 毫米　1/16　印　张　13

字　　数　304 千字

印　　数　1～3000 册

定　　价　21.00 元

ISBN 978-7-5606-3297-1/TH

XDUP　3589001-1

前　言

制造技术水平是一个国家综合国力的集中体现，装备制造业是为国民经济提供技术装备的战略性产业，而机械制造及其自动化专业则是以培养满足装备制造业的高等技术应用型专门人才为根本任务的。作为甘肃省特色专业建设和国家级教学团队建设的必要，也为进一步满足装备制造业对高等技术应用型专门人才的需要，我们编写了《机械制造技术课程设计指导书》。本书是编者借鉴教学改革的经验，结合多年指导课程设计和毕业设计的经验和体会编写的。本书从一般高等技术应用型人才需要出发，强调实际、实用、实践，加强技能培养，突出工程实践，内容适度、简练。本书可供机械类专业学生在课程设计和毕业设计时使用。

本书具有以下特点：

1. 以机械制造工艺及工装设计为主线，将理论和实践有机地结合起来，形成全新的体系，把对学生应用能力的培养贯穿到各个部分。

2. 通过典型零件工艺规程编制和工艺装备设计的分析，系统地介绍了工艺设计和工艺装备设计的内容、方法和步骤，有理论有实例，便于教师指导和学生自学。

3. 借鉴机械 CAD 技术，表达了组合机床的外形特征及内部传动机构，使组合机床设计更直观、易懂。

本书由严慧萍、刘立美主编，沈建成、焦爱胜、马淑霞、国洪建参编，王华栋教授主审。其中第一部分、第二部分课题一和第三部分由严慧萍、马淑霞编写，第二部分课题二和课题三由刘立美、沈建成编写，第四部分和第五部分由焦爱胜、国洪建编写。全书由严慧萍、刘立美统稿。

限于编者水平，书中难免存在疏漏和不妥之处，恳请读者批评指正。

编　者

2014 年 6 月

目　录

第一部分　机械加工工艺规程及工艺装备设计指导……1
设计目的……1
设计内容要求……1
设计步骤……2
一、审查零件图……2
二、拟定机械加工工艺路线……3
三、设计与工艺规程相适应的专用机床夹具……4
四、设计专用设备……4
五、设计组合机床主轴箱部件装配总图……5
六、绘制图纸的要求……5
七、撰写设计说明书……5
第二部分　典型零件工艺规程及工艺装备设计……6
课题一　轴类零件……6
第一节　概述……6
一、轴类零件的功用和结构特点……6
二、轴类零件的技术要求……6
三、轴类零件的材料、毛坯及热处理……7
四、轴类零件的典型工艺过程……7
第二节　零件外圆表面的加工……8
一、外圆表面的车削加工……8
二、外圆表面的磨削加工……8
三、外圆表面的精密加工……8
四、外圆表面的加工方案及其选择……8
第三节　外圆表面加工常用工艺装备……8
一、车刀……8
二、砂轮……10
三、车床夹具……11
四、典型轴类零件加工工艺分析……14
五、实例……14
课题二　盘套类零件的加工工艺……38
第一节　概述……38
一、盘套类零件的功用和结构特点……38
二、盘套类零件的技术要求……38

三、盘套类零件的材料、毛坯及热处理......39
第二节　盘套类零件的加工工艺过程与分析......39
一、盘套类零件的加工工艺过程......39
二、盘套类零件的加工工艺过程分析......40
三、盘套类零件的加工精度分析......41
第三节　盘套类零件的工艺装备......41
一、盘类零件夹具......41
二、套类零件夹具......42
第四节　实例......43
课题三　箱体类零件的加工......59
第一节　概述......59
一、箱体类零件的功用和结构特点......59
二、箱体类零件的技术要求......59
三、箱体类零件的材料......60
四、毛坯及热处理......60
五、箱体类零件的工艺规程原则......60
第二节　平面加工......60
一、铣削加工......60
二、刨削加工......61
三、平面磨削......62
四、平面加工方案及其选择......62
第三节　平面的精密加工......65
一、平面刮削......65
二、平面研磨......66
三、平面抛光......66
第四节　铣削加工常用的工艺装备......66
一、铣削刀具......66
二、铣床夹具......67
第五节　箱体类零件的孔系加工及常用工艺装备......68
一、平行孔系的加工......68
二、同轴孔系的加工......71
三、镗床夹具......72
第六节　实例......73
一、工农-12L 手扶拖拉机变速箱体三维实体......73
二、箱体机械加工工艺过程及工艺分析......74
三、工艺路线的制定......75
第三部分　组合机床设计......102
概述......102
一、组合机床的特点......102

二、组合机床的分类……103
课题一　组合机床总体设计……115
一、组合机床的设计步骤……115
二、组合机床方案的确定……116
三、确定切削用量及选择刀具……118
课题二　组合机床“三图一卡”……129
一、被加工零件工序图……130
二、加工示意图……130
三、机床联系尺寸总图……131
四、机床生产率计算卡……132
五、机床负荷率……133
课题三　组合机床主轴箱设计……134
一、概述……134
二、主轴箱的用途……134
三、主轴箱的种类及结构……134
四、主轴箱通用零件……138
五、主轴箱的通用部件……138
六、主轴箱的设计步骤和内容……139
七、主轴箱的设计特点……145
课题四　组合机床设计实例……147
一、敦煌-12 型 195 柴油机气缸盖的实体……147
二、钻后面六孔组合机床设计……147
三、钻后面六孔组合机床主轴箱设计……152
四、钻后面六孔组合机床整体效果图……155
第四部分　设计图样……156
第五部分　机械制造常用参考资料……186
参考文献……200

第一部分　机械加工工艺规程及工艺装备设计指导

设 计 目 的

通过机械加工工艺规程及工艺装备的设计实践，培养学生分析和解决生产工艺问题的能力，使其初步掌握机械加工工艺规程及工艺装备设计的基本方法。

① 培养学生运用机械制造工艺学及有关课程的知识，结合生产实习中学到的实践知识，独立地分析和解决加工工艺相关问题。

② 根据被加工零件的技术要求，运用机床夹具设计的基本原理和方法，学会拟定夹具设计方案，完成夹具结构设计，提高结构设计的能力。

③ 根据被加工零件的典型工序，运用组合机床设计方法，掌握组合机床总体设计和多轴箱设计的方法、步骤。

④ 培养学生熟悉并运用有关手册、规范、图册、图表等技术资料的能力。

⑤ 进一步培养学生的识图、制图、运算及编写技术文件等基本技能。

设计内容要求

(1) 分析零件图。

(2) 确定毛坯种类、余量、形状并绘制毛坯-零件合图。

(3) 编制零件的机械加工工艺规程，填写工艺规程卡片。

(4) 设计指定工序的单工位组合机床、专用夹具。

① 被加工零件工序图。

② 加工示意图。

③ 机床联系尺寸图。

④ 生产率计算卡。

⑤ 专用夹具设计。

⑥ 组合机床传动方案设计。

⑦ 组合机床主轴箱装配总图设计。

(5) 撰写设计说明书：根据毕业设计(论文)撰写规范完成。引用公式、参数时要注明其来源，要求语言简练、文字通顺。

设 计 步 骤

一、审查零件图

1. 分析零件图

熟悉零件在产品中的作用、位置、装配关系和工作条件，分析各项技术要求对零件装配质量和使用性能的影响，找出主要的或关键的技术要求，然后对零件图样进行分析。

(1) 检查零件图的完整性和正确性。

在熟悉零件形状和结构之后，检查零件视图是否正确、足够，表达是否直观、清楚，绘制是否符合国家标准，尺寸、公差以及技术要求的标注是否齐全、合理等。

(2) 零件的技术要求分析。

零件的技术要求包括下列几个方面：加工表面的尺寸精度；主要加工表面的形状精度；主要加工表面之间的相互位置精度；加工表面的粗糙度以及表面质量方面的其它要求；热处理要求；其它要求(如动平衡、未注圆角或倒角、去毛刺、毛坯要求等)。

要注意分析这些要求在保证使用性能的前提下是否经济合理，在现有生产条件下能否实现。特别要分析主要加工表面的技术要求。

(3) 零件的材料分析。

分析所选用毛坯材质本身的机械性能和热处理状态，例如若毛坯为铸件，则要分析毛坯的铸造品质和被加工部位的材料硬度是否有白口、夹砂、疏松等；判断其加工的难易程度，为选择刀具材料和切削用量提供依据。所选的零件材料应经济合理，切削性能好，满足使用性能的要求。

(4) 合理的标注尺寸。

① 零件图上的重要尺寸应直接标注，而且在加工时应尽量使工艺基准与设计基准重合，并符合尺寸链最短的原则。

② 零件图上标注的尺寸应便于测量，不要从中心线、假想平面等难以测量的基准标注尺寸。

③ 零件图上的尺寸不应标注成封闭式，以免产生矛盾。

④ 零件图上非配合的自由尺寸，应按加工顺序尽量从工艺基准注出。

2. 零件的结构工艺性分析

零件的结构工艺性是指在满足使用性能的前提下，能以较高的生产率和最低的成本方便地加工出来的特性。为了方便零件的加工，必须对零件的结构工艺性进行详细的分析。零件的结构工艺性分析主要考虑如下几方面：

(1) 有利于达到要求的加工质量。

① 合理确定零件的加工精度与表面质量。

加工精度若定得过高会增加工序和制造成本，过低会影响其使用性能，故必须根据零件在整个机器中的作用和工作条件合理地确定，尽可能使零件加工方便且制造成本低。

② 保证位置精度的可能性。

为保证零件的位置精度，最好使零件能在一次安装中加工出所有相关表面，这样就能依靠机床本身的精度来达到所要求的位置精度。

(2) 有利于减少加工量。

尽量减少不必要的加工表面，避免或简化内表面的加工。

(3) 有利于提高劳动生产率。

① 零件的有关尺寸应力求一致，并能用标准刀具加工。

② 尽量减少零件的安装次数。

零件的加工表面应尽量分布在同一方向，或互相平行，或垂直，可同时将次要表面也加工出来；孔端的加工表面应为圆形凸台或沉孔，以便在加工孔时同时将凸台或沉孔全锪出来。

③ 零件的结构应便于加工。

④ 避免在斜面上钻孔或钻头单刃切削。

⑤ 便于多刀或多件加工。

二、拟定机械加工工艺路线

根据给定的题目和生产批量，分析并设计零件的机械加工工艺规程：

(1) 根据生产纲领确定机械加工的生产类型。

生产纲领指企业在计划期内应当生产的产品产量和进度计划，一般以年为单位，即一年中制造产品的数量。零件的生产纲领还应包括备品和废品，可按下式计算：

$$N = Qn(1 + a\%)(1 + b\%)$$

式中：N——零件的生产纲领，件/年；

Q——产品的生产纲领，台/年；

n——每台产品包括的该零件的数量，件/台；

a——备品率；

b——废品率。

(2) 选择毛坯种类和绘制零件毛坯图。

① 毛坯种类选择。根据零件的材料、力学性能、结构形状、尺寸、生产批量和精度要求确定。

② 确定毛坯的加工余量。

③ 绘制零件毛坯图。对型材毛坯，只需选择其型号和直径、长度等，无需画毛坯图；对铸、锻件，应在零件图的基础上确定毛坯的分型(模)面、毛坯余量、铸造(或模锻)斜度及毛坯圆角等。绘制毛坯图时以实线表示毛坯表面轮廓，以双点划线表示经切削加工后的表面，在剖面图上用交叉十字线表示加工余量。图上要标注出主要尺寸及公差。

(3) 拟定机械加工工艺路线。

① 选择零件加工表面的加工方法。

② 选择工序定位基准。

③ 确定工序数目和顺序。

④ 确定工序尺寸及公差。

(4) 选择或设计机床和工艺装备。

① 选择机床。其原则是机床的生产率与零件的生产类型相适应。

② 选择刀具。

③ 选择量具。

④ 选择或设计夹具。

(5) 选择切削用量。

(6) 计算工时定额。

(7) 填写机械加工工艺文件。

三、设计与工艺规程相适应的专用机床夹具

(1) 按照选定的定位基准，选择合理的定位元件。

(2) 确定夹紧机构。考虑夹紧力的大小、方向和作用点的数量与位置，确定夹紧力的力源装置。

(3) 绘制夹具草图。

(4) 分析夹具精度。当工件在工序尺寸方向上产生的总误差$\varDelta_{工件}$小于工序尺寸规定的公差$T_{工件}$时，则说明夹具是符合要求的。

(5) 绘制夹具装配总图和非标准件的零件图。

四、设计专用设备

学生应按照设计任务书的要求，设计指定工序的加工专用设备，绘制该工序被加工零件的工序图、加工示意图、机床联系尺寸总图，填写生产率计算卡。

(1) 被加工零件工序图。图中应突出本专用机床的加工内容，被加工表面用粗实线表示，非加工表面用细实线表示。

(2) 加工示意图。标明机床的加工方法、切削用量、工作循环和工作行程；工件、刀具及其导向元件与机床主轴箱之间的相对位置及联系尺寸；刀具类型、数量和结构尺寸；刀具、接杆及主轴之间的连接方式及配合尺寸，刀具、导向套间的配合；接杆、浮动卡头、导向装置等结构尺寸，等。

(3) 机床生产率计算卡。包括：

① 理想生产率Q。

② 实际生产率Q_1。

③ 机床生产率$\eta_{负} = Q_1/Q$。

④ 组合机床负荷率一般取0.75～0.90，自动线负荷率取0.6～0.7。

(4) 机床联系尺寸总图。

① 表明机床的装配形式和总体布置，画出各主要部件的外形轮廓形状和相对位置关系。

② 完整地反映各部件间的主要装配关系和相互间的联系尺寸，专用部件的主要轮廓尺

寸，运动部件的运动极限位置及动力部件总行程与工作循环图。

③ 标明主要通用部件的规格代号、电动机型号、功率及转速，机床各组成部件的分组编号、组件名称等。

五、设计组合机床主轴箱部件装配总图

绘制主轴箱装配图时，先初步估算各传动轴的直径及各对齿轮的模数，计算齿轮的分度圆直径以及各传动轴之间的中心距等，然后进行主轴箱展开图的具体结构设计。

六、绘制图纸的要求

机械结构装配图要求视图基本完整，符合最新国家标准，图面整洁，质量高。

七、撰写设计说明书

设计说明书的论述要有科学根据，要有说服力；计算部分须指出公式来源并说明公式中的符号所代表的意义，公式中所有常数或系数必须正确，计算结果要足够准确，计算过程可以省略，计算中采用的数据及计算结果可列表表示；说明书分章节段落叙述，通顺简练，有条理；所有图表、线图、简图应符合设计撰写规范的要求。

第二部分　典型零件工艺规程及工艺装备设计

课题一　轴类零件

第一节　概　述

一、轴类零件的功用和结构特点

轴类零件是机器中最常见的零件之一。它主要起支承传动零部件、传递转矩及承受载荷的作用。

轴类零件是旋转体零件，主要由内外圆柱面、内外圆锥面、螺纹、花键及横向孔等组成。轴类零件根据其结构的不同，可分为光轴、空心轴、半轴、阶梯轴、花键轴、十字轴、偏心轴、曲轴及凸轮轴等。

二、轴类零件的技术要求

1. 尺寸精度和几何形状精度

轴的轴颈(主要是安装支承轴承和传动件的部位)是轴类零件的重要表面，表面粗糙度数值要求较小，加工精度要求较高，它的质量好坏直接影响轴工作时的回转精度。

轴颈的直径精度根据使用要求通常为 IT6，有时可达 IT5，其几何形状精度(圆度、圆柱度)应限制在直径公差之内。精度要求高的轴应在设计图上明确标注形状公差。

2. 位置精度

配合轴颈(装配传动件的轴颈)相对支承轴颈(装配轴承的轴颈)的同轴度以及轴颈与支承端面的垂直度通常要求较高。普通精度轴的装配轴颈相对于支承轴颈的径向圆跳动一般为 0.01 mm～0.03 mm，精度高的轴为 0.001 mm～0.005 mm；端面圆跳动为 0.005 mm～0.01 mm。

3. 粗糙度

轴类零件的各个加工表面均有表面粗糙度的要求。一般情况下，支承轴颈的表面粗糙度要求最小，为 Ra0.63～0.16。配合轴颈的表面粗糙度次之，为 Ra2.5～0.63。

三、轴类零件的材料、毛坯及热处理

1．轴类零件的材料

轴类零件材料常用 45 钢；对于中等精度而转速较高的轴，可用 40Cr 等合金结构钢；精度较高的轴可选用轴承钢 GCr15 和弹簧钢 65Mn 等，也可用球墨铸铁；对于高转速、重载荷条件下工作的轴，用 20CrMnTi、20Mn2B、20Cr 等低碳合金钢或 38CrMoAl 氮化钢。

2．轴类零件的毛坯

轴类零件常用的毛坯是圆棒料和锻件；对于大型或复杂的轴采用铸件。毛坯经加热锻造，使其内部纤维组织沿表面均匀分布，从而获得较高的抗拉、抗弯及抗扭强度，故一般比较重要的轴多采用锻件。依据生产批量的大小，毛坯的锻造方式分为自由锻和模锻。

3．轴类零件的热处理

轴类零件的使用性能除与材料有关外，还与热处理有关。锻造零件在加工之前，需安排正火或退火处理(含碳量大于 0.7%的碳钢和合金钢)，以使钢材内部晶粒细化，消除锻造应力，降低材料硬度，改善切削加工性能。

为了获得较好的综合力学性能，轴类零件常要求调质处理。毛坯余量大时调质安排在粗车之后，半精车之前，以消除粗车产生的残余应力；毛坯余量小时可安排在粗车之前。表面淬火一般安排在精加工之前，这样可纠正因淬火引起的局部变形。对精度要求高的轴，在局部淬火或粗磨之后，还需进行低温时效处理(在 160℃油中进行长时间的低温时效)，以保证尺寸的稳定。

对于氮化钢(如 38CrMoAl)，需要在渗氮之前进行调质和低温时效处理。对调质的质量要求也很严格。不仅要求调质后索氏体组织均匀细化，而且要求离表面 8 mm～10 mm 层内铁素体含量不超过 5%，否则会造成氮化脆性而影响其质量。

四、轴类零件的典型工艺过程

1．预备加工

预备加工包括校直、车断、车端面和钻中心孔。

2．粗车工序

粗车的顺序是先加工直径较大的外圆表面，后加工直径小的外圆表面。端面加工顺序与外圆加工相同。车槽、倒角等。

3．精车工序

按粗加工顺序精车外圆和端面。

4．其它工序

车螺纹、铣键槽、铣花键、钻孔等。

5．热处理工序

按工艺需要可在粗车或精车工序后安排热处理工序。

6. 磨削工序

当加工外圆表面精度较高，粗糙度值较小，以及淬火后的工件时，可用磨削加工。

第二节　零件外圆表面的加工

一、外圆表面的车削加工

粗车(IT12～IT11，Ra25～12.5)—半精车(IT10～IT9, Ra6.3～3.2)—精车(IT8～IT6，Ra1.6～0.8)—金刚石车(IT6～IT5，Ra0.8～0.2)，如果加工精度要求较低，也可以只取粗车或粗车—半精车。半精加工和精加工一般用于加工中等精度的套、短轴类零件的外圆；有色金属的外圆以及零件结构不允许磨削的外圆；精度高时可采用金刚石车，但不宜加工黑色金属。

二、外圆表面的磨削加工

磨削前的加工(粗车—调质—精车—淬火)—粗磨(IT8～IT7，Ra0.8～0.4)—精磨(IT6～IT5，Ra0.4～0.2)，用于加工精度高，需磨削的除有色金属外的各类零件的外圆。

三、外圆表面的精密加工

精密加工有精磨、研磨(IT5～IT3，Ra0.1～0.008)、精密磨削(IT5，Ra0.2～0.008)、砂带磨削(IT6～IT5，Ra0.4～0.1)、抛光等(Ra0.2～0.1)。

四、外圆表面的加工方案及其选择

(1) 一般最终工序采用车削加工方案的，适用于除淬火钢外的各种金属。

(2) 最终工序采用磨削加工方案的，适用于淬火钢及未淬火钢、铸铁，但不宜加工强度低、韧性大的有色金属。磨削前的精度无需很高，否则对车削不经济，对磨削无意义。

(3) 最终工序采用精细车或研磨方案的，适用于有色金属的精加工。

(4) 研磨和高精度磨削前的外圆精度和粗糙度对生产率和加工质量影响极大，所以在研磨或高精度磨削前一般都要进行精磨。

(5) 对尺寸精度要求不高，而粗糙度值要求小且光亮的外圆，可通过抛光达到要求。

第三节　外圆表面加工常用工艺装备

若外圆尺寸很小，应选用仪表车床；直径大、长度短的大型工件，可选用立式车床；单件小批生产，应选用卧式车床；成批生产，一般选用仿形及多刀车床；大量生产常选用自动或半自动车床加工。

一、车刀

车刀按加工零件外圆表面特征分为外圆车刀、切断车刀、螺纹车刀；按车刀结构分为整体式、焊接式、机夹式和可转位式。

为了有效地提高刀具的耐用度，减小切削力，提高加工表面质量和生产率，必须合理选择刀具角度的数值。车刀的几个主要角度的作用和选用原则如下所述。

1．前角 γ_o

增大前角可使切削刃锋利，切削轻快，刀—屑面间摩擦减小，对积屑瘤、鳞刺、冷硬的影响小，还减小切削力和切削热。此外，增大前角可使刀具刃口更锋利，有利于薄切削，从而达到精密加工的要求。但前角过大时，切削刃和刀尖强度下降，容易产生崩刃；另外，散热体积减小，受力状态变差，加快刀具磨损和降低了耐用度。反之，选用小的前角，虽切削刃强度大，受力状态好，但切削刃不锋利。

前角的选择原则为"锐字当先，锐中求固"。具体选用时，应考虑刀具材料、工件材料及加工性质等因素。例如硬质合金车刀粗加工低碳钢时，$\gamma_o = 20°\sim25°$，粗加工中碳钢、合金钢、灰铸铁及黄铜时，$\gamma_o=10°\sim15°$；精加工低碳钢时，$\gamma_o=20°\sim25°$，精加工中碳钢、合金钢时，$\gamma_o=15°\sim20°$，精加工灰铸铁及黄铜时，$\gamma_o=5°\sim10°$；粗加工及精加工淬火钢时，$\gamma_o=-15°\sim-5°$。在相同切削条件下，高速钢车刀比硬质合金车刀前角增大 $5°\sim10°$。

2．后角 α_o

后角的作用是减少后刀面与工件过渡表面间的摩擦，并配合前角调整切削刃的锋利与强度。后角大，摩擦小，切削刃锋利，但后角过大，切削刃强度将下降，散热条件变差，会加快刀具磨损；后角过小，切削刃强度将增加，散热条件变好，但摩擦加剧。

后角的选用原则是在保证加工质量和耐用度的前提下，取小值。一般粗加工，或工件硬度较大时，为使刀刃增大强度，应取较小的后角，通常为 $6°\sim8°$；精加工或工件硬度较小时，为减小摩擦和粗糙度值，后角应较大，通常为 $8°\sim12°$；高速钢刀具的后角可比同类型硬质合金刀具稍大一些；强力切削、车断或工件刚性差时，后角为 $3°\sim6°$。

3．主偏角 κ_r

主偏角的大小主要影响刀具的耐用度。在进给量和背吃刀量保持不变时，减小主偏角可增加主切削刃的工作长度，减小切削厚度，增大切削宽度，因而使切削刃单位长度上的负荷减小。同时刀尖强度增加，散热面积增加，从而改善了切削条件，提高了刀具耐用度。

减小主偏角会使背向力 F_p 增大，当工件刚性较差时易引起工件变形和振动。一般粗车时(无中间切入)，工件刚性好，主偏角可取 45°、60°、75°；工件刚性差，主偏角可取 65°、75°、90°。精车(无中间切入)时，工件刚性好，主偏角可取 45°；工件刚性差，主偏角可取 60°、75°。车细长轴、台阶轴、薄壁件时，主偏角为 90°。

4．副偏角 κ_r'

副偏角的作用是减小副切削刃与工件已加工表面的摩擦，以防止切削时产生振动。它的大小对工件表面粗糙度和刀具耐用度有较大影响。切削时由于主、副偏角和进给量的存在，切削层面积未能全部切去，有一部分残留在已加工表面上，称此残留部分的金属层为残留面积。在 f、κ_r'、α_p(背吃刀量)不变时，减小副偏角可减小残留面积，降低表面粗糙度值。残留面积高度 $h_{\max}$ 的大小表明了粗糙度值的大小，$h_{\max}$ 与 f、κ_r、κ_r' 和刀尖圆弧半径 r_ε 有关。

副偏角大小主要根据表面粗糙度要求来选择。一般粗加工时，工件若刚性好，则取 $\kappa_r' =$ 5°～10°，若刚性差，则取 $\kappa_r' = 10°$～15°；精加工(无中间切入)时，刀具的副偏角应取得更小一些，必要时，可磨出一段 $\kappa_r' = 0$ 的修光刃；车槽、车断时，为保证刀头强度和重磨后主切削刃的宽度变化较小，取 $\kappa_r' = 1°$～2°。

5．刃倾角 λ_s

刃倾角主要影响排屑方向、刀头强度和切削分力。当 $\lambda_s = 0°$ 时，切屑向着垂直于主切削刃方向流动；当 $\lambda_s < 0°$ 时，切屑向已加工表面方向流动，有可能擦伤已加工表面；当 $\lambda_s >$ 0°时，切屑向待加工表面方向流动。在不连续切削时，采用负刃倾角可增大刀头强度，避免对刀尖的冲击，但是负刃倾角会使背向力 F_p 增大，容易引起振动。

一般粗加工时，为增大刀头强度，$\lambda_s = 0°$～$-5°$；精加工或车细长轴时，为防止切屑擦伤已加工表面，$\lambda_s = 0°$～5°；车槽、车断时，$\lambda_s = 0°$；有冲击(如断续切削)或车淬硬钢时，$\lambda_s = -5°$～$-15°$。

二、砂轮

砂轮是用结合剂将磨粒固结成一定形状的多孔体，其组成要素如下所述。

1．磨料

磨料分为天然磨料和人造磨料两大类。一般天然磨料含杂质多，质地不匀。因天然金刚石价格昂贵，故目前主要用人造磨料，有棕刚玉(A)、白刚玉(WA)、铬刚玉(PA)、黑碳化硅(C)、绿碳化硅(GC)、人造金刚石(MBD)、立方氮化硼(CBN)。国家标准规定：磨料分固结磨具磨料(F 系列)和涂附磨具磨料(P 系列)两种。

2．粒度

粒度指磨粒的大小。GB/T 2481.1—2009 和 GB/T 2481.2—2009 规定，固结磨具磨料粒度的表示方法为：粗磨料 F4～F220(用筛分法区别，F 后面的数字大致为每英寸筛网长度上筛孔的数目)，微粉 F230～F1200(用沉降法区别，主要用光电沉降仪区分)。

3．结合剂

把磨料固结成磨具的材料称为结合剂。结合剂的性能决定了磨具的强度、耐冲击性、耐磨性和耐热性。此外，它对磨削温度和磨削表面质量也有一定的影响。

4．硬度

磨粒在外力作用下从磨具表面脱落的难易程度为硬度。砂轮的硬度反映了结合剂固结磨料的牢固程度。砂轮硬就是磨粒固结得牢，不易脱落；砂轮软，就是磨粒固结得不牢，易脱落。砂轮的硬度对磨削生产率和磨削表面质量都有很大的影响。如果砂轮太硬，磨粒磨钝后不易脱落，则磨削效率很低，工件表面粗糙并可能产生磨削烧伤。如果砂轮太软，磨粒未磨钝就脱落，则损耗大，形状精度不易保证，影响工件质量。砂轮的硬度合适，磨粒磨钝后因磨削力增大而自行脱落，使新的锋利的磨粒露出，这就是砂轮的自锐性。砂轮自锐性好，磨削效率高，工件表面质量好，砂轮的磨损小。

5．组织

组织表示砂轮中磨料、结合剂、气孔间的体积比例。根据磨粒在砂轮中占有的体积百分数(磨料率)，砂轮可分为 0～14 组织号。组织号从小到大对应磨粒率由大到小、气孔率由小到大。组织号大，砂轮不易堵塞，切削液和空气易进入磨削区，可降低磨削温度，减少工件的变形和烧伤，也可提高磨削效率，但组织号大，不易保持砂轮的轮廓形状。常用的砂轮组织号为 5。

磨削平面的砂轮按形状可分为平面砂轮、筒形砂轮、杯形砂轮、碗形砂轮。

三、车床夹具

1．车床夹具的主要类型

1) 安装在车床主轴上的夹具

安装在车床主轴上的夹具在加工时随主轴一起旋转，切削刀具则作进给运动。按其结构，这类夹具又可分为以下几种：

(1) 心轴式车床夹具。

心轴式车床夹具多用于工件以内孔定位，加工外圆面的情况。心轴以莫氏锥柄与车床主轴锥孔定位配合联接，用拉杆拉紧。有的心轴以中心孔与车床前后顶尖配合使用，由鸡心夹头或自动拨盘传递扭矩。

(2) 卡盘式车床夹具。

用卡盘式车床夹具加工的零件大都是回转体或对称零件，因而卡盘类车床夹具的结构基本是对称的，回转时的不平衡影响较小。

(3) 角铁式车床夹具。

角铁式车床夹具主要适用于以下两种情况：

① 工件的主要定位基面是平面，要求被加工表面的轴线对定位基准面保持一定的位置关系(平行或成一定角度)。这时夹具的平面定位元件必须相应地设置在与车床主轴线相平行或成一定角度的位置上。

② 工件定位基准虽然不是与被加工表面的轴线平行或成一定角度的平面，但由于工件外形的限制，不适于采用卡盘式夹具，而必须采用半圆孔或 V 型块定位的情况。

(4) 花盘式车床夹具。

花盘式车床夹具的基本特征是夹具体为一个大圆盘形零件。在花盘式夹具上加工的工件一般形状比较复杂。工件的定位基准多数用圆柱面和与其垂直的端面，因而夹具对工件大部分采用端面定位和轴向夹紧。

2) 安装在托板上或床身上的夹具

对于某些形状不规则和尺寸较大的工件，常把夹具安装在车床托板上，刀具安装在车床主轴上，作旋转运动，夹具作进给运动，加工回转成型面的靠模就属于此种夹具。

2．车床夹具的设计要点

车床夹具的主要特点是夹具与机床主轴联接，工作时由机床主轴带动高速旋转。因此在设计车床夹具时除了保证工件达到工序的精度要求外，还要考虑如下问题：

(1) 夹具的结构应力求紧凑、轻便、悬臂尺寸短，使重心尽可能靠近主轴。夹具悬伸长度 L 与其外轮廓直径尺寸 D 之比，参照以下数值选取：

① 对直径在 150 mm 以内的夹具，$L/D \leqslant 1.25$；

② 对直径在 150 mm～300 mm 以内的夹具，$L/D \leqslant 0.9$；

③ 对直径大于 300 mm 的夹具，$L/D \leqslant 0.6$。

夹具应有平衡措施，消除回转的不平衡现象，以减少主轴轴承的不正常磨损，避免产生振动及对加工质量和刀具寿命的影响。平衡措施有设置配重块或加工减重块两种。

(2) 夹具工作时应夹紧迅速、可靠，还应注意夹具旋转的惯性力不会有使夹紧力减小的趋势，以防加工过程中元件松脱。车削过程中工件、夹具随主轴作回转运动，同时承受切削力与离心力的作用，故夹紧装置的夹紧力须足够大，自锁性好。设计角铁式夹具时，夹紧力的施力方向应避免引起夹具变形。

(3) 夹具上的定位、夹紧元件及其它装置的布置不应大于夹具体的外轮廓；靠近夹具体外缘的元件，不应该有突出的棱角；有切削液飞溅及切屑缠绕时应加防护罩。

(4) 车床夹具与主轴联接精度对夹具的回转精度有决定性的影响。因此回转轴线与车床主轴轴线要有尽可能高的同轴度，同轴度值应控制在 $\phi 0.01$ mm 之内，限位端面(或找正端面)对主轴回转中心的跳动量也不应大于 0.01 mm。

(5) 当主轴有高速转动、急刹车等情况时，夹具与主轴之间的联接应有防松装置。

(6) 在加工过程中，工件在夹具上应能用量具测量，且保证切屑能顺利排除或清理。

3．车床夹具的技术条件及尺寸标注

夹具总装图上应标注的尺寸随夹具的不同而不同。一般情况下，在夹具总装图上应标注下列五种基本尺寸。

1) 夹具外形轮廓尺寸

一般指夹具的最大外形轮廓尺寸。当夹具结构中有可动部分时，还应包括可动部分处于极限位置时在空间所占的尺寸。如夹具上有超出夹具体外的旋转部分时，应注出最大旋转半径；有升降部分时，应标出最高最低位置，以表明夹具的轮廓大小和运动范围，便于检查夹具与机床、刀具的相对位置有无干涉现象和在机床上安装的可能性。

2) 工件与定位元件间的联系尺寸

指工件定位基面与定位元件间的配合尺寸，例如定位基面与定位销(或心轴)间的配合尺寸，不仅要标出基本尺寸，而且还要标注精度等级和配合种类。

3) 夹具与刀具的联系尺寸

确定夹具上对刀、导引元件的位置尺寸，如对刀元件与定位元件间的位置尺寸；导引元件与定位元件间的位置尺寸。

4) 夹具与机床联接部分的尺寸

表示夹具与机床如何联接，确定夹具在机床上的正确位置的尺寸。标注尺寸时，应以夹具上的定位元件作为位置尺寸的基准。

5) 其它装配尺寸

包括夹具内部的配合尺寸及某些夹具元件在装配后需保持的相关尺寸，如定位元件与定位元件间的尺寸，导引元件与导引元件间的尺寸。

4．车床夹具的典型结构示例

1) 心轴式车床夹具(如图 2-1-1 所示)

心轴式夹具以夹具基体左边圆柱装夹在三爪卡盘上，必要时可辅助尾座顶尖。

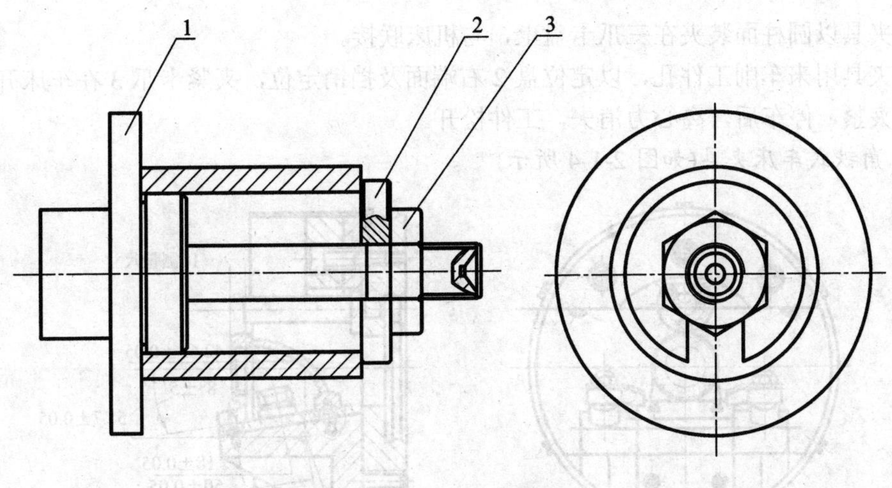

1—心轴；2—开口垫片；3—夹紧螺母

图 2-1-1 心轴夹具示例

心轴式夹具用来车零件外圆各台阶面及切槽，车削整个外圆时可将心轴的夹具基体左端轴肩直径设计的略小(小于零件外圆被加工直径 2 mm)，使用时，先拧松螺母 3，取下开口垫片 2，装上工件，再装上开口垫片 2，拧紧螺母 3，使工件定位、夹紧。其优点是不必拧下螺母从而减少辅助时间。

2) 花盘式车床夹具(如图 2-1-2 所示)

该夹具可以一次加工 3 个零件，以定位套及定位销定位，以弯头压板夹紧，车削由三个工件的三个圆弧组成的圆孔。

3) 卡盘式车床夹具(如图 2-1-3 所示)

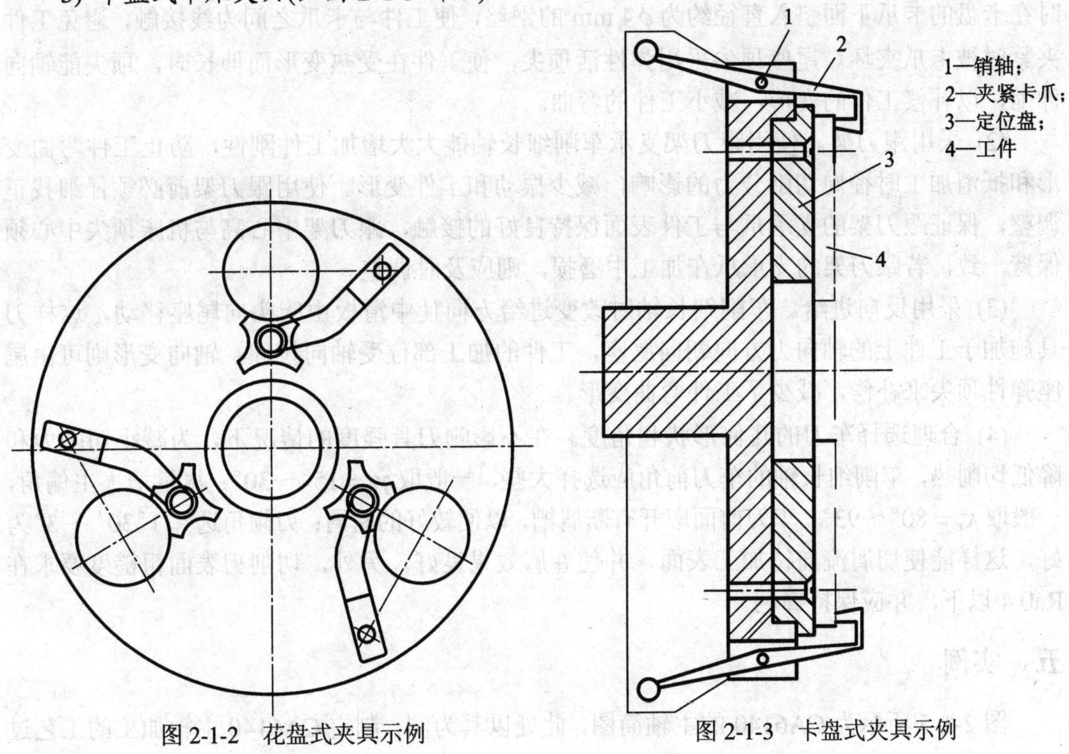

图 2-1-2 花盘式夹具示例

图 2-1-3 卡盘式夹具示例

该夹具以圆柱面装夹在三爪卡盘上，与机床联接。

该夹具用来车削工件孔，以定位盘 2 右端面及挡销定位，夹紧卡爪 3 在车床开车后由离心力夹紧，停车后，离心力消失，工件松开。

4) 角铁式车床夹具(如图 2-1-4 所示)

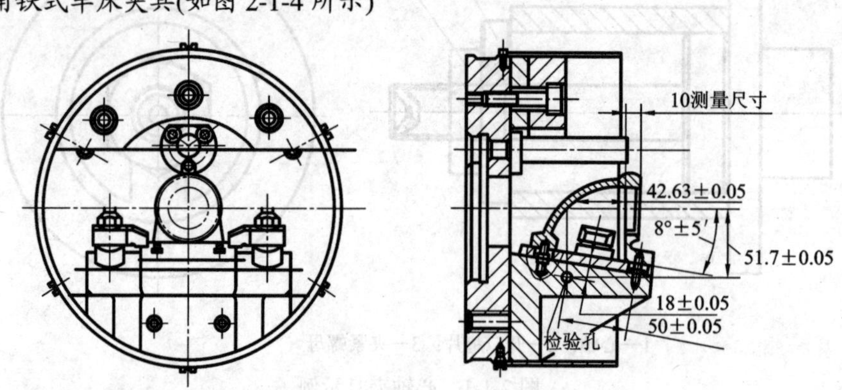

图 2-1-4　角铁式夹具示例

四、典型轴类零件加工工艺分析

长径比大于 20($L/D > 20$)的轴称为细长轴。由于其刚性差，在切削过程中极易产生弯曲变形和振动；且加工中连续切削时间长，刀具磨损量大，不易获得良好的加工精度和表面质量。

车削细长轴无论对刀具、机床精度、辅助工具的精度、切削用量的选择，还是对工艺安排、具体操作技能等都有较高的要求。为保证加工质量，通常在车削细长轴时采取以下措施：

(1) 改进工件的装夹方法。在车削细长轴时，一般采用一头夹一头顶的装夹方法。同时在卡盘的卡爪下面垫入直径约为 ϕ4 mm 的钢丝，使工件与卡爪之间为线接触，避免工件夹紧时被卡爪夹坏。尾座顶尖采用弹性活顶尖，使工件在受热变形而伸长时，顶尖能轴向伸缩，以补偿工件的变形，减小工件的弯曲。

(2) 采用跟刀架。使用跟刀架支承车削细长轴能大大增加工件刚性，防止工件弯曲变形和抵消加工时径向切削分力的影响，减少振动和工件变形。使用跟刀架前必须仔细找正调整，保证跟刀架的支承爪与工件表面保持良好的接触，跟刀架中心高与机床顶尖中心须保持一致，若跟刀架的支承爪在加工中磨损，则应及时调整。

(3) 采用反向进给。车削细长轴时改变进给方向使中滑板由床头向尾座移动，这样刀具施加于工件上的轴向力方向朝向尾座，工件的加工部位受轴向拉伸，轴向变形则可由尾座弹性顶尖来补偿，减少了工件弯曲变形。

(4) 合理选择车刀的几何形状和角度。在不影响刀具强度的情况下，为减小切削力和降低切削热，车削细长轴的车刀前角应选择大些，一般取 $\gamma_0 = 15° \sim 30°$；尽量增大主偏角，一般取 $\kappa_r = 80° \sim 93°$；车刀前面应开有断屑槽，以便较好的断屑；刃倾角选择 1°30′～3°为好，这样能使切屑流向待加工表面，并使卷屑效果良好。另外，切削刃表面粗糙度要求在 Ra0.4 以下，并应保持锋利。

五、实例

图 2-1-5 所示为 CA6140 的主轴简图，此处以其为例，制定 CA6140 主轴加工的工艺过

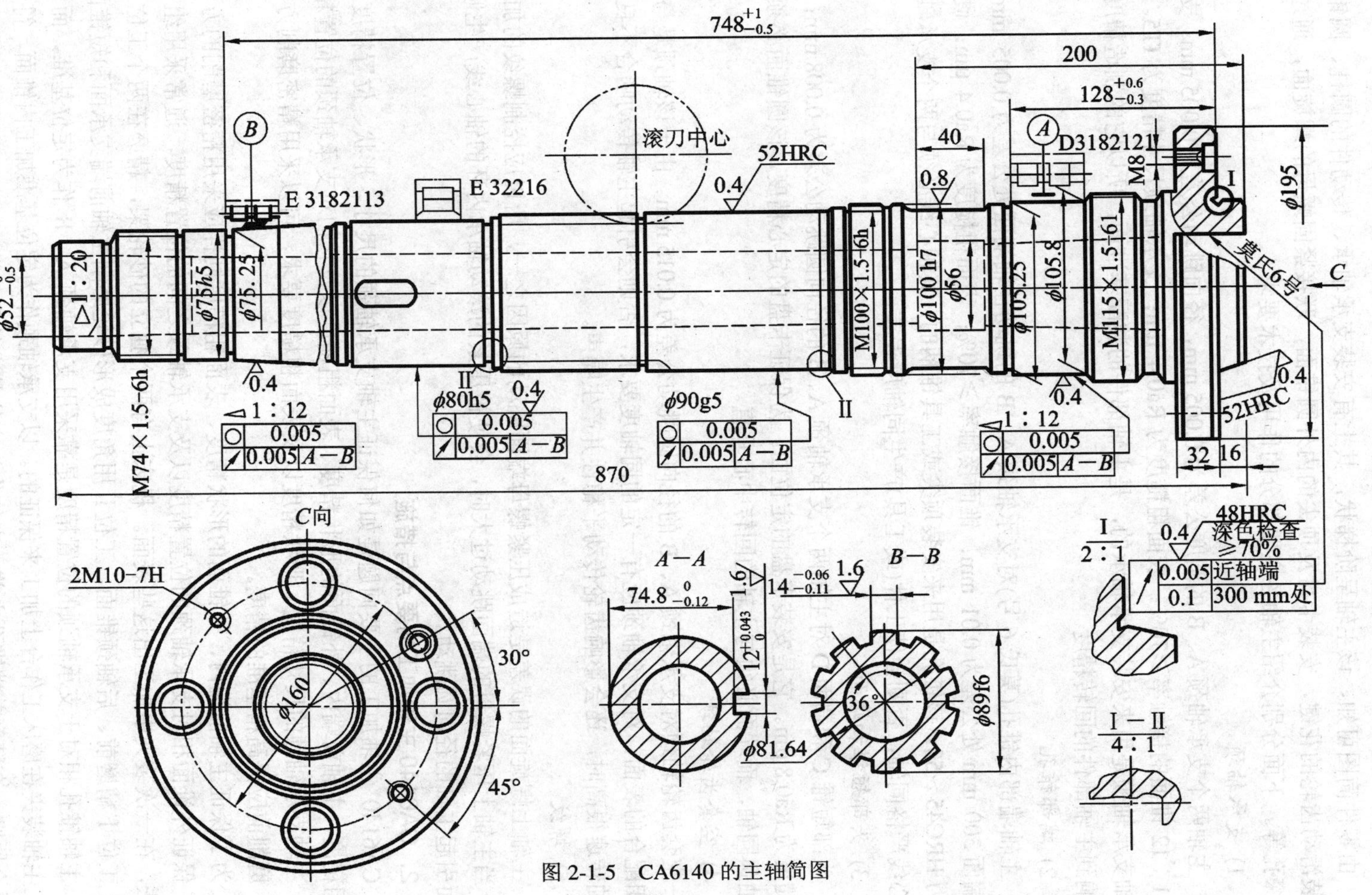

图 2-1-5　CA6140 的主轴简图

程，并填写相应的工艺文件。

1．CA6140 车床主轴技术要求及功用

由零件简图可知，该主轴呈阶梯状，其上有安装支承轴承、传动件的圆柱、圆锥面，安装滑动齿轮的花键，安装卡盘及顶尖的内外圆锥面，联接紧固螺母的螺旋面，通过棒料的深孔等。下面分别介绍主轴各主要部分的作用及技术要求。

1) 支承轴颈

主轴两个支承轴颈 A、B 的圆度公差为 0.005 mm，径向跳动公差为 0.005 mm；支承轴颈 1∶12 锥面的接触率≥70%；表面粗糙度为 Ra0.4 μm；支承轴颈尺寸精度为 IT5。因为主轴支承轴颈是用来安装支承轴承的，是主轴部件的装配基准面，所以它的制造精度直接影响到主轴部件的回转精度。

2) 端部锥孔

主轴端部内锥孔(莫氏 6 号)对支承轴颈 A、B 的跳动在轴端面处公差为 0.005 mm，离轴端面 300 mm 处公差为 0.01 mm；锥面接触率≥70%；表面粗糙度为 Ra0.4 μm；硬度要求为 HRC45～50。该锥孔是用来安装顶尖或工具锥柄的，其轴心线必须与两个支承轴颈的轴心线严格同轴，否则会使工件(或工具)产生同轴度误差。

3) 头部短锥和端面

头部短锥 C 和端面 D 对主轴两个支承轴颈 A、B 的径向圆跳动公差为 0.008 mm；表面粗糙度为 Ra0.8 μm。它是安装卡盘的定位面。为保证卡盘的定心精度，该圆锥面必须与支承轴颈同轴，而端面必须与主轴的回转中心垂直。

4) 空套齿轮轴颈

空套齿轮轴颈对支承轴颈 A、B 的径向圆跳动公差为 0.015 mm。由于该轴颈是与齿轮孔相配合的表面，对支承轴颈应有一定的同轴度要求，否则会引起主轴传动啮合不良，当主轴转速很高时，还会影响齿轮传动平稳性并产生噪声。

5) 螺纹

主轴上螺旋面的误差是造成压紧螺母端面跳动的原因之一，所以应控制螺纹的加工精度。当主轴上压紧螺母的端面跳动过大时，会使被压紧的滚动轴承内环的轴心线产生倾斜，从而引起主轴的径向圆跳动。

2．CA6140 主轴加工的要点与措施

CA6140 主轴加工的主要问题是如何保证主轴支承轴颈的尺寸、形状、位置精度和表面粗糙度，主轴前端内、外锥面的形状精度、表面粗糙度以及它们对支承轴颈的位置精度。

主轴支承轴颈的尺寸精度、形状精度以及表面粗糙度要求，可以采用精密磨削方法保证。磨削前应提高精基准的精度。

为了保证主轴前端内、外锥面的形状精度、表面粗糙度同样应采用精密磨削的方法。为了保证外锥面相对支承轴颈的位置精度以及支承轴颈之间的位置精度，通常采用组合磨削法，在一次装夹中加工出这些表面。机床上有两个独立的砂轮架，精磨在两个工位上进行，工位 I 精磨前、后轴颈锥面，工位 II 用角度成形砂轮磨削主轴前端支承面和短锥面。

主轴锥孔相对于支承轴颈的位置精度是靠采用支承轴颈 A、B 作为定位基准，而让被加工主轴装夹在磨床工作台上加工来保证的。以支承轴颈作为定位基准加工内锥面，符合基准重合原则。在精磨前端锥孔之前，应使作为定位基准的支承轴颈 A、B 达到一定的精度。

主轴外圆表面的加工，应该以顶尖孔作为统一的定位基准。但在主轴的加工过程中，

随着通孔的加工，作为定位基准面的中心孔消失，工艺上常采用带有中心孔的锥堵塞到主轴两端孔中，让锥堵的顶尖孔起附加定位基准的作用。

3．CA6140 车床主轴加工定位基准的选择

主轴加工中，为了保证各主要表面的相互位置精度，选择定位基准时，应遵循基准重合、基准统一和互为基准等重要原则，并能在一次装夹中尽可能加工出较多的表面。

由于主轴外圆表面的设计基准是主轴轴心线，根据基准重合的原则考虑应选择主轴两端的顶尖孔作为精基准面。用顶尖孔定位，还能在一次装夹中将许多外圆表面及其端面加工出来，有利于保证加工面间的位置精度。所以主轴在粗车之前应先加工顶尖孔。

为了保证支承轴颈与主轴内锥面的同轴度要求，宜按互为基准的原则选择基准面。如车小端 1∶20 锥孔和大端莫氏 6 号内锥孔时，以与前支承轴颈相邻而又是用同一基准加工出来的外圆柱面为定位基准面(因支承轴颈系外锥面不便装夹)；在精车各外圆(包括两个支承轴颈)时，以前、后锥孔内所配锥堵的顶尖孔为定位基面；在粗磨莫氏 6 号内锥孔时，又以两圆柱面为定位基准面；粗、精磨两个支承轴颈的 1∶12 锥面时，再次用锥堵顶尖孔定位；最后精磨莫氏 6 号锥孔时，直接以精磨后的前支承轴颈和另一圆柱面定位。定位基准每转换一次，都使主轴的加工精度提高一步。

4．CA6140 车床主轴主要加工表面加工工序安排

CA6140 车床主轴主要加工表面是ϕ75h5、ϕ80h5、ϕ90g5、ϕ105h5 轴颈，两支承轴颈及大头锥孔。它们加工的尺寸精度在 IT5～IT6 之间，表面粗糙度为 Ra0.4～0.8。

主轴加工工艺过程可划分为三个加工阶段，即粗加工阶段，包括铣端面、加工顶尖孔、粗车外圆等；半精加工阶段包括半精车外圆、钻通孔、车锥面、锥孔、钻大头端面各孔，精车外圆等；精加工阶段，包括精铣键槽，粗、精磨外圆、锥面及锥孔等。

在机械加工工序中间尚需插入必要的热处理工序，这就决定了主轴加工各主要表面总是遵循以下顺序进行的，即粗车→调质(预备热处理)→半精车→精车→淬火—回火(最终热处理)→粗磨→精磨。

综上所述，主轴主要表面的加工顺序安排如下：

外圆表面粗加工(以顶尖孔定位)→外圆表面半精加工(以顶尖孔定位)→钻通孔(以半精加工过的外圆表面定位)→锥孔粗加工(以半精加工过的外圆表面定位，加工后配锥堵)→外圆表面精加工(以锥堵顶尖孔定位)→锥孔精加工(以精加工外圆面定位)。

当主要表面加工顺序确定后，就要合理地插入非主要表面加工工序。对主轴来说，非主要表面指的是螺纹孔、键槽、螺纹等。这些表面加工一般不易出现废品，所以尽量安排在后面工序进行，主要表面加工一旦出了废品，非主要表面就不需加工了，这样可以避免浪费工时。但这些表面也不能放在主要表面精加工后，以防在加工非主要表面过程中损伤已精加工过的主要表面。

对需要在淬硬表面上加工的螺纹孔、键槽等，都应安排在淬火前加工。非淬硬表面上螺纹孔、键槽等一般在外圆精车之后、精磨之前进行加工。主轴螺纹，因它与主轴支承轴颈之间有一定的同轴度要求，所以螺纹安排在以非淬火—回火为最终热处理工序之后的精加工阶段进行，这样半精加工后残余应力所引起的变形和热处理后的变形，就不会影响螺纹的加工精度。

由此，制定出 CA6140 主轴机械加工工艺过程，填写过程卡片和工序卡片如表 2-1-1 和表 2-1-2 所示。

表 2-1-1 过 程 卡 片

<table>
<tr><td colspan="2" rowspan="2">(工厂名)</td><td colspan="3" rowspan="2">机械加工工艺过程卡片</td><td>产品型号</td><td></td><td>零件图号</td><td></td><td></td><td colspan="2"></td></tr>
<tr><td>产品名称</td><td></td><td>零件名称</td><td>CA6140 主轴</td><td>共 1 页</td><td colspan="2">第 1 页</td></tr>
<tr><td>材料牌号</td><td>45 钢</td><td>毛坯种类</td><td>锻造</td><td>毛坯外形尺寸</td><td>900×ϕ210</td><td>每件毛坯可制件数</td><td>1</td><td>每台件数</td><td></td><td>备注</td><td></td></tr>
<tr><td>工序号</td><td>工序名称</td><td colspan="6">工序内容</td><td colspan="2">设备</td><td colspan="2">工艺装备</td></tr>
<tr><td>10</td><td>锻造</td><td colspan="6">模锻</td><td colspan="2">立式精锻机床</td><td colspan="2"></td></tr>
<tr><td>20</td><td>热处理</td><td colspan="6">正火</td><td colspan="2"></td><td colspan="2"></td></tr>
<tr><td>30</td><td>铣端面、钻中心孔</td><td colspan="6"></td><td colspan="2">专用机床</td><td colspan="2">专用夹具</td></tr>
<tr><td>40</td><td>粗车</td><td colspan="6">车各外圆面</td><td colspan="2">CA6140</td><td colspan="2">三爪，顶尖</td></tr>
<tr><td>50</td><td>热处理</td><td colspan="6">调质 220～240 HBS</td><td colspan="2"></td><td colspan="2"></td></tr>
<tr><td>60</td><td>车外圆</td><td colspan="6">车各外圆面，保证各要素尺寸及精车余量</td><td colspan="2">CA6140</td><td colspan="2">三爪，跟刀架，顶尖</td></tr>
<tr><td>70</td><td>钻深孔</td><td colspan="6">钻主轴通孔 ϕ48</td><td colspan="2">深孔钻床</td><td colspan="2"></td></tr>
<tr><td>80</td><td>车锥孔</td><td colspan="6">车大端莫氏 6 号锥孔及小端 1∶20 内锥孔</td><td colspan="2">CA6140</td><td colspan="2"></td></tr>
<tr><td>90</td><td>钻孔，攻丝</td><td colspan="6">钻大端端面各孔及攻螺纹 2-M10，M8 沉孔螺纹</td><td colspan="2">Z55</td><td colspan="2"></td></tr>
<tr><td>100</td><td>热处理</td><td colspan="6">调频感应淬火装配斜齿轮 Z58 的外圆及两锥孔</td><td colspan="2"></td><td colspan="2"></td></tr>
</table>

续表

工序号	工序名称	工序内容	设备	工艺装备
110	精车外圆，切槽	精车各外圆，并切槽	CK6163	
120	磨外圆	粗、精磨削各外圆及圆锥面，保证其表面质量	M1432B	
130	磨削内孔	粗、精磨削内锥孔，保证其表面质量	M2120	
140	铣花键槽	铣花键槽，保证其表面质量	YB6016	
150	车螺纹	车削 M115×1.5、M100×1.5、M74×1.5	CA6140	
160	铣键槽	铣削装配 Z58 齿轮的键槽	X52	
170	精磨锥孔	精磨莫氏 6 号的内锥孔	主轴锥孔磨床	
180	检查	按图样技术要求项目检查		

描校														
底图号														
装订号														
										设计	校对	审核	标准化	会签
										日期	日期	日期	日期	日期
标记	处数	更改文件号	签字	日期	标记	处数	更改文件号	签字	日期					

表 2-1-2 工序卡片(一)

(工厂名)	机械加工工序卡片	产品型号		零件图号			
		产品名称		零件名称	CA6140 主轴	共 18 页	第 1 页

900

$\phi 210$

车间	工序号	工序名称	材料牌号
	10	锻造	45 钢
毛坯种类	毛坯外形尺寸	每件毛坯可制件数	每台件数
热轧圆钢	900×ϕ210	1	1
设备名称	设备型号	设备编号	同时加工件数
立式精锻机			1

夹具编号	夹具名称	切削液	
工位器具编号	工位器具名称	工序工时/分	
		准终	单件

工步号	工步内容	工艺装备	主轴转速/(r/min)	切削速度/(m/min)	进给量/(mm/r)	切削深度/mm	进给次数	工步工时	
								机动	辅助
描校									
底图号									
装订号									

										设计日期	校对日期	审核日期	标准化日期	会签日期
标记	处数	更改文件号	签字	日期	标记	处数	更改文件号	签字	日期					

(二)

(工厂名)	机械加工工序卡片	产品型号		零件图号			
		产品名称		零件名称	CA6140 主轴	共 18 页	第 2 页

车间	工序号	工序名称	材料牌号
	20	热处理	45 钢
毛坯种类	毛坯外形尺寸	每件毛坯可制件数	每台件数
		1	1
设备名称	设备型号	设备编号	同时加工件数
			1
夹具编号	夹具名称	切削液	
工位器具编号	工位器具名称	工序工时/分	
		准终	单件

工步号	工步内容	工艺装备	主轴转速 /(r/min)	切削速度 /(m/min)	进给量 /(mm/r)	切削深度 /mm	进给次数	工步工时	
								机动	辅助
1	正火								
描校									
底图号									
装订号									

										设计	校对	审核	标准化	会签
										日期	日期	日期	日期	日期
标记	处数	更改文件号	签字	日期	标记	处数	更改文件号	签字	日期					

（三）

(工厂名)	机械加工工序卡片	产品型号		零件图号			
		产品名称		零件名称	CA6140 主轴	共 18 页	第 3 页

$870^{+0.9}_{0}$　$\phi198$　2　2

车间	工序号	工序名称	材料牌号
	30	铣端面、钻中心孔	45 钢
毛坯种类	毛坯外形尺寸	每件毛坯可制件数	每台件数
	900×ϕ210	1	1
设备名称	设备型号	设备编号	同时加工件数
专用机床			1

夹具编号	夹具名称	切削液	
		乳化液	
工位器具编号	工位器具名称	工序工时/分	
		准终	单件

工步号	工步内容	工艺装备	主轴转速 /(r/min)	切削速度 /(m/min)	进给量 /(mm/r)	切削深度 /mm	进给次数	工步工时 机动	工步工时 辅助
1	铣两端面								
2	钻中心孔								
描校									
底图号									
装订号									

										设计	校对	审核	标准化	会签
										日期	日期	日期	日期	日期
标记	处数	更改文件号	签字	日期	标记	处数	更改文件号	签字	日期					

(四)

(工厂名)	机械加工工序卡片	产品型号		零件图号			
		产品名称		零件名称	CA6140 主轴	共 18 页	第 4 页

870

$\phi196^{+0.46}_{0}$

车间	工序号	工序名称	材料牌号
	40	粗车外圆	45 钢
毛坯种类	毛坯外形尺寸	每件毛坯可制件数	每台件数
热轧锻钢	900×ϕ210	1	1
设备名称	设备型号	设备编号	同时加工件数
车床			1
夹具编号	夹具名称	切削液	
		乳化液	
工位器具编号	工位器具名称	工序工时/分	
		准终	单件

工步号	工步内容	工艺装备	主轴转速 /(r/min)	切削速度 /(m/min)	进给量 /(mm/r)	切削深度 /mm	进给次数	工步工时 机动	工步工时 辅助
1	车大端各外圆，保证尺寸及余量								
2	车小端各外圆，保证尺寸及余量								
描校									
底图号									
装订号									

										设计 日期	校对 日期	审核 日期	标准化 日期	会签 日期
标记	处数	更改文件号	签字	日期	标记	处数	更改文件号	签字	日期					

(五)

(工厂名)	机械加工工序卡片	产品型号		零件图号			
		产品名称		零件名称	CA6140 主轴	共 18 页	第 5 页

车间	工序号	工序名称	材料牌号
	50	热处理	45 钢
毛坯种类	毛坯外形尺寸	每件毛坯可制件数	每台件数
热轧圆钢	900×ϕ210	1	1
设备名称	设备型号	设备编号	同时加工件数
			1

夹具编号	夹具名称	切削液	
工位器具编号	工位器具名称	工序工时/分	
		准终	单件

工步号	工步内容	工艺装备	主轴转速 /(r/min)	切削速度 /(m/min)	进给量 /(mm/r)	切削深度 /mm	进给次数	工步工时	
								机动	辅助
1	调质 220～240HBS								
描校									
底图号									
装订号									

										设计 日期	校对 日期	审核 日期	标准化 日期	会签 日期
标记	处数	更改文件号	签字	日期	标记	处数	更改文件号	签字	日期					

（六）

(工厂名)	机械加工工序卡片	产品型号		零件图号			
		产品名称		零件名称	CA6140 主轴	共 18 页	第 6 页

车间	工序号	工序名称	材料牌号
	60	车外圆并车槽	45 钢
毛坯种类	毛坯外形尺寸	每件毛坯可制件数	每台件数
热轧锻钢	900×ϕ210	1	1
设备名称	设备型号	设备编号	同时加工件数
车床			1

夹具编号	夹具名称	切削液	
	三爪卡盘、顶尖、跟刀架	乳化液	
工位器具编号	工位器具名称	工序工时/分	
		准终	单件

工步号	工步内容	工艺装备	主轴转速 /(r/min)	切削速度 /(m/min)	进给量 /(mm/r)	切削深度 /mm	进给次数	工步工时 机动	工步工时 辅助
1	粗车大端各外圆，保证精车余量								
2	粗车小端各外圆，保证精车余量								
描校									
底图号									
装订号									

										设计日期	校对日期	审核日期	标准化日期	会签日期
标记	处数	更改文件号	签字	日期	标记	处数	更改文件号	签字	日期					

（七）

(工厂名)	机械加工工序卡片	产品型号		零件图号			
		产品名称		零件名称	CA6140 主轴	共 18 页	第 7 页

车间	工序号	工序名称	材料牌号
	70	钻深孔	45 钢
毛坯种类	毛坯外形尺寸	每件毛坯可制件数	每台件数
	900×ϕ210	1	1
设备名称	设备型号	设备编号	同时加工件数
深孔钻床			1
夹具编号	夹具名称	切削液	
工位器具编号	工位器具名称	工序工时/分	
		准终	单件

工步号	工步内容	工艺装备	主轴转速/(r/min)	切削速度/(m/min)	进给量/(mm/r)	切削深度/mm	进给次数	工步工时	
								机动	辅助
1	钻主轴通孔ϕ48 mm								
描校									
底图号									
装订号									

										设计	校对	审核	标准化	会签
										日期	日期	日期	日期	日期
标记	处数	更改文件号	签字	日期	标记	处数	更改文件号	签字	日期					

(八)

(工厂名)	机械加工工序卡片	产品型号		零件图号			
		产品名称		零件名称	CA6140 主轴	共 18 页	第 8 页

φ52 $_{-0.5}^{0}$　φ63.348　φ48　Morse No.6　6.3　6.3　4

车间	工序号	工序名称	材料牌号
	80	车锥孔	45 钢
毛坯种类	毛坯外形尺寸	每件毛坯可制件数	每台件数
	900×φ210	1	1
设备名称	设备型号	设备编号	同时加工件数
车床			1
夹具编号	夹具名称		切削液
工位器具编号	工位器具名称	工序工时/分	
		准终	单件

工步号	工步内容	工艺装备	主轴转速 /(r/min)	切削速度 /(m/min)	进给量 /(mm/r)	切削深度 /mm	进给次数	工步工时 机动	工步工时 辅助
1	车小端内锥孔(1∶20)								
2	车大端莫氏 6 号内锥孔								
描校									
底图号									
装订号									

										设计	校对	审核	标准化	会签
										日期	日期	日期	日期	日期
标记	处数	更改文件号	签字	日期	标记	处数	更改文件号	签字	日期					

（九）

(工厂名)	机械加工工序卡片	产品型号		零件图号			
		产品名称		零件名称	CA6140 主轴	共 18 页	第 9 页

车间	工序号	工序名称	材料牌号
	90	钻孔，攻丝	45 钢
毛坯种类	毛坯外形尺寸	每件毛坯可制件数	每台件数
	900×ϕ210	1	1
设备名称	设备型号	设备编号	同时加工件数
钻床			1
夹具编号	夹具名称		切削液
			乳化液
工位器具编号	工位器具名称	工序工时/分 准终	工序工时/分 单件

工步号	工步内容	工艺装备	主轴转速 /(r/min)	切削速度 /(m/min)	进给量 /(mm/r)	切削深度 /mm	进给次数	工步工时 机动	工步工时 辅助
1	钻削大端轴肩上的孔								
2	钻螺纹孔并攻丝								
3	钻、攻 M8 沉孔螺纹								
描校									
底图号									
装订号									

										设计 日期	校对 日期	审核 日期	标准化 日期	会签 日期
标记	处数	更改文件号	签字	日期	标记	处数	更改文件号	签字	日期					

（十）

(工厂名)	机械加工工序卡片	产品型号		零件图号			
		产品名称		零件名称	CA6140 主轴	共 18 页	第 10 页

车间	工序号	工序名称	材料牌号
	100	热处理	45 钢
毛坯种类	毛坯外形尺寸	每件毛坯可制件数	每台件数
		1	1
设备名称	设备型号	设备编号	同时加工件数
			1

夹具编号	夹具名称	切削液	
工位器具编号	工位器具名称	工序工时/分	
		准终	单件

工步号	工步内容	工艺装备	主轴转速/(r/min)	切削速度/(m/min)	进给量/(mm/r)	切削深度/mm	进给次数	工步工时 机动	工步工时 辅助
1	调频感应淬火大端短锥及莫氏 6 号锥孔，安装斜齿轮 Z58 处								
描校									
底图号									
装订号									

										设计 日期	校对 日期	审核 日期	标准化 日期	会签 日期
标记	处数	更改文件号	签字	日期	标记	处数	更改文件号	签字	日期					

(十一)

(工厂名)	机械加工工序卡片	产品型号		零件图号			
		产品名称		零件名称	CA6140 主轴	共 18 页	第 11 页

车间	工序号	工序名称	材料牌号
	110	车外圆，切槽	45 钢
毛坯种类	毛坯外形尺寸	每件毛坯可制件数	每台件数
热轧锻钢	900× ϕ210	1	1
设备名称	设备型号	设备编号	同时加工件数
车床			1
夹具编号	夹具名称		切削液
	三爪卡盘、顶尖、跟刀架		乳化液
工位器具编号	工位器具名称		工序工时/分
		准终	单件

工步号	工步内容	工艺装备	主轴转速 /(r/min)	切削速度 /(m/min)	进给量 /(mm/r)	切削深度 /mm	进给次数	工步工时 机动	工步工时 辅助
1	精车大、小端各外圆，保证各尺寸及表面质量								
2	精车外圆锥面，保证各尺寸及表面质量，大端锥面要求：环规贴紧锥面，与轴肩端面间隙允差为 0.05 mm～0.1 mm								
3	切槽								
描校									
底图号									
装订号									

										设计 日期	校对 日期	审核 日期	标准化 日期	会签 日期
标记	处数	更改文件号	签字	日期	标记	处数	更改文件号	签字	日期					

（十二）

(工厂名)	机械加工工序卡片	产品型号		零件图号			
		产品名称		零件名称	CA6140 主轴	共 18 页	第 12 页

车间	工序号	工序名称	材料牌号
	120	磨外圆	45 钢
毛坯种类	毛坯外形尺寸	每件毛坯可制件数	每台件数
热轧锻钢	900×ϕ210	1	1
设备名称	设备型号	设备编号	同时加工件数
磨床			1

夹具编号	夹具名称	切削液	
		乳化液	
工位器具编号	工位器具名称	工序工时/分	
		准终	单件

工步号	工步内容	工艺装备	主轴转速 /(r/min)	切削速度 /(m/min)	进给量 /(mm/r)	切削深度 /mm	进给次数	工步工时 机动	工步工时 辅助
1	磨削大端外圆，保证尺寸及表面质量								
2	磨削小端外圆，保证尺寸及表面质量								
3	磨削外圆锥面，保证表面质量								
描校									
底图号									
装订号									

										设计 日期	校对 日期	审核 日期	标准化 日期	会签 日期
标记	处数	更改文件号	签字	日期	标记	处数	更改文件号	签字	日期					

(十三)

(工厂名)	机械加工工序卡片	产品型号		零件图号			
		产品名称		零件名称	CA6140 主轴	共 18 页	第 13 页

车间	工序号	工序名称	材料牌号
	130	粗磨削内孔	45 钢
毛坯种类	毛坯外形尺寸	每件毛坯可制件数	每台件数
热轧锻钢	900×ϕ210	1	1
设备名称	设备型号	设备编号	同时加工件数
磨床			1

夹具编号	夹具名称	切削液	
		乳化液	
工位器具编号	工位器具名称	工序工时/分	
		准终	单件

工步号	工步内容	工艺装备	主轴转速 /(r/min)	切削速度 /(m/min)	进给量 /(mm/r)	切削深度 /mm	进给次数	工步工时	
								机动	辅助
1	磨削小端 1：20 锥孔，保证尺寸公差及表面质量								
2	磨削大端莫氏 6 号锥孔，保证尺寸公差及表面质量								
描校									
底图号									
装订号									

										设计 日期	校对 日期	审核 日期	标准化 日期	会签 日期
标记	处数	更改文件号	签字	日期	标记	处数	更改文件号	签字	日期					

(十四)

(工厂名)	机械加工工序卡片	产品型号		零件图号			
		产品名称		零件名称	CA6140 主轴	共 18 页	第 14 页

车间	工序号	工序名称	材料牌号
	140	铣花键槽	45 钢
毛坯种类	毛坯外形尺寸	每件毛坯可制件数	每台件数
热轧锻钢	900×ϕ210	1	1
设备名称	设备型号	设备编号	同时加工件数
铣床			1
夹具编号	夹具名称	切削液	
		切削油	
工位器具编号	工位器具名称	工序工时/分	
		准终	单件

$115^{+0.2}_{+0.05}$

1.6

ϕ89.4h8

ϕ31.4

工步号	工步内容	工艺装备	主轴转速 /(r/min)	切削速度 /(m/min)	进给量 /(mm/r)	切削深度 /mm	进给次数	工步工时 机动	工步工时 辅助
1	铣花键槽，保证尺寸公差及表面质量，其不等分累计误差和对定心直径中心线的偏移允差为 0.02，键侧对定心直径中心线的平行度公差为 0.02								
描校									
底图号									
装订号									

										设计 日期	校对 日期	审核 日期	标准化 日期	会签 日期
标记	处数	更改文件号	签字	日期	标记	处数	更改文件号	签字	日期					

（十五）

(工厂名)	机械加工工序卡片	产品型号		零件图号			
		产品名称		零件名称	CA6140 主轴	共 18 页	第 15 页

车间	工序号	工序名称	材料牌号
	150	车螺纹	45 钢
毛坯种类	毛坯外形尺寸	每件毛坯可制件数	每台件数
热轧锻钢	900×ϕ210	1	1
设备名称	设备型号	设备编号	同时加工件数
车床			1
夹具编号	夹具名称	切削液	
		乳化液	
工位器具编号	工位器具名称	工序工时/分	
		准终	单件

工步号	工步内容	工艺装备	主轴转速 /(r/min)	切削速度 /(m/min)	进给量 /(mm/r)	切削深度 /mm	进给次数	工步工时 机动	工步工时 辅助
1	车削外螺纹 M100×1.5、M74×1.5、M115×1.5								
描校									
底图号									
装订号									

										设计 日期	校对 日期	审核 日期	标准化 日期	会签 日期
标记	处数	更改文件号	签字	日期	标记	处数	更改文件号	签字	日期					

（十六）

(工厂名)	机械加工工序卡片	产品型号		零件图号			
		产品名称		零件名称	CA6140 主轴	共 18 页	第 16 页

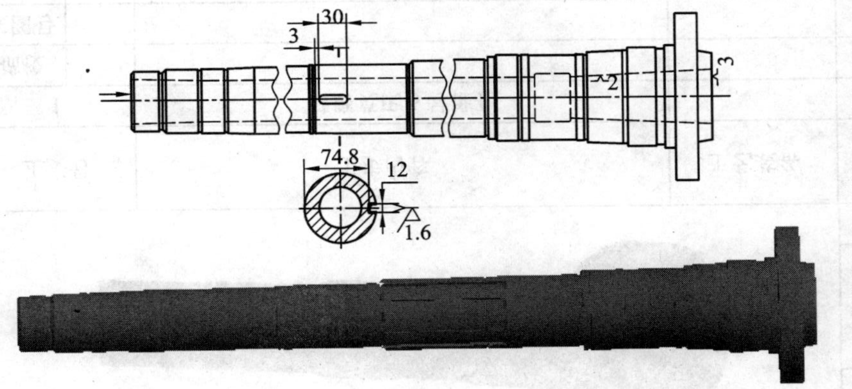

车间	工序号	工序名称	材料牌号
	160	铣键槽	45 钢
毛坯种类	毛坯外形尺寸	每件毛坯可制件数	每台件数
热轧锻钢	900×ϕ210	1	1
设备名称	设备型号	设备编号	同时加工件数
铣床			1

夹具编号	夹具名称	切削液	
		乳化液	
工位器具编号	工位器具名称	工序工时/分	
		准终	单件

工步号	工步内容	工艺装备	主轴转速 /(r/min)	切削速度 /(m/min)	进给量 /(mm/r)	切削深度 /mm	进给次数	工步工时 机动	工步工时 辅助
1	铣键槽，保证尺寸公差及表面精度								

描校	
底图号	
装订号	

										设计 日期	校对 日期	审核 日期	标准化 日期	会签 日期
标记	处数	更改文件号	签字	日期	标记	处数	更改文件号	签字	日期					

（十七）

(工厂名)	机械加工工序卡片	产品型号		零件图号			
		产品名称		零件名称	CA6140 主轴	共 18 页	第 17 页

Morse No.6

0.4

ϕ63.348

4

1

车间	工序号	工序名称	材料牌号
	170	精磨锥孔	45 钢
毛坯种类	毛坯外形尺寸	每件毛坯可制件数	每台件数
热轧锻钢	900×ϕ210	1	1
设备名称	设备型号	设备编号	同时加工件数
主轴锥孔磨床			1

夹具编号	夹具名称	切削液	
		乳化液	
工位器具编号	工位器具名称	工序工时/分	
		准终	单件

工步号	工步内容	工艺装备	主轴转速 /(r/min)	切削速度 /(m/min)	进给量 /(mm/r)	切削深度 /mm	进给次数	工步工时 机动	工步工时 辅助
1	精磨莫氏 6 号锥孔								
描校									
底图号									
装订号									

										设计 日期	校对 日期	审核 日期	标准化 日期	会签 日期
标记	处数	更改文件号	签字	日期	标记	处数	更改文件号	签字	日期					

（十八）

（工厂名）	机械加工工序卡片	产品型号		零件图号			
		产品名称		零件名称	CA6140 主轴	共 18 页	第 18 页

车间	工序号	工序名称	材料牌号
	180	检查	45 钢
毛坯种类	毛坯外形尺寸	每件毛坯可制件数	每台件数
热轧锻钢	900×ϕ210	1	1
设备名称	设备型号	设备编号	同时加工件数
			1

夹具编号	夹具名称	切削液	
		乳化液	
工位器具编号	工位器具名称	工序工时/分	
		准终	单件

工步号	工步内容	工艺装备	主轴转速 /(r/min)	切削速度 /(m/min)	进给量 /(mm/r)	切削深度 /mm	进给次数	工步工时 机动	工步工时 辅助
1	按图样技术要求项目检查								
描校									
底图号									
装订号									

										设计 日期	校对 日期	审核 日期	标准化 日期	会签 日期
标记	处数	更改文件号	签字	日期	标记	处数	更改文件号	签字	日期					

课题二　盘套类零件的加工工艺

第一节　概　　述

一、盘套类零件的功用和结构特点

盘套类零件是机械中最常见的零件之一，通常起支承或导向、传递运动或动力的作用。其应用范围很广，如轴上起支承作用的轴承的内外圈、夹具导引刀具的导向套、传递运动及动力的齿轮、法兰盘、模具的导套、内燃机的汽缸套及液压缸等。

二、盘套类零件的技术要求

1．盘套类零件的制造精度

盘套类零件的制造精度对整个机器的工作性能、承载能力及使用寿命都有影响。根据其使用条件有以下技术要求：

(1) 尺寸精度。盘类零件的外圆直径尺寸精度等级为 IT8～IT7，配合部位的尺寸精度为IT7～IT6，轴向尺寸精度为IT8～IT6。

(2) 形状精度。径向配合表面圆度为 0.009 mm～0.01 mm，轴向配合表面平面度为0.009 mm～0.01 mm，孔及配合外圆面的同轴度为ϕ0.01 mm～0.05 mm。

(3) 相互位置精度。外圆对基准的跳动量为0.009 mm～0.01 mm，端面对轴线的跳动为0.01 mm～0.05 mm。

(4) 表面粗糙度。配合表面为Ra0.8～0.4，非配合表面为Ra3.2～0.8。

2．盘套类零件的技术要求

1) 孔的技术要求

孔是盘套类零件起支承、导向或联接作用的主要表面，通常与运动的轴等配合。孔的直径尺寸公差一般为IT7，精密轴套取IT6，孔的形状精度应控制在孔径公差以内，一些精密的套筒控制在孔径公差的 1/2～1/3，甚至更高。对于较长的轮盘类零件，除了圆度要求外，还应注意孔的圆柱度。为了保证零件的功用和提高其耐磨性，孔的表面粗糙度一般要求为Ra2.5～0.16，有的要求更高，可达Ra0.04。

2) 外圆表面的技术要求

外圆是大部分轮盘类零件的支承面，通常以过盈配合或过渡配合同对应孔联接。外径尺寸公差等级通常取 IT7～IT6，形状精度保证在外径公差之内，表面粗糙度为 Ra2.5～0.63。

3) 孔与外圆的同轴度要求

当孔的最终加工是将其装入机座后进行时，内外圆间的同轴度要求低；若最终加工是在装配前完成，则要求较高，一般为ϕ0.01 mm～0.05 mm。外圆或孔的一方无配合要求时，其同轴度没有要求，如齿轮与轴或轴承隔套。

4) 孔轴线与端面的垂直度要求

零件的端面若在工作时承受轴向载荷，或在装配、加工中作定位基准，则端面与孔轴线的垂直度要求较高，一般为 0.01 mm～0.05 mm。

三、盘套类零件的材料、毛坯及热处理

盘套类零件因其功用、材料、毛坯及其热处理的不同而不尽相同。

1．材料的选择

一般盘类零件选用中碳钢或中低碳钢，如 20Cr、40Cr、20CrMnTi 等。要求较高的重要齿轮可选用 38CrMoAlA 氮化钢，非传力齿轮也可用铸铁、夹布胶木或尼龙等。

套类零件一般用钢、铸铁、青铜或黄铜制成。有些滑动轴承采用双金属结构，用离心铸造法在钢或铸铁套筒内壁上浇铸巴氏合金等轴承合金材料，既可节省贵重的有色金属，又能提高轴承的寿命。对于一些强度和硬度要求较高的套筒(如镗床主轴套筒、伺服阀套)，可选用优质合金钢，如 40CrNiMoA、38CrMoAlA、18CrNiWA 等。

2．盘套类零件的毛坯

盘类零件的毛坯形式主要有棒料和锻件。棒料用于小尺寸、结构简单且对强度要求低的零件。当要求强度高、耐磨耐冲击时，多用锻件。直径大于 ϕ400 mm～600 mm 时，可用铸造毛坯。为了减少加工量，可用精密铸造、压力铸造、精密锻造、粉末冶金、热轧、冷挤等，以提高劳动生产率、节约原材料。

套筒的毛坯选择与其材料、结构、尺寸及生产批量有关。孔径小的套筒一般选择热轧或冷拉棒料，也可采用实心铸件；孔径较大的套筒常选择无缝钢管或带孔的铸件和锻件。大批量生产时采用冷挤压和粉末冶金等先进毛坯制造工艺，既可节约用材，又可提高毛坯精度及生产率。

3．盘套类零件的热处理

盘套类零件因不同的目的，安排两种热处理工序：

(1) 毛坯热处理——在加工之前安排预先热处理正火或调质，其目的是消除锻造和粗加工引起的残余应力、改善材料的可加工性及提高综合力学性能。

(2) 表面热处理——加工后为提高表面的硬度和耐磨性，常进行渗碳淬火、高频感应淬火、碳氮共渗、渗氮等热处理工序。

第二节　盘套类零件的加工工艺过程与分析

一、盘套类零件的加工工艺过程

1．盘类零件的加工工艺方案

盘类零件加工工艺过程与普通轴、套基本相似，其加工工艺方案主要取决于它的结构

和生产类型。

(1) 大批量生产加工零件中间的孔时，多采用“钻—拉—多刀车”的工艺方案：

① 以毛坯外圆及端面定位进行钻孔或扩孔。

② 拉孔。

③ 以孔定位在多刀车半自动车床上粗精车外圆、端面、切槽及倒角等。

这种工艺方案由于采用高效机床可以组成流水线或自动线，所以生产效率高。

(2) 成批生产时，常采用“车—拉—车”的工艺方案：

① 以外圆定位，精车端面或内孔。

② 以端面支承拉孔(或花键孔)。

③ 以孔定位精车外圆及端面等。

这种方案可由卧式车床或转塔车床及拉床实现。它的特点是加工质量稳定，生产效率较高。当零件有台阶或端面有槽时，可以充分利用转塔车床上的多刀来进行多工位加工，在转塔车床上一次完成毛坯的加工。

2．盘套类零件孔的加工方案

(1) 钻—扩—铰。

这是一条应用最为广泛的加工顺序，适用于除淬硬钢以外的各种材料以及各种生产类型的中、小孔的加工。其中扩孔能纠正位置公差，而铰孔只能保证尺寸、形状精度和减少孔的粗糙度，不能提高位置精度。当孔表面本身的精度要求较高、表面粗糙度要求较小时，往往在铰孔之后再安排一次手工精铰。

(2) 钻—扩—拉。

此加工顺序是一条高效率的加工方案。由于拉刀设计制造复杂、成本高，故只用于中小零件的大批量生产，可加工未淬硬钢、铸铁和有色金属等材料。

(3) 粗镗—半精镗—精镗。

此加工顺序主要用于加工已有铸、锻孔的工件，适用于各种生产类型、直径比较大的孔，材料为除淬硬钢以外的各种材料，尤其适用于有色金属。

3．盘套类零件的加工工艺过程

(1) 备料。

(2) 外圆加工(车削、磨削，同轴加工)。

(3) 孔加工(钻、扩、铰或镗，如前所述)。

(4) 螺纹、滚花等其它加工。

二、盘套类零件的加工工艺过程分析

(1) 盘类零件刚性差，精度要求高，且加工余量大，可将加工过程分为粗加工、半精加工、精加工阶段。

① 粗加工阶段：去除大部分加工余量，保证以后的加工余量均匀。

② 半精加工阶段：去除粗加工造成的表面缺陷及变形，一些非工作表面和精度小的孔完成最终加工。

③ 精加工：保证零件的最终尺寸要求。此阶段加工余量小，加工精度高。还可安排光

整加工，消除前序加工中的轻碰、划痕，并满足设计图中各要素的要求。

(2) 套类零件的主要加工表面为孔和外圆表面。外表面根据精度要求可选择车削、磨削。孔的加工如上所述(考虑零件的结构特点、材料性质、孔径大小、长径比、精度及表面粗糙度、生产规模等)。

零件各表面之间的位置精度的保证方法由零件的技术条件可知，套筒内外表面的同轴度及端面与孔轴线的垂直度均有较高的要求，为保证这些要求，在工艺上常采用以下措施：

① 粗车阶段采用一端用外圆，一端用内锥面定位的方式，可初步保证内外圆的同轴度。

② 精加工阶段采用先粗加工内孔，然后以孔为精基准加工外圆，最终保证加工要求。

(3) 由于盘套类零件的孔壁薄，加工中会因夹紧力、切削力、残余应力和切削热等因素的影响而产生变形。为防止变形，在工艺上常采用以下措施：

① 为了减少切削力与切削热的影响，粗、精加工分开进行，使粗加工的变形能在精加工中得到纠正。

② 减少夹紧力的影响。可以改变夹紧力的方向，由径向夹紧变为轴向夹紧。必须采用径向夹紧的工件可以用软卡爪(未经淬火的卡爪)夹紧。

三、盘套类零件的加工精度分析

加工盘套类零件时，除了要防止尺寸超差、表面粗糙度太大及磨削烧伤等问题外，还要考虑工件变形及表面相互位置问题，具体有：

(1) 在一次装夹中完成端面、外圆加工，可以消除多次装夹造成的误差，也可提高内外圆的同轴度及端面与圆柱轴线的垂直度。

(2) 先精加工孔，再以心轴定位夹紧，加工外圆和端面。

第三节　盘套类零件的工艺装备

一、盘类零件夹具

常见的盘类零件夹具模型如图 2-2-1 所示，夹具简图如图 2-2-2 所示。

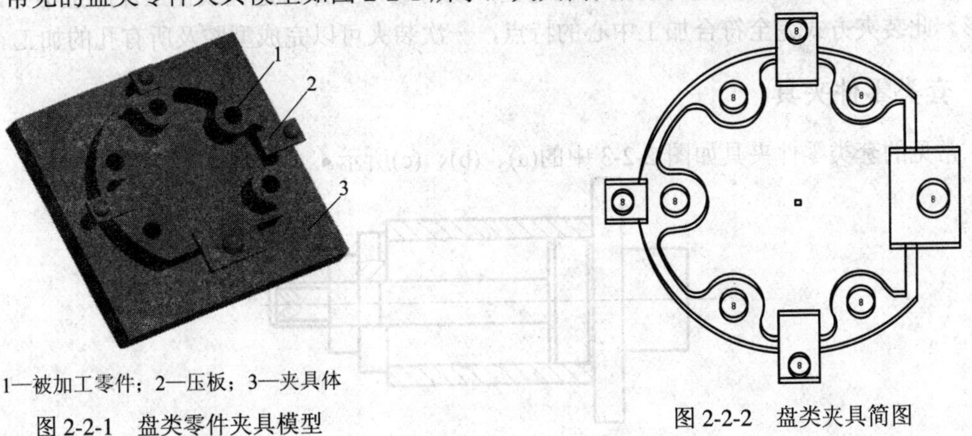

1—被加工零件；2—压板；3—夹具体

图 2-2-1　盘类零件夹具模型

图 2-2-2　盘类夹具简图

该零件材料为硬铝 LY12，其切削性能良好，属于典型的薄壁盘类结构，外形尺寸较大，周边及内部筋的厚度仅为 2 mm，型腔深度为 27 mm。该零件在加工过程中如果工艺方案或加工参数设置不当，极易变形，造成尺寸超差。该零件毛坯选用棒料，采用粗加工、精加工的工艺方案，具体工艺流程如下：毛坯—粗车—粗铣—时效—精车—精铣。

1) *工艺流程简介*

粗车：分别在外圆及端面预留 1.5 mm 精加工余量，并预钻中心孔。

粗铣：分别在型腔侧面及底面预留余量 1.5 mm，并在ϕ12 mm 孔位处预钻工艺孔。

时效：去除材料及加工应力。

精车：精车端面、外圆并钻工艺孔ϕ6 mm，要求一次装夹完成，以便保证同轴度，为后序加工打好基础。

① 粗铣型腔。主要是去除大余量，并为后序精加工打好基础，所以加工型腔时，应选择低成本的普通数控铣床加工。该工序要求按所示零件结构图加工出内形轮廓，圆弧拐角为 R5 mm，所留精加工余量均匀，为 1.5 mm。而且本道工序还需要在ϕ12 mm 孔位处预先加工精加工所需的定位孔。

② 精铣型腔。高速加工技术是近年应用起来的制造技术。在高速切削加工中，由于切削力小，可减小零件的加工变形，比较适合于薄壁件，而且切屑在较短时间内被切除，绝大部分切削热被切屑带走，工件的热变形小，有利于保证零件的尺寸、形状精度；高速加工可以获得较高的表面质量，加工周期也大大缩短，所以结合该类薄壁盘类零件的特点，精加工型腔时选用高速加工。

③ 定位孔的加工。该零件精加工选用中心孔ϕ6 mm 及ϕ12 mm 孔作为定位孔，所以精加工型腔前必须先将其加工到位。中心孔ϕ6 mm 在精车外圆ϕ301.5 mm 时将其铰削为ϕ6H8；ϕ12 mm 孔由数控铣床钻、铰至ϕ12H8。

2) *精加工型腔时零件的定位与装夹*

为了使工件在机床上能迅速、正确装夹，而且在加工一批工件时不必逐个找正，所以加工采用一面两销的定位方式。以零件上已经存在的ϕ6 mm 及ϕ12 mm 孔作为定位孔，做简易工装。该工装采用一个圆柱销和一个菱形销作为定位元件。由于该零件属于薄壁件，容易变形，因而在夹紧工件时，压板应压在工件刚性较好的部位，分布尽可能均匀，以保证夹紧的可靠性，而且夹紧力的大小应适当，以防破坏工件的定位或使工件产生不允许的变形。此装夹方式完全符合加工中心的特点，一次装夹可以完成型腔及所有孔的加工。

二、套类零件夹具

常见的套类零件夹具如图 2-2-3 中的(a)、(b)、(c)所示。

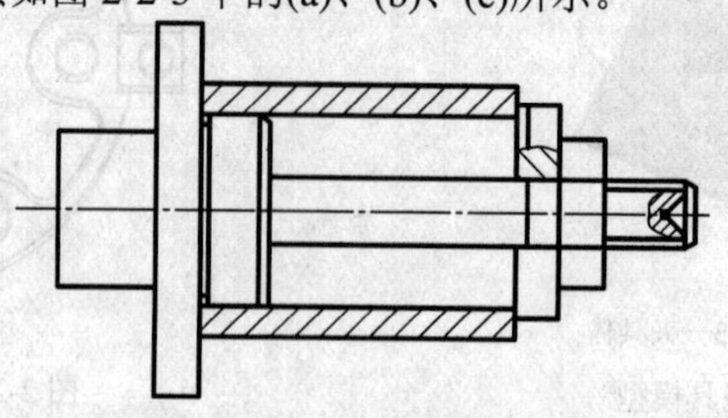

(a) 心轴式(加工好内孔后加工外圆)

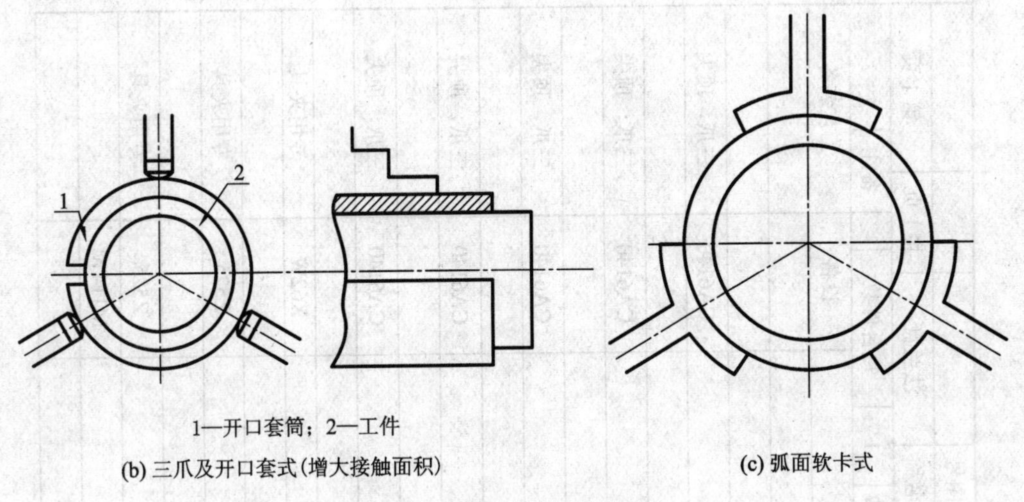

(b) 三爪及开口套式(增大接触面积)　　(c) 弧面软卡式

图 2-2-3　套类零件夹具

第四节　实　　例

图 2-2-4 所示为一法兰盘零件，试制定其机械加工工艺过程。

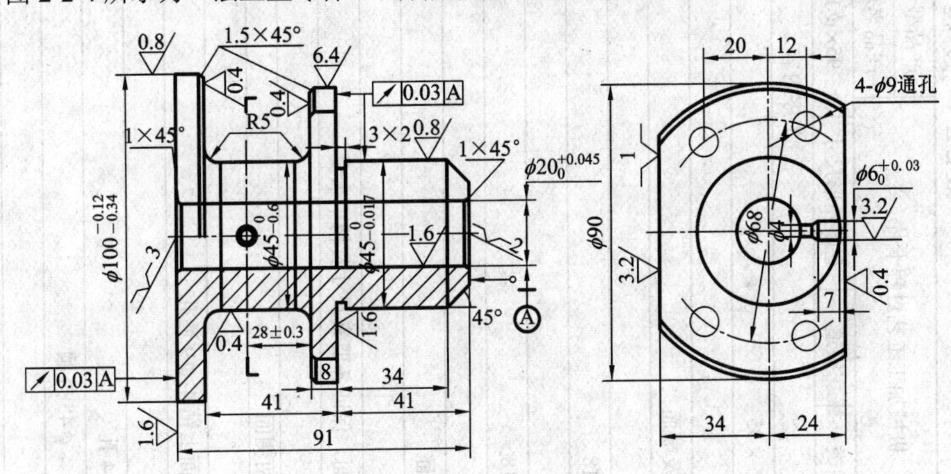

图 2-2-4　法兰盘

零件材料 HT200，其 ϕ45h6 外圆、ϕ100 左端面和 ϕ90 右端面对 ϕ20H8 孔的跳动公差为 0.03 mm；法兰盘右端圆柱外圆尺寸精度为 IT6，表面粗糙度为 Ra0.8，ϕ100 外圆粗糙度为 Ra0.8，右端面粗糙度为 Ra0.4，ϕ90 左端面粗糙度为 Ra0.4，右端面粗糙度为 Ra1.6，需磨削才能达到其表面粗糙度要求。孔 ϕ20 表面粗糙度为 Ra1.6，需“钻—扩—铰”。

为保证外圆和端面对孔的跳动，精加工 ϕ45h6 外圆、ϕ100 左端面和 ϕ90 右端面时应以内孔定位。其工艺过程卡和工序卡如表 2-2-1 和表 2-2-2 所示。

表 2-2-1　过 程 卡 片

<table>
<tr><td colspan="2" rowspan="2">(工厂名)</td><td colspan="3" rowspan="2">机械加工工艺过程卡片</td><td>产品型号</td><td></td><td>零件图号</td><td colspan="3"></td></tr>
<tr><td>产品名称</td><td></td><td>零件名称</td><td>法兰盘</td><td>共 1 页</td><td>第 1 页</td></tr>
<tr><td>材料牌号</td><td>45 钢</td><td>毛坯种类</td><td>锻造</td><td>毛坯外形尺寸</td><td>95×ϕ105</td><td>每毛坯可制件数</td><td>1</td><td>每台件数</td><td>备注</td><td></td></tr>
<tr><td>工序号</td><td>工序名称</td><td colspan="7">工序内容</td><td>设备</td><td>工艺装备</td></tr>
<tr><td>10</td><td>备料</td><td colspan="7">备料 ϕ105×95</td><td></td><td></td></tr>
<tr><td>20</td><td>车削</td><td colspan="7">粗车外圆及端面</td><td>CA6140</td><td>三爪，顶尖</td></tr>
<tr><td>30</td><td>钻孔</td><td colspan="7">钻通孔 ϕ18</td><td>CA6140</td><td>三爪，顶尖</td></tr>
<tr><td>40</td><td>铰孔</td><td colspan="7">铰通孔 ϕ18</td><td>CA6140</td><td>三爪，顶尖</td></tr>
<tr><td>50</td><td>车削</td><td colspan="7">精车左端面</td><td>CA6140</td><td>三爪，顶尖</td></tr>
<tr><td>60</td><td>车削</td><td colspan="7">车各外圆面，保证各要素尺寸及精车余量</td><td>CA6140</td><td>三爪，顶尖</td></tr>
<tr><td>70</td><td>铣削</td><td colspan="7">粗、精铣两侧面</td><td>X62W</td><td>专用夹具</td></tr>
<tr><td>80</td><td>钻孔</td><td colspan="7">在 ϕ90 端面上钻 4-ϕ9 通孔</td><td>Z525</td><td>专用夹具</td></tr>
<tr><td>90</td><td>钻孔</td><td colspan="7">钻 ϕ6、ϕ4 孔</td><td>Z525</td><td>专用夹具</td></tr>
<tr><td>100</td><td>磨削</td><td colspan="7">精磨 ϕ100、ϕ45 外圆</td><td>M114W</td><td></td></tr>
<tr><td></td><td></td><td colspan="7"></td><td></td><td></td></tr>
</table>

续表

工序号	工序名称	工序内容	设备	工艺装备
110	磨削	精磨两轴肩间 $\phi 45$ 外圆	M114W	
120	磨削	精磨两侧面，保证其表面质量	M114W	
130	检验	按图样技术要求项目检查		

描校										
底图号										
装订号										

										设计 日期	校对 日期	审核 日期	标准化 日期	会签 日期
标记	处数	更改文件号	签字	日期	标记	处数	更改文件号	签字	日期					

表 2-2-2 工 序 卡 片

(一)

机械加工工序卡片	产品型号		零件图号			
	产品名称		零件名称	法兰盘	共 13 页	第 1 页

车间	工序号	工序名称	材料牌号	
	10	备料	HT200	
毛坯种类	毛坯外形尺寸	每毛坯可制件数	每台件数	
铸件	ϕ105×95	1	1	
设备名称	设备型号	设备编号	同时加工件数	
			1	
夹具编号	夹具名称		切削液	
工位器具编号	工位器具名称		工序工时/分	
			准终	单件

工步号	工步内容	工艺装备	主轴转速 /(r/min)	切削速度 /(m/min)	进给量 /(mm/r)	切削深度 /mm	进给次数	工步工时	
								机动	辅助
1	备料 ϕ105×95								
描校									
底图号									
装订号									

										设计 日期	校对 日期	审核 日期	标准化 日期	会签 日期
标记	处数	更改文件号	签字	日期	标记	处数	更改文件号	签字	日期					

（二）

机械加工工序卡片	产品型号		零件图号			
	产品名称		零件名称	法兰盘	共 13 页	第 2 页

车间	工序号	工序名称	材料牌号
	20	车削	HT200
毛坯种类	毛坯外形尺寸	每毛坯可制件数	每台件数
铸件	ϕ105×95	1	1
设备名称	设备型号	设备编号	同时加工件数
车床	CA6140		1

夹具编号	夹具名称	切削液

工位器具编号	工位器具名称	工序工时/分	
		准终	单件

工步号	工步内容	工艺装备	主轴转速/(r/min)	切削速度/(m/min)	进给量/(mm/r)	切削深度/mm	进给次数	工步工时 机动	工步工时 辅助
1	粗车两端面，保证长度尺寸 93								
描校									
底图号									
装订号									

										设计	校对	审核	标准化	会签
										日期	日期	日期	日期	日期
标记	处数	更改文件号	签字	日期	标记	处数	更改文件号	签字	日期					

（三）

机械加工工序卡片	产品型号		零件图号			
	产品名称		零件名称	法兰盘	共 13 页	第 3 页

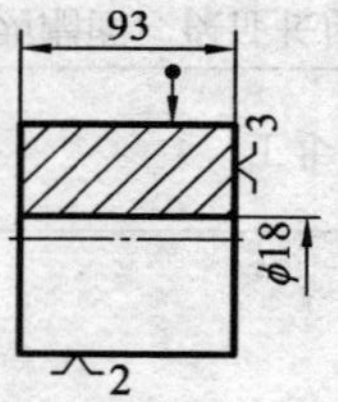

车间	工序号	工序名称	材料牌号
	30	钻孔	HT200
毛坯种类	毛坯外形尺寸	每毛坯可制件数	每台件数
铸件	ϕ105×95	1	1
设备名称	设备型号	设备编号	同时加工件数
车床	CA6140		1
夹具编号	夹具名称	切削液	
工位器具编号	工位器具名称	工序工时/分	
		准终	单件

工步号	工步内容	工艺装备	主轴转速 /(r/min)	切削速度 /(m/min)	进给量 /(mm/r)	切削深度 /mm	进给次数	工步工时 机动	工步工时 辅助
1	钻 ϕ18 的通孔								
描校									
底图号									
装订号									

标记	处数	更改文件号	签字	日期	标记	处数	更改文件号	签字	日期	设计 日期	校对 日期	审核 日期	标准化 日期	会签 日期

（四）

机械加工工序卡片	产品型号		零件图号			
	产品名称		零件名称	法兰盘	共 13 页	第 4 页

车间	工序号	工序名称	材料牌号
	40	铰孔	HT200
毛坯种类	毛坯外形尺寸	每毛坯可制件数	每台件数
铸件	$\phi 105\times95$	1	1
设备名称	设备型号	设备编号	同时加工件数
车床	CA6140		1
夹具编号	夹具名称		切削液
工位器具编号	工位器具名称		工序工时/分
			准终 / 单件

工步号	工步内容	工艺装备	主轴转速/(r/min)	切削速度/(m/min)	进给量/(mm/r)	切削深度/mm	进给次数	工步工时 机动	工步工时 辅助
1	用 $\phi 20$ 的铰刀铰孔，保证尺寸 $\phi 20H7$								
描校									
底图号									
装订号									

										设计	校对	审核	标准化	会签
										日期	日期	日期	日期	日期
标记	处数	更改文件号	签字	日期	标记	处数	更改文件号	签字	日期					

（五）

机械加工工序卡片	产品型号		零件图号			
	产品名称		零件名称	法兰盘	共 13 页	第 5 页

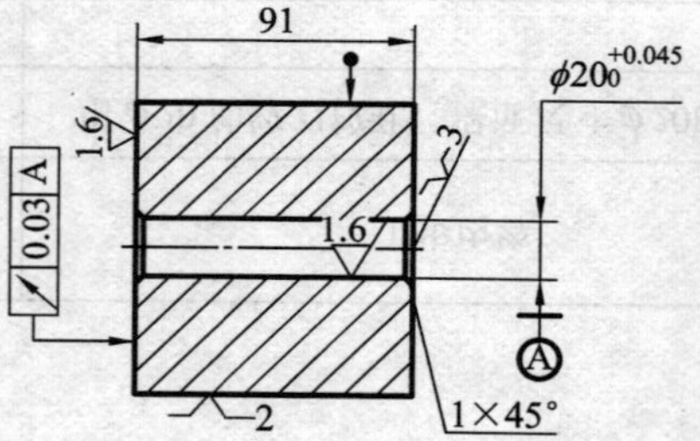

车间	工序号	工序名称	材料牌号
	50	车削	HT200
毛坯种类	毛坯外形尺寸	每毛坯可制件数	每台件数
铸件	ϕ105×95	1	1
设备名称	设备型号	设备编号	同时加工件数
车床	CA6140		1
夹具编号	夹具名称		切削液
工位器具编号	工位器具名称	工序工时/分 准终	工序工时/分 单件

工步号	工步内容	工艺装备	主轴转速 /(r/min)	切削速度 /(m/min)	进给量 /(mm/r)	切削深度 /mm	进给次数	工步工时 机动	工步工时 辅助
1	车左端面，保证尺寸 91、Ra1.6 及对于基准 A 的端面跳动为 0.03 mm								
描校									
底图号									
装订号									

										设计 日期	校对 日期	审核 日期	标准化 日期	会签 日期
标记	处数	更改文件号	签字	日期	标记	处数	更改文件号	签字	日期					

（六）

机械加工工序卡片	产品型号		零件图号			
	产品名称		零件名称	法兰盘	共 13 页	第 6 页

车间	工序号	工序名称	材料牌号
	60	车削	HT200
毛坯种类	毛坯外形尺寸	每毛坯可制件数	每台件数
铸件	ϕ105×95	1	1
设备名称	设备型号	设备编号	同时加工件数
车床	CA6140		1
夹具编号	夹具名称		切削液
工位器具编号	工位器具名称	工序工时/分 准终	工序工时/分 单件

工步号	工步内容	工艺装备	主轴转速/(r/min)	切削速度/(m/min)	进给量/(mm/r)	切削深度/mm	进给次数	工步工时 机动	工步工时 辅助
1	车外圆、倒角并切槽，保证各要素尺寸								
描校									
底图号									
装订号									

										设计	校对	审核	标准化	会签
										日期	日期	日期	日期	日期
标记	处数	更改文件号	签字	日期	标记	处数	更改文件号	签字	日期					

（七）

机械加工工序卡片	产品型号		零件图号			
	产品名称		零件名称	法兰盘	共 13 页	第 7 页

车间	工序号	工序名称	材料牌号
	70	铣削	HT200
毛坯种类	毛坯外形尺寸	每毛坯可制件数	每台件数
铸件	ϕ105×95	1	1
设备名称	设备型号	设备编号	同时加工件数
万能铣床	X62W		1
夹具编号	夹具名称	切削液	
工位器具编号	工位器具名称	工序工时/分	
		准终	单件

工步号	工步内容	工艺装备	主轴转速 /(r/min)	切削速度 /(m/min)	进给量 /(mm/r)	切削深度 /mm	进给次数	工步工时 机动	工步工时 辅助
1	粗、精铣 ϕ90 的两侧面，保证尺寸 34、24.2 及 Ra3.2								
描校									
底图号									
装订号									

										设计 日期	校对 日期	审核 日期	标准化 日期	会签 日期
标记	处数	更改文件号	签字	日期	标记	处数	更改文件号	签字	日期					

(八)

机械加工工序卡片	产品型号		零件图号			
	产品名称		零件名称	法兰盘	共 13 页	第 8 页

车间	工序号	工序名称	材料牌号
	80	钻孔	HT200
毛坯种类	毛坯外形尺寸	每毛坯可制件数	每台件数
铸件	ϕ105×95	1	1
设备名称	设备型号	设备编号	同时加工件数
钻床	Z525		1
夹具编号	夹具名称		切削液
			乳化液
工位器具编号	工位器具名称		工序工时/分
			准终 / 单件

工步号	工步内容	工艺装备	主轴转速/(r/min)	切削速度/(m/min)	进给量/(mm/r)	切削深度/mm	进给次数	工步工时	
1	在 ϕ90 端面上钻 4-ϕ9 通孔，保证尺寸 20、12 及 ϕ68							机动	辅助
描校									
底图号									
装订号									

										设计日期	校对日期	审核日期	标准化日期	会签日期
标记	处数	更改文件号	签字	日期	标记	处数	更改文件号	签字	日期					

（九）

机械加工工序卡片	产品型号		零件图号			
	产品名称		零件名称	法兰盘	共 13 页	第 9 页

车间	工序号	工序名称	材料牌号
	90	钻孔	HT200
毛坯种类	毛坯外形尺寸	每毛坯可制件数	每台件数
铸件	ϕ105×95	1	1
设备名称	设备型号	设备编号	同时加工件数
钻床	Z525		1
夹具编号	夹具名称	切削液	
工位器具编号	工位器具名称	工序工时/分	
		准终	单件

工步号	工步内容	工艺装备	主轴转速/(r/min)	切削速度/(m/min)	进给量/(mm/r)	切削深度/mm	进给次数	工步工时 机动	工步工时 辅助
1	钻 ϕ6 沉孔和 ϕ4 的通孔，保证尺寸 28±0.3 及 7								
描校									
底图号									
装订号									

										设计 日期	校对 日期	审核 日期	标准化 日期	会签 日期
标记	处数	更改文件号	签字	日期	标记	处数	更改文件号	签字	日期					

（十）

机械加工工序卡片	产品型号		零件图号			
	产品名称		零件名称	法兰盘	共 13 页	第 10 页

车间	工序号	工序名称	材料牌号
	100	磨削	HT200
毛坯种类	毛坯外形尺寸	每毛坯可制件数	每台件数
铸件	ϕ105×95	1	1
设备名称	设备型号	设备编号	同时加工件数
万能磨床	M114W		1
夹具编号	夹具名称		切削液
工位器具编号	工位器具名称		工序工时/分
			准终 / 单件

工步号	工步内容	工艺装备	主轴转速 /(r/min)	切削速度 /(m/min)	进给量 /(mm/r)	切削深度 /mm	进给次数	工步工时 机动	工步工时 辅助
1	磨削 ϕ100、ϕ45 的外圆，保证其精度为 Ra0.8								
描校									
底图号									
装订号									

										设计	校对	审核	标准化	会签
										日期	日期	日期	日期	日期
标记	处数	更改文件号	签字	日期	标记	处数	更改文件号	签字	日期					

（十一）

机械加工工序卡片	产品型号		零件图号			
	产品名称		零件名称	法兰盘	共 13 页	第 11 页

车间	工序号	工序名称	材料牌号
	110	磨削	HT200
毛坯种类	毛坯外形尺寸	每毛坯可制件数	每台件数
铸件	ϕ105×95	1	1
设备名称	设备型号	设备编号	同时加工件数
万能磨床	M114W		1
夹具编号	夹具名称		切削液
工位器具编号	工位器具名称		工序工时/分
			准终 / 单件

工步号	工步内容	工艺装备	主轴转速 /(r/min)	切削速度 /(m/min)	进给量 /(mm/r)	切削深度 /mm	进给次数	工步工时 机动	工步工时 辅助
1	磨削两轴肩间 ϕ45 外圆，保证其精度 Ra0.4								
描校									
底图号									
装订号									

										设计 日期	校对 日期	审核 日期	标准化 日期	会签 日期
标记	处数	更改文件号	签字	日期	标记	处数	更改文件号	签字	日期					

（十二）

机械加工工序卡片	产品型号		零件图号			
	产品名称		零件名称	法兰盘	共 13 页	第 12 页

车间	工序号	工序名称	材料牌号	
	120	磨削	HT200	
毛坯种类	毛坯外形尺寸	每毛坯可制件数	每台件数	
铸件	ϕ105×95	1	1	
设备名称	设备型号	设备编号	同时加工件数	
平面磨床	M7232		1	
夹具编号	夹具名称		切削液	
工位器具编号	工位器具名称		工序工时/分	
			准终	单件

工步号	工步内容	工艺装备	主轴转速/(r/min)	切削速度/(m/min)	进给量/(mm/r)	切削深度/mm	进给次数	工步工时 机动	工步工时 辅助
1	磨削 ϕ90 轴肩的前面，保证其精度 Ra0.4								
描校									
底图号									
装订号									

										设计	校对	审核	标准化	会签
										日期	日期	日期	日期	日期
标记	处数	更改文件号	签字	日期	标记	处数	更改文件号	签字	日期					

（十三）

机械加工工序卡片	产品型号		零件图号			
	产品名称		零件名称	法兰盘	共 13 页	第 13 页

车间	工序号	工序名称	材料牌号
	130	检验	HT200
毛坯种类	毛坯外形尺寸	每毛坯可制件数	每台件数
铸件	ϕ105×95	1	1
设备名称	设备型号	设备编号	同时加工件数
			1
夹具编号	夹具名称		切削液
工位器具编号	工位器具名称		工序工时/分
			准终 / 单件

工步号	工步内容	工艺装备	主轴转速/(r/min)	切削速度/(m/min)	进给量/(mm/r)	切削深度/mm	进给次数	工步工时 机动	工步工时 辅助
1	检验各要素尺寸及精度								
描校									
底图号									
装订号									

										设计	校对	审核	标准化	会签
										日期	日期	日期	日期	日期
标记	处数	更改文件号	签字	日期	标记	处数	更改文件号	签字	日期					

课题三　箱体类零件的加工

第一节　概　　述

一、箱体类零件的功用和结构特点

箱体是机器的基础零件，它将机器中有关部件的轴、套、齿轮等相关零件连接成一个整体，并使之保持正确的相互位置，以传递转矩或改变转速来完成规定的运动。故箱体的加工质量，直接影响到机器的性能、精度和寿命。

箱体类零件的结构复杂，壁薄且不均匀，加工部位多，加工难度大。据统计，一般中型机床制造厂花在箱体类零件的机械加工工时约占整个产品加工工时的15%～20%。

二、箱体类零件的技术要求

箱体类零件中，常见有以下五项技术要求。

1．孔径精度

孔径的尺寸误差和几何形状误差会造成轴承与孔的配合不良。孔径过大，配合过松，使孔轴回转轴线的同轴度降低，并降低了支承刚度，易产生振动和噪声；孔径过小，会使配合偏紧，轴承将因外环变形，不能正常运转而缩短寿命。若装轴承的孔圆柱度较低，也会使轴承外圈变形而引起主轴径向圆跳动。

从上面分析可知，对孔的精度要求是较高的。主轴孔的尺寸公差等级为IT6，其余孔为IT8～IT7。孔的几何形状精度未作规定的，一般控制在尺寸公差的1/2范围内即可。

2．孔与孔的位置精度

同一轴线上各孔的同轴度误差和孔端面对轴线的垂直度误差，会使轴和轴承装配到箱体内出现歪斜，从而造成主轴径向圆跳动和轴向窜动，也加剧了轴承磨损。孔系之间的平行度误差会影响齿轮的啮合质量。一般孔距公差为0.025 mm～0.060 mm，而同一中心线上的支承孔的同轴度约为最小孔尺寸公差的一半。

3．孔和平面的位置精度

主要孔对主轴箱安装基面的平行度，决定了主轴与床身导轨的相互位置关系。这项精度是在总装时通过刮研保证，一般规定在垂直和水平两个方向上，只允许主轴前端向上和向前偏。

4．主要平面的精度

如机床主轴箱箱体装配基面的平面度影响主轴箱与床身联接时的接触刚度，加工过程中作为定位基面则会影响主要孔的加工精度，因此规定了底面和导向面必须垂直。为了保证箱盖的密封性，防止工作时润滑油泄出，还规定了顶面的平行度要求，当大批量生产将其顶面用作定位基面时，对它的平面度要求还要提高。

5. 表面粗糙度

一般主轴孔的表面粗糙度为 Ra0.4 μm，其它各纵向孔的表面粗糙度为 Ra1.6 μm；孔的内端面的表面粗糙度为 Ra3.2 μm，装配基面和定位基准面的表面粗糙度为 Ra2.5～0.63 μm，其它平面的表面粗糙度为 Ra10～2.5 μm。

三、箱体类零件的材料

箱体类零件材料常选用各种牌号的灰铸铁，因为灰铸铁具有良好的耐磨性、铸造性和可切削性，而且吸振性好，成本又低。故某些负荷较大的箱体采用铸钢件。另外，也有某些简易箱体为了缩短毛坯制造的周期而采用钢板焊接结构。

四、毛坯及热处理

毛坯铸造时，应防止砂眼和气孔的产生。为了减少毛坯制造时产生残余应力，应使箱体壁厚尽量均匀，箱体浇铸后应安排退火或时效工序。毛坯的加工余量与生产批量、毛坯尺寸、结构、精度和铸造方法等因素有关。具体数值可从有关手册中查到。

五、箱体类零件的工艺规程原则

在拟订箱体零件机械加工工艺规程时，有一些基本原则应该遵循：

(1) 先面后孔——先加工平面，后加工孔是箱体加工的一般规律。平面面积大，用其定位稳定可靠；支承孔大多分布在箱体外壁平面上，先加工外壁平面可除去铸件表面的凹凸不平及夹砂等缺陷，这样可减少钻头引偏，防止刀具崩刃等，对孔加工有利。

(2) 粗精分开、先粗后精——箱体的结构形状复杂，主要平面及孔系加工精度高，一般应将粗、精加工工序分阶段进行，先进行粗加工，后进行精加工。

(3) 基准的选择——箱体零件的粗基准一般都用它上面的重要孔和另一个相距较远的孔作粗基准，以保证孔加工时余量均匀。精基准选择一般采用基准统一的方案，常以箱体零件的装配基准或专门加工的一面两孔为定位基准，使整个加工工艺过程基准统一。夹具结构类似，基准重合时误差降低至最小。

(4) 工序集中，先主后次——对于箱体零件上相互位置要求较高的孔系和平面，一般尽量集中在同一工序中加工，以保证其相互位置要求和减少装夹次数；对于紧固螺纹孔、油孔等次要工序，一般在平面和支承孔等主要加工表面精加工之后再进行加工。

第二节 平 面 加 工

一、铣削加工

1. 铣削加工范围

铣削主要用于加工平面如水平面、垂直面、台阶面及各种沟槽表面和成形面等。另外也可以利用万能分度头进行分度件的铣削加工。

铣削加工的工件尺寸公差等级一般为 IT9～IT7 级，表面粗糙度为 Ra6.3～1.6。

2. 铣平面的方法

1) *用圆柱铣刀铣平面*

在卧式升降台铣床上，利用圆柱铣刀圆周上的齿刀刃进行的铣削称为圆周铣削，简称周铣。按铣刀运动方向和进给运动方向，周铣又分为顺铣和逆铣。

顺铣——在铣刀与工件已加工面的切点处，铣刀切削刃的旋转运动方向与工件进给方向相同的铣削称为顺铣。

逆铣——在铣刀与工件已加工面的切点处，铣刀切削刃的旋转运动方向与工件进给方向相反的铣削称为逆铣。

顺铣时，刀齿切下的切屑由厚逐渐变薄，易切入工件。由于铣刀对工件的垂直分力向下压紧工件，所以切削时不易产生振动，铣削平稳。但另一方面，由于铣刀对工件的水平分力与工作台的进给方向一致且工作台丝杠与螺母之间有间隙，因此在水平分力的作用下，工作台会消除间隙而突然窜动，致使工作台出现爬行或产生啃刀现象，引起刀杆弯曲、刀头折断。

逆铣时，刀齿切下的切屑由薄逐渐变厚。由于刀齿的切削刃具有一定的钝圆半径，所以刀齿接触工件后要滑移一段距离才能切入，因此刀具与工件摩擦严重，致使切削温度升高，工件产生振动而影响表面粗糙度。但另一方面，铣刀对工件的水平分力与工作台的进给方向相反，在水平分力的作用下，工作台丝杠与螺母间总是保持紧密接触而不会松动，故丝杠与螺母的间隙对铣削没有影响。

综上所述，从提高刀具耐用度和工件表面质量以及增加工件夹持的稳定性等观点出发，一般以采用顺铣法为宜。但需要注意的是，铣床必须具备丝杠与螺母的间隙调整机构，且间隙调整为零时才能采用顺铣。目前，除万能升降台铣床外，尚没有消除丝杠与螺母之间间隙的机构，所以，在生产中仍多采用逆铣法。另外，当铣削带有黑色硬化表皮的工件表面时，如对铸件或锻件进行粗加工，若用顺铣，因刀齿首先接触黑色硬化表皮将会加剧刀齿的磨损，所以应采用逆铣法。

2) *用端铣刀铣平面*

在立式铣床上，用立铣刀或端铣刀铣削平面称为端铣。用端铣刀铣平面与用圆柱铣刀铣平面相比，其切削厚度变化较小，同时参与切削的刀齿较多，切削较平稳；端铣刀的主切削刃担负着主要的切削，而副切削刃具有修光的作用，表面加工质量较好。另外，端铣刀易于镶装硬质合金刀齿，刀杆比圆柱铣刀的刀杆短，刚性较好，能减少加工中的振动，提高加工质量。因此广泛地应用于铣削平面。

二、刨削加工

1. 刨削的加工范围

刨削主要用于加工平面，如水平面、垂直面和斜面，还可以加工槽，如直槽、T 形槽、燕尾槽等。

刨削加工的工件尺寸公差等级一般为 IT10～IT8 级，表面粗糙度为 Ra6.3～1.6。

2. 工件的装夹方法

在刨床上，加工单件小批生产的工件，常用平口钳或螺栓、压板装夹工件，而加工成批大量生产的工件可用专门设计制造的专用夹具来装夹工件。

刨削时用平口钳装夹工件的方法与铣削相同。

用螺栓、压板装夹工件时，必须注意压板及压点的位置要合理，垫铁的高度要合适，这样才可以防止工件松动而破坏定位，工件夹紧后，要用划针盘复查加工线与工作台的平行度或垂直度。

3. 刨水平面

粗刨时用平面刨刀，精刨时用圆头刨刀。刨刀的切削刃圆弧半径为 R3～R5，背吃刀量 $a_p = 0.2$ mm～2 mm，进给量 $f = 0.33$ mm/行程～0.66 mm/行程，切削速度 $v_c = 2$ m/min～12 m/min。粗刨时背吃刀量和进给量取大值而切削速度取小值，精刨时切削速度取高值而背吃刀量和进给量取小值。

4. 刨垂直面和斜面

1) 刨垂直面

刨垂直面是用刀架作垂直进给运动来加工平面的方法，其常用于加工台阶面和长工件的端面。

加工前，要调整刀架转盘的刻度线，使其对准零线，以保证加工面与工件底平面垂直。刀座应偏转 10°～15°，使其上端偏离加工面的方向。刀座偏转的目的是使抬刀板在回程时携带刀具抬离工件的垂直面，以减少刨刀的磨损，并避免划伤已加工表面。

精刨时，为减小表面粗糙度，可在副切削刃上接近刀尖处磨出 1 mm～2 mm 的修光刃。装刀时，应使修光刃平行于加工表面。

2) 刨斜面

与水平面成倾斜的平面称为斜面。零件上的斜面分为内斜面和外斜面两种。通常采用倾斜刀架法刨斜面，即把刀架和刀座分别倾斜一定的角度，从上向下倾斜进给进行刨削。

刨斜面时，刀架转盘的刻度不能对准零线，刀架转盘扳过的角度是工件斜面与垂直面之间的夹角。刀座偏转的方向应与刨垂直面相同，即刀座上端要偏离加工面。

三、平面磨削

经磨削加工的工件一般尺寸公差等级可达 IT7～IT5 级，表面粗糙度值为 Ra0.2～0.8。

1. 磨平面的方法

磨削平面时，一般是以一个平面为定位基准，磨削另一个平面。如果两个平面都要求磨削并要求平行时，可互为基准反复磨削。

常用磨削平面的方法有两种：

(1) 周磨法，即用砂轮圆周面磨削工件。用周磨法磨削平面时，由于砂轮与工件的接触面积小，排屑和冷却条件好，工件发热变形小，而且砂轮圆周表面磨削均匀，所以能获得较高的加工质量。但另一方面，该磨削方法的生产效率较低，仅适用于精磨。

(2) 端磨法，即用砂轮端面磨削工件。端磨法的特点与周磨法相反，端磨法磨削生产效率高，但磨削的精度低，仅适用于粗磨。

四、平面加工方案及其选择

1. 平面加工方案

平面加工方案如图 2-3-1 所示。

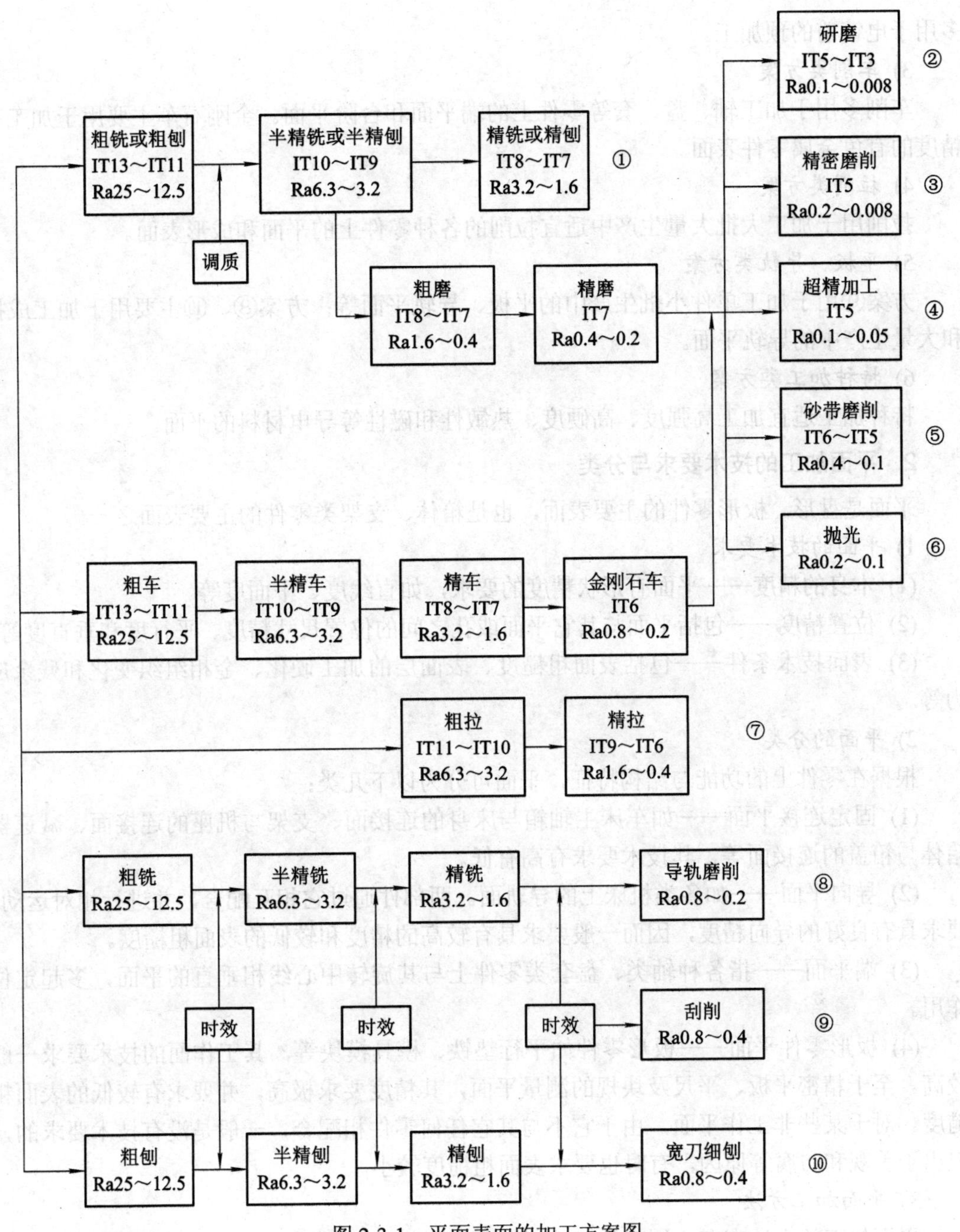

图 2-3-1　平面表面的加工方案图

1) 铣(刨)类方案

铣(刨)(方案①)用于加工除淬硬件以外的各种零件上的中等精度平面。铣削适宜各种批量，刨削适宜单件小批量生产和维护工作。

2) 铣(刨)磨类方案

铣(刨)磨用于加工除有色金属以外的各种零件上的精度较高、表面粗糙度值较小的平面。其中方案②、③多用于单件小批量的生产；方案④、⑤多用于大批大量生产；方案⑥

多用于电镀前的预加工。

3) 车削类方案

车削多用于加工轴、盘、套等零件上的端平面和台阶平面。金刚石车主要用于加工高精度的有色金属零件表面。

4) 拉削类方案

拉削用于加工大批大量生产中适宜拉削的各种零件上的平面和成形表面。

5) 平板、导轨类方案

方案⑨用于加工单件小批生产中的平板、导轨平面等；方案⑧、⑩主要用于加工成批和大量生产中的导轨平面。

6) 特种加工类方案

特种加工适宜加工高强度、高硬度、热敏性和磁性等导电材料的平面。

2. 平面加工的技术要求与分类

平面是盘形、板形零件的主要表面，也是箱体、支架类零件的主要表面之一。

1) 平面的技术要求

(1) 本身的精度——平面有形状精度的要求，如直线度、平面度等。

(2) 位置精度——包括平面与其它平面或孔之间的位置尺寸精度、平行度和垂直度等。

(3) 表面技术条件——包括表面粗糙度、表面层的加工硬化、金相组织变化和残余应力等。

2) 平面的分类

根据在零件上的功能与结构特征，平面可分为以下几类：

(1) 固定连接平面——如车床主轴箱与床身的连接面、支架与机座的连接面、减速器箱体与箱盖的连接面等，其技术要求有高有低。

(2) 导向平面——如各类机床上的导轨面。两部件通过它相互配合，并进行相对运动，要求具有良好的导向精度，因而一般要求具有较高的精度和较低的表面粗糙度。

(3) 端平面——指各种轴类、盘套类零件上与其旋转中心线相垂直的平面，多起定位作用。

(4) 板形零件平面——板形零件如平行垫铁、模具模块等，其工作面的技术要求一般较高。至于精密平板、平尺及块规的测量平面，其精度要求极高，并要求有较低的表面粗糙度。对于某些非工作平面，由于它不与其它任何零件相配合，一般是没有技术要求的，但出于美观和防腐等原因，有时也要求表面粗糙度较小。

3) 平面加工方法

平面加工的方法有车、刨、铣、磨、研磨、刮削及抛光等。

(1) 车平面。

车削适用于回转体零件的端面加工，通常在车削内、外圆面的同一次装夹中加工出端面，以保证端面与内、外圆轴线的垂直度。

(2) 刨平面。

刨削的主要运动是直线往复运动，因此加工的平面平直性较好，而且刨刀结构简单，机床调整方便，通用性好。在龙门刨床上可以利用几个刀架，在一次装夹中完成工件上几个表面的加工，能方便地保证这些表面的相互位置精度。但是，由于刨削时回程不切削，空程时间约占刨削过程的1/3，并且往复主运动速度受惯性力的限制而较低，如一般牛头刨削速度不大于22 m/min，龙门刨床的速度不大于90 m/min。因此，刨床的生产率低，多用于单件、小批量生产中。为了提高刨平面的生产率，在龙门刨床上可采用多刀刨削和多次加工的方法。也可以通过改进刀具的结构和几何角度，来增加背吃刀量和进给量，进行“强力刨削”，这些都可以取得较好的效果。

用精细刨削来代替普通刨削能有效地提高表面质量，对于定位表面与支承表面接触面积较大的导轨、机架、壳体，常采用宽刃精细刨刀。在精刨平面的基础上，以很低的切削速度在工件表面上切下极薄的一层金属，以提高平面的精度和减小表面粗糙度。刨削速度一般为2 m/min～12 m/min，预刨时背吃刀量取0.08 mm～0.12 mm，终刨时取0.03 mm～0.05 mm，加工铸铁时常用煤油(加0.03%重铬酸钾)作切削液。由于切削力小，工件的发热和变形小，精细刨削加工时，要求运动平稳，刀具具有足够的刚度，并经仔细的刃磨，刃磨刨刀时必须保持刃口的水平。工件在精细刨之前，要进行一次时效处理，以消除内应力。工件装夹时也应尽量减小夹紧力，避免夹紧变形。

薄板零件的刚性差，散热困难，加工时很容易翘曲变形，在刨削这类薄板零件时，常采用支承板来进行装夹。工件夹紧时，既有水平方向的夹紧力，又有垂直向下的夹紧力，增加了装夹的可靠性。但夹紧力不可过大，否则工件会变形而中间凸起。所用刨刀的前角、后角较大，修光刃较短，以减少切削力；主偏角较小，以增加径向切削力，利于压紧工件，减少轴向切削力，以减少径向工件变形。加工时宜用较小的背吃刀量(不大于0.3 mm～0.5 mm)和进给量(约为0.1 mm/双行程～0.25 mm/双行程)，以减少切削力，并使用适当的切削液。对于薄而阔的工件，可从中间开始刨削，再向外扩展，这样加工变形较小。

第三节 平面的精密加工

一、平面刮削

刮削是指利用刮刀在工件已加工表面上刮去一层很薄金属的切削方法，刮削一般在精铣、精刨、精镗等精加工之后进行。

刮削时，在工件上均匀涂抹一薄层红丹油(氧化铁粉或氧化铅粉与机油的调和剂)，与校准工具(平板、平尺)相配研，工件表面上的高点经配研后磨去显示剂而显示出亮点(贴合点)，然后用刮刀将亮点逐一刮去，照此重复多次，即可使工件表面的贴合点增多，并分布均匀，从而使加工面获得较高形状精度和较小的粗糙度值。

刮削余量一般为0.1 mm～0.3 mm，面积小时取小值，面积大时取大值。

刮削分粗刮、细刮和精刮。粗刮主要是削除铁锈、前道工序留下的加工痕迹，以防配研时磨伤校准工具。当每25 mm × 25 mm面积上显示出4～6个贴合点时，即可开始细刮。细刮主要是刮去粗刮后的贴合点，一般要求每25 mm × 25 mm面积上显示出12～15个贴合点。精刮要求每25 mm × 25 mm面积上显示出20～25个贴合点。零件表面质量要求不同，其上的贴合点数不同，一般每25 mm × 25 mm面积上的贴合点数为：普通平面6～10

个，中间平面 8～15 个，高级平面 16～24 个，超级平面 25 个以上。

二、平面研磨

平面研磨一般在磨削后进行。单件小批量生产常用手工研磨，研磨时研磨剂涂在研磨平板上，手持工件以“8”字形，或仿“8”字形，或螺旋形的运动轨迹作研磨运动，也可作直线往复运动。为防止工件磨斜，研磨一定时间后应将工件调转 90°或 180°。若工件较大而被研的平面较小，或是小的沟槽等无法在平板上研磨时，可手持研磨工具进行研磨。

机器研磨适用于大批量生产，研磨中型、小型结构简单零件的平面。

研磨后两平面之间的尺寸公差等级可达 IT5～IT3，粗糙度为 Ra0.1～0.008，直线度可达 0.005 mm/m。平面研磨主要用于加工小型精密平板、平尺、块规以及其它精密零件的平面。

三、平面抛光

抛光是用涂有抛光膏的抛光轮(软轮)高速旋转对工件进行微弱切削，从而降低工件表面粗糙度，提高光亮度的一种精密加工方法。

抛光轮用皮革、毛毡、帆布等材料叠制而成，具有一定的弹性，以便工作时能按工件表面形状变形，增大抛光面积和加工曲面。抛光膏由较软的磨料(氧化铁、氧化铬等)和油脂(油酸、硬脂酸、石蜡、煤油等)调制而成。

抛光时，抛光轮高速旋转，其速度一般为 25 m/s～50 m/s。抛光轮与工件间有一定的压力。油酸、硬脂酸一类强氧化剂物质在金属工件表面形成氧化膜以增大抛光时的切削作用。抛光产生大量的摩擦热，使工件表层出现极薄的金属熔流层，对原有的微观沟痕起填平作用，从而获得光亮的表面。

抛光一般在磨削或精车、精铣、精刨的基础上进行，不留加工余量。经过抛光的工件，其表面粗糙度可达 Ra0.012～0.1，并可明显地增加光亮度。抛光可以得到很高的平面度，控制好时还可使加工表面变质层很小。但抛光不能提高工件的尺寸精度、形状精度和位置精度，因此，抛光主要用于表面的修饰加工和电镀前的预加工。

第四节　铣削加工常用的工艺装备

一、铣削刀具

铣刀是多刃回转刀具，其每一个刀齿都相当于一把车刀的刀齿固定在铣刀体的回转面上。铣刀刀齿的几何角度和切削过程都与车刀和刨刀基本相同。铣刀种类很多，结构不一，应用范围很广，常用的有以下几种。

1) 圆柱铣刀

圆柱铣刀分为直齿和斜齿圆柱铣刀两种。斜齿又分为粗加工用的粗齿铣刀(8～10 个刀齿)和精加工用的细齿铣刀(12 个刀齿以上)。斜齿铣刀同时参加切削的刀齿数较多，工作较平稳，使用较多。按结构形式，圆柱铣刀又分为整体和镶齿两种。圆柱铣刀主要用于加工中等尺寸平面，加工效率较低(切削速度为 25 m/min～40 m/min)，目前在许多场合已被镶齿端铣刀所代替。

2) 端铣刀

端铣刀刀齿分布在刀体的端面上和圆柱面上，按结构形式分为整体和镶齿端铣刀两种。镶齿端铣刀刀盘直径一般为ϕ75～300 mm，最大可达ϕ600 mm，主要用于加工大平面。端铣刀刀杆伸出长度短、刚性好，铣削较平稳，加工面的粗糙度值小。硬质合金镶齿端铣刀可实现高速切削(100 m/min～150 m/min)，加工效率高。

3) 立铣刀

刀齿分布在圆柱面和端面上，它很像带柄的端铣刀，主要用于凹槽(特别是两端不通的凹槽)、一般端面、台阶和简单的成形表面的加工。直柄立铣刀的直径为ϕ2～20 mm，常用于加工小平面和沟槽；锥柄立铣刀直径为ϕ14～50 mm，常用于加工小平面。

4) 圆盘铣刀

圆盘铣刀分为槽铣刀、切口铣刀和三面刃铣刀。槽铣刀用于加工宽槽、精度高的浅槽；切口铣刀用于加工窄槽(<4 mm)；三面刃铣刀用于加工凹槽和台阶面，加工效率较高。错齿三面刃铣刀圆柱面和两端面上均有切削刃，且圆柱面上的刀齿呈左、右旋交错分布，具有刀齿逐渐切入工件、切削较平稳、左右轴向力能够平衡等优点，应用较广。

二、铣床夹具

1. 铣床夹具的特点

用于铣削加工或铣床上使用的夹具称为铣床夹具。一般平面、沟槽及各类成形面大多采用铣削加工，特别是一些形体复杂的非回转体零件上的平面加工，更多地采用铣削加工。

铣削加工中，切削用量一般较大，产生的切削力较大，而且加工时铣刀刀齿的不连续工作和切削厚度的变化以及作用于每个刀齿切削力的变化，使得所引起的振动亦较大。因此，要求铣床夹具的夹紧装置产生足够大的夹紧力，并且对夹具体及夹具各部分的刚度和强度要求也较其它夹具高。夹具上定位元件的布置应使工件的加工表面尽可能地靠近工作台，使夹具重心尽量低些。一般夹具的高度与宽度之比应小于1.25。

在结构上，一般铣床夹具采用对刀装置来确定夹具与刀具间的正确位置；采用定向键来确定夹具与机床之间的正确位置，并且通过T形螺栓将夹具紧固在机床工作台上。因此，夹具体上需要设有供T形螺栓穿过的带U形槽的耳座。

2. 铣床专用夹具的主要类型

1) 直线进给的专用铣床夹具

直线进给的专用铣床夹具安装在铣床工作台上，加工中工作台是按直线进给方式运动的。

在铣削工序中，为了提高夹具的工作效率，对于这类铣床夹具，可采用联动夹紧机构和气动、液压传动装置；亦可采用多件多工位夹具使加工的机动时间和装卸工件时间重合等措施。

2) 圆周进给的专用铣床夹具

圆周铣削法的进给运动是连续的，能在不停车的情况下装卸工件，因此是一种高效率的加工方法，适用于大批量生产。

设计圆周进给铣床夹具时应注意使沿圆周排列的工件尽量紧凑，以减少铣刀的空程和夹具的尺寸和重量；手柄沿转台的四周分布以便于操作，尽可能采用气动液压等机械化夹紧方式，以减轻工人的劳动强度。

3) 机械仿形进给的靠模夹具

靠模夹具是用来加工各种直线曲面或空间曲面的，靠模夹具的作用是使主进给运动和由靠模获得的辅助运动形成加工所需要的仿形运动。因此按照进给运动的方式，把用于加工直线曲面的仿形夹具分为直线进给和圆周进给两种。采用靠模夹具可在一般万能铣床上加工出所需要的成形面，以代替价格昂贵的靠模铣床加工，这对于中小厂来说，通过采用夹具来扩大机床工艺用途，以解决缺少特殊设备的问题，具有较大的技术经济意义。

3. 铣床专用夹具的设计要点

(1) 由于铣削过程不是连续切削，且加工余量较大，切削力较大而方向随时都可能在变化。所以夹具应有足够的刚性和强度，夹具的重心应尽量低，夹具的高度与宽度之比应为 1～1.25，并应有足够的排屑空间。

(2) 夹具装置要有足够的强度和刚度，保证必需的夹紧力，并有良好的自锁性能，一般在铣床夹具上(特别是粗铣)，不宜采用偏心夹紧。

(3) 夹紧力应作用在工件刚度较大的部位上。工件与主要定位元件的定位表面接触刚度要大。当从侧面压紧工件时，压板在侧面的着力点应低于工件侧面支承点。

(4) 为了调整和确定夹具与铣刀的相对位置，应正确选用对刀装置，对刀装置设置在使用塞尺方便和易于观察的位置，并应在铣刀开始切入工件的一端。

(5) 切屑和冷却液应能顺利排出，必要时应开排屑孔。

(6) 为了调整和确定夹具与机床工作台轴线的相对位置，在夹具体的底面应具有两个定向键，定向键与工作台 T 形槽宜用单面贴合，当工作台 T 形槽平整时可采用圆柱销，精度高的或重型夹具宜采用夹具体上的找正基面。

第五节　箱体类零件的孔系加工及常用工艺装备

箱体上若干有相互位置精度要求的孔的组合，称为孔系。孔系可分为平行孔系、同轴孔系和交叉孔系。孔系加工是箱体加工的关键，根据箱体加工批量的不同和孔系精度要求的不同，孔系加工所用的方法也是不同的。

一、平行孔系的加工

保证平行孔系孔距精度的加工方法有以下 3 种。

1. 找正法

找正法是在通用机床(镗床、铣床)上利用辅助工具来找正所要加工孔的正确位置的加工方法。找正法加工效率低，一般只适用于单件小批量生产。找正时除根据划线采用试镗方法外，有时借用心轴、块规或用样板找正，以提高找正精度。

图 2-3-2 所示为心轴和块规找正法。镗第一排孔时将心轴插入主轴孔内(或直接利用镗床主轴)，然后根据孔和定位基准的距离组合一定尺寸的块规来校准主轴位置，校准时用塞尺测定块规与心轴之间的间隙，以避免块规与心轴直接接触而损伤块规。镗第二排孔时，分别在机床主轴和已加工孔中插入心轴，采用同样的方法来校正主轴轴线的位置，以保证

孔心距的精度。这种找正法其孔心距精度可达 ±0.03 mm。

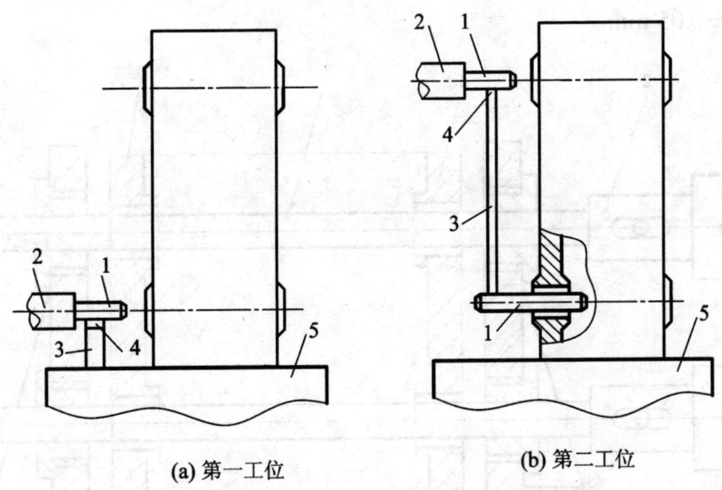

1—心轴；2—镗床主轴；3—块规；4—塞尺；5—镗床工作台

图 2-3-2　心轴和块规找正法

图 2-3-3 所示为样板找正法，用 10 mm～20 mm 厚的钢板制成样板 1，装在垂直于各孔的端面上(或固定于机床工作台上)，样板上的孔距精度较箱体孔系的孔距精度高(一般为 ±0.01～±0.03 mm)，样板上的孔径要求不高，但要有较高的形状精度和较小的表面粗糙度值。当样板准确地装到工件上后，在机床主轴上装一个千分表 2，按样板找正机床主轴，找正后，即换上镗刀加工。此法加工孔系不易出错，找正方便，孔距精度可达±0.05 mm。这种样板的成本低，仅为镗模成本的 1/7～1/9，单件小批量生产中大型的箱体加工可用此法。

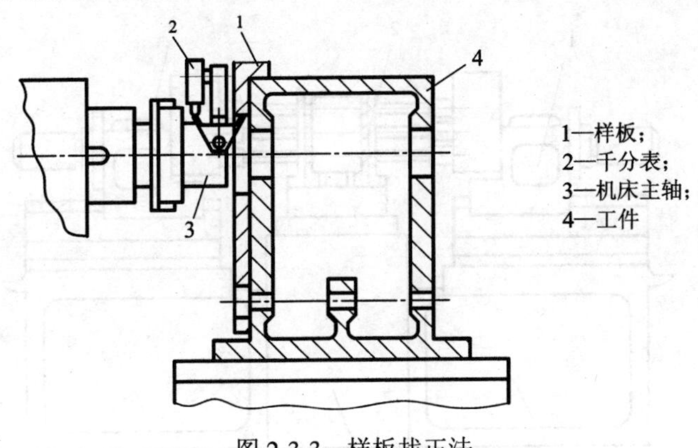

图 2-3-3　样板找正法

2．镗模法

在成批生产中，广泛采用镗模加工孔系，如图 2-3-4 所示。工件 5 装夹在镗模上，镗杆 4 被支承在镗模的镗套 6 里，镗套的位置决定了镗杆的位置，装在镗杆上的镗刀 3 将工件上相应的孔加工出来。当用两个或两个以上的支承来引导镗杆时，镗杆与镗床主轴 2 必须浮动联接。当采用浮动联接时，机床精度对孔系加工精度影响很小，因而可以在精度较低的机床上加工出精度较高的孔系。孔距精度主要取决于镗模的精度，一般可达±0.05 mm。能加工公差等级 IT7 的孔，其表面粗糙度可达 Ra5～1.25。当从一端加工、镗杆两端均有导向支承时，孔与孔之间的同轴度和平行度可达 0.02 mm～0.03 mm；当分别由两端加工时，可达 0.04 mm～0.05 mm。

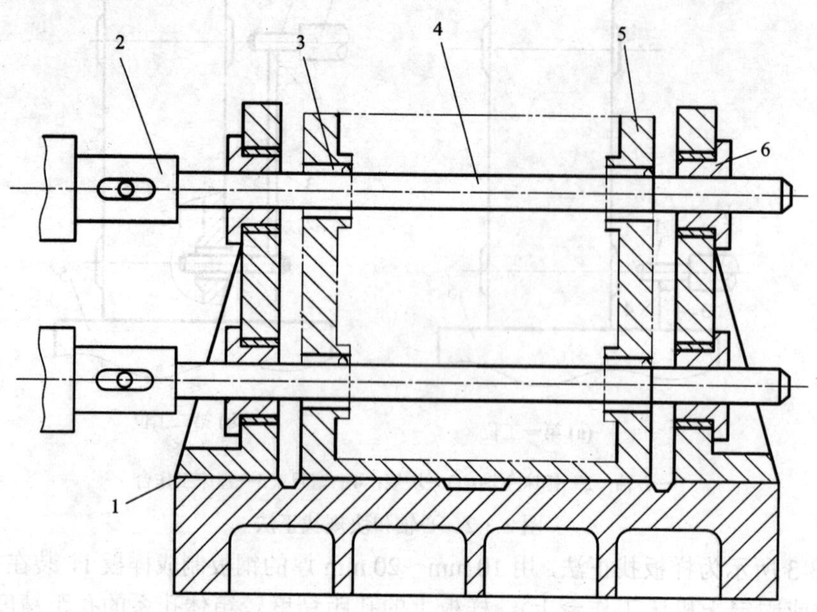

1—镗模支架；2—镗床主轴；3—镗刀；4—镗杆；5—工件；6—镗套

图 2-3-4　用镗模加工孔系

用镗模法加工孔系，既可在通用机床上加工，也可在专用机床上或组合机床上加工，图 2-3-5 为在组合机床上用镗模加工孔系的示意图。

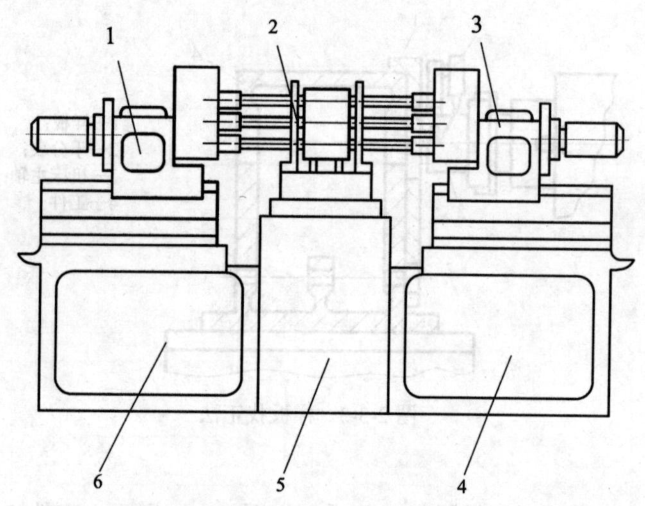

1—左动力头；2—镗模；3—右动力头；4、6—侧底座；5—中间底座

图 2-3-5　在组合机床上用镗模加工孔系

3. 坐标法

坐标法镗孔是在普通卧式镗床、坐标镗床或数控镗铣床等设备上，借助于精密测量装置，调整机床主轴与工件间在水平和垂直方向的相对坐标位置，来保证孔距精度的一种镗孔方法。

采用坐标法加工孔系时，要特别注意选择基准孔和镗孔顺序，否则，坐标尺寸累积误差会影响孔距精度。基准孔应尽量选择本身尺寸精度高、表面粗糙度值小的孔(一般为主轴孔)，这样在加工过程中，便于校验其坐标尺寸。孔心距精度要求较高的两孔应连在一起加工；加工时，应尽量使工作台朝同一方向移动，因为工作台多次往复，其间隙会产生误差，影响坐标精度。

现在国内外许多机床厂已经采用坐标镗床或加工中心机床来加工一般箱体。这样就可以缩短生产周期，适应机械行业多品种小批量生产的需要。

二、同轴孔系的加工

成批生产中，箱体上同轴孔的同轴度几乎都由镗模来保证。单件小批量生产中，其同轴度用下面几种方法来保证。

1. 利用已加工孔作支承导向

如图 2-3-6 所示，当箱体前壁上的孔加工好后，在孔内装一导向套，以支承和引导镗杆加工后壁上的孔，从而保证两孔的同轴度要求。这种方法只适用于加工箱壁较近的孔。

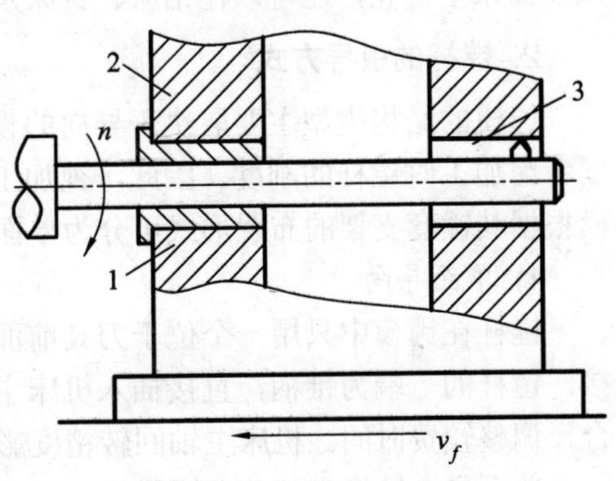

1—已加工孔；2—导向套；3—待加工孔

图 2-3-6 利用已加工孔导向

2. 利用镗床后立柱上的导向套支承导向

这种方法其镗杆系两端支承，刚性好。但此法调整麻烦，镗杆长，很笨重，故只适用于单件小批量生产中大型箱体的加工。

3. 采用调头镗

当箱体箱壁相距较远时，可采用调头镗。工件在一次装夹下，镗好一端孔后，将镗床工作台回转 180°，调整工作台位置，使已加工孔与镗床主轴同轴，然后再加工另一端孔。

当箱体上有一较长并与所镗孔轴线有平行度要求的平面时，镗孔前应先用装在镗杆的百分表对此平面进行校正(如图 2-3-7(a)所示)，使其和镗杆轴线平行，校正后加工孔 B，孔 B 加工后，回转工作台，并用镗杆上装的百分表沿此平面重新校正，这样就可以保证工作台准确地回转 180°(如图 2-3-7(b)所示)，然后再加工孔 A，从而保证孔 A、B 同轴。

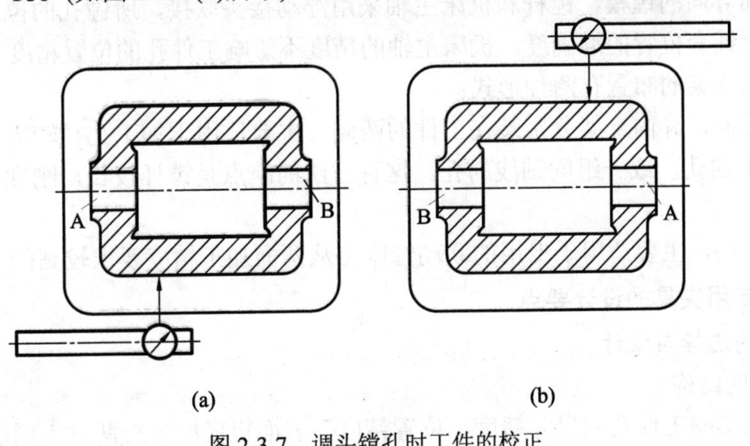

图 2-3-7 调头镗孔时工件的校正

三、镗床夹具

1. 镗床夹具的特点

镗床夹具也称镗模，主要用于加工箱体、支架等工件上的孔或孔系。镗模由定位元件、夹紧装置、导向装置和镗模底座组成，导向装置包括镗套和镗模支架两部分。

镗床夹具与钻床夹具相似，一般具有导引刀具的镗模以及安装镗套的镗模架。与钻床夹具不同之处是它的加工精度要求较高，镗套引导的不是刀具的切削部分，而是安装镗刀的镗杆。

用镗模镗孔时，工件的加工精度可以不受镗床精度的影响，而由镗模的精度来保证。机床的主轴和镗杆采用浮动连接，机床只是提供镗杆的转动动力。因此，采用镗模不仅可以在镗床上镗孔，还可以在钻床、铣床及车床上镗孔。

2. 镗杆的引导方式

镗模的结构类型主要取决于导向的设置，导向的设置既要考虑加工孔的位置精度，又要考虑加工时镗杆的刚度。因此，视加工情况设置导向，以使镗杆获得高的支承刚度。镗模根据其镗套支架的布置形式可分为单面导向和双面导向两大类。

1) 单面导向

镗杆在镗模中只用一个位于刀具前面或后面的镗套引导。镗杆与机床主轴采用刚性连接，镗杆的一端为锥柄，直接插入机床主轴莫氏锥孔中，镗套中心线应和机床主轴轴线重合，调整较费时间。机床主轴回转精度影响镗孔精度。单面导向多用于小孔、短孔加工。

单面导向镗模支架的布置形式如下：

单面前导向，即支架布置在刀具的前方，适用于加工孔径 $D > 60$ mm、长径比 $L/D < 1$ 的通孔。这种方式便于在加工过程中进行观察和测量。

单面后导向，即支架布置在刀具的后方，主要用于镗削孔径 $D < 60$ mm 的通孔和盲孔。这种方式装卸工件和更换刀具较方便。

单面双导向，即两个支架布置在刀具的后方。采用这种方法由于镗杆为悬臂梁，故镗杆伸出支承的距离一般不大于镗杆直径的 5 倍。

2) 双面导向

采用双面导向的镗模，镗杆和机床主轴采用浮动接头联接，所镗孔的位置精度主要取决于镗模板上镗套位置的准确度，机床主轴的精度不影响工件孔的位置精度。

双面导向支架的布置有两种形式：

双面单导向，导向支架分别装在工件的两侧，主要适用于加工孔径较大，孔的长径比 $L/D > 1.5$ 以上的孔，或一组同轴线的孔。这种方法的缺点是镗杆较长，刚性差，更换刀具不甚方便。

双面双导向，主要适用于专用的联动镗床上从两面加工精度要求较高的工件。

3. 镗床专用夹具的设计要点

1) 镗套的选择与设计

(1) 镗套的结构

镗套直接影响工件孔的尺寸精度、位置精度与表面粗糙度。有两种不同的结构：

① 固定式镗套：外形尺寸小，结构简单，同轴度好，适用于低速镗孔。

② 回转式镗套。

滑动轴承外滚式镗套：径向尺寸小，有较好的抗振性，适用于孔距较小，转速不高的半精加工。

滚动轴承外滚式镗套：回转精度稍低，但刚性好，适用于转速高的粗加工和半精加工。

立式滚动下镗套：回转精度低，但刚性好，专门用于立式机床。

带钩头键的外滚式镗套：能保证装有镗刀头的镗杆顺利进出镗套，适用于大批量生产。

内滚式滚动镗套：刚性和精度不高，只是在尺寸受到限制的情况下才采用，结构精度稍差，但刚性好，适用于切削负荷较重的粗加工和半精加工。

滑动轴承内滚式镗套：结构精度高，有较好的抗振性，适用于半精镗和精镗孔。

滚针轴承外滚式镗套：结构紧凑，径向尺寸小，但回转精度低，刚性差，仅在孔距受限制、切削力不大时用于粗加工。

滚针轴承内滚式镗套：刚性和精度不高，只是在尺寸受到限制时才用。

(2) 镗套材料。镗套常用材料为 20 钢或 20Cr 钢渗碳，渗碳深度为 0.8～1.2 mm，淬火硬度为 55～60HRC。也用青铜做固定式镗套，适用高速镗孔。大直径镗套可采用铸铁 HT200。

一般情况下，镗套的硬度应低于镗杆的硬度。

(3) 技术要求。镗套内径公差为 H6 或 H7。外径公差，粗加工采用 g6，精加工采用 g5。镗套内孔与外圆的同轴度：当内径公差为 H7 时，为 ϕ0.01 mm；当内径公差为 H6 时，为 ϕ0.005 mm(外径≤85 mm 时)或 ϕ0.01 mm(外径≥85 mm 时)。内孔的圆度、圆柱度允差一般为 0.01～0.002 mm。镗套内孔表面粗糙度值为 Ra0.8～0.4；外圆表面粗糙度值为 Ra0.8。镗套用衬套的内径公差：粗加工时采用 H7，精加工时采用 H6。衬套的外径公差为 n6。衬套内孔与外圆的同轴度：当内径公差带为 H7 时，为 ϕ0.01 mm；当内径公差带为 H6 时，为 ϕ0.005 mm(外径≤52 mm 时)或 ϕ0.01 mm(外径≥52 mm 时)。

2) 镗杆

镗杆是镗模中的一个重要部件。镗杆直径根据工件孔径和镗刀截面尺寸确定。镗杆直径较大时做成镶条式，$d < 50$ mm 时做成整体式。一般来说，镗杆直径 $d = (0.6～0.8)D$(工件孔径)。

3) 镗模底座设计

设计底座时需注意：底座上应有找正基面，以便于夹具的制造和安装，找正基面的平面度为 0.05 mm，底座上应设置供起吊用的吊环螺钉或起重螺栓。

第六节 实　　例

下面以工农-12L 手扶拖拉机变速箱体零件的分析为例进行箱体类零件机械加工工艺过程及工艺分析。

一、工农-12L 手扶拖拉机变速箱体三维实体

图 2-3-8 所示为工农-12L 手扶拖拉机变速箱体三维实体图。

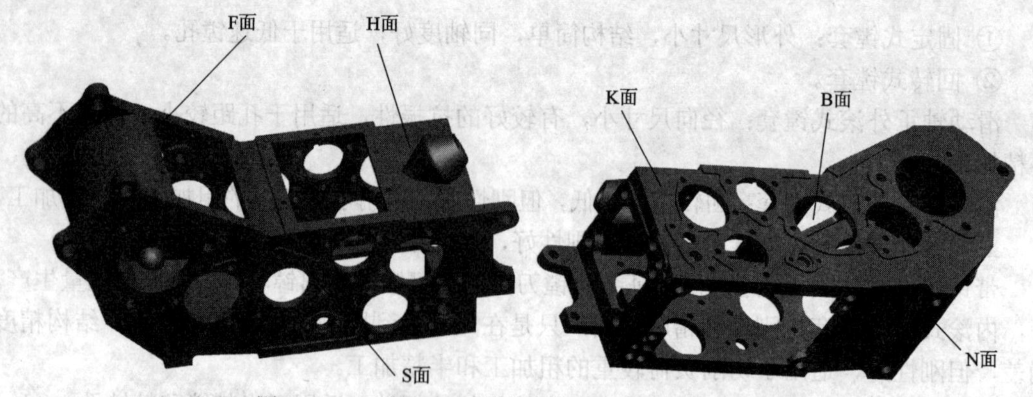

图 2-3-8　工农-12L 手扶拖拉机变速箱体三维实体图

二、箱体机械加工工艺过程及工艺分析

1. 箱体毛坯制造形式

工农-12L 手扶拖拉机变速箱体材料为 HT200，考虑到箱体零件和为变速提供的支承，因此应该选用铸件，以使得零件成一整体，不易变形，这样既减小了加工的复杂性，又提高了零件的精度。并且因为灰铸铁不仅成本低，而且具有较好的耐磨性、可铸性、可切削性和阻尼性。由于工农-12L 手扶拖拉机变速箱体年产量为 3000 件，已达到大批量生产的水平，而且零件的轮廓尺寸不大，故从提高生产率、保证加工精度上考虑的，可采用铸造成形。

2. 箱体类零件机械加工工艺过程分析

1) 加工顺序为先面后孔

因为箱体孔精度要求高，加工难度大，先以孔为基准加工好平面，再以平面定位来加工孔，这样既能为孔的加工提供稳定可靠的精基准，同时可以使孔的加工余量均匀。由于箱体上的孔一般分布在外壁中间隔壁的平面上，先加工平面，可切去铸件表面的凹凸不平及夹砂等缺陷。本零件先粗铣 B、S 两面，保证尺寸为 165.5 ± 0.2，再粗镗 B、S 面的各个孔，以保证加工精度。

2) 加工阶段粗精分开

箱体的结构复杂，壁厚不均匀，刚性不好，而加工精度要求又高。故箱体主要加工表面都要划分粗、精加工两个阶段。对本零件来说，先进行粗加工，铣 B、S 两面，保证尺寸为 165.5 ± 0.2，两面壁厚均匀，保证粗糙度为 Ra12.5；然后进行精加工，精铣 B、S 两面，保证尺寸为 $164_{0}^{+0.15}$，粗糙度为 Ra 3.2，两面壁厚均匀，与最终传动壳体各轴承盖、传动箱体结合平面内的平面度公差为 100∶0.04，对 N 面的垂直度公差为 100∶0.04。

3) 工序间安排时效处理

箱体毛坯比较复杂，铸件内应力较大，为了消除内应力，减少变形，保证精度的稳定，铸造之后要安排时效处理。箱体的时效处理方法除了采用保温法外，还可以采用振动时效来达到消除应力的目的。

三、工艺路线的制定

制定工艺路线的出发点，应当使零件的几何形状、尺寸精度及位置精度等技术要求得到合理的保证。在生产纲领已确定为大批量生产的条件下，可以考虑使用组合机床配专用夹具，并尽量使工序集中来提高生产率。除此之外，还应当考虑经济效果，以便使生产成本尽量下降。综上所述，对工农-12L 手扶拖拉机变速箱体制定的加工路线如表 2-3-1 所示。

表 2-3-1 机械加工工艺过程综合卡片

(一)

工序	工位	工步	工序说明	生产车间	加工班组	设备名称	基本时间/min
I	1	1	粗铣 N 面，保证两面台阶尺寸 17 ± 0.5，粗糙度为 Ra12.5	加工	六孔	单面铣床	0.1905

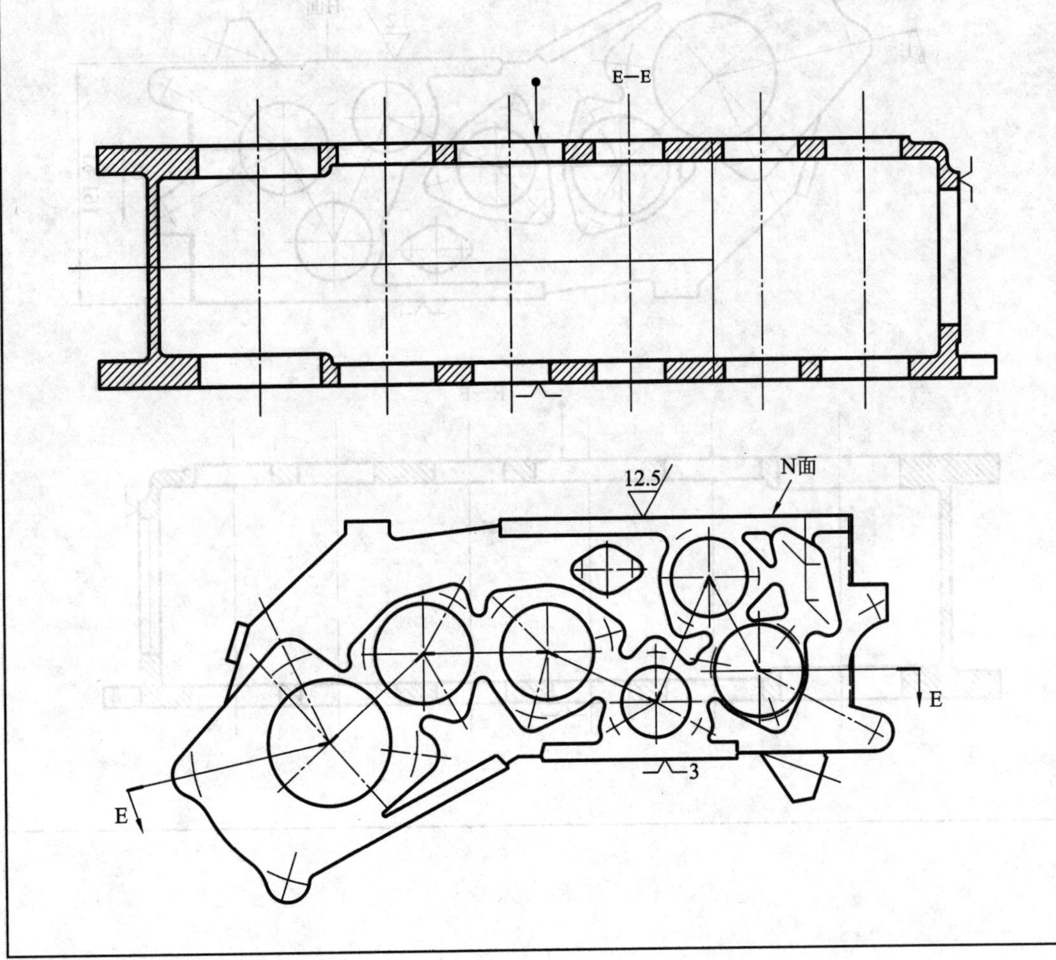

(二)

<table>
<tr><td>工序</td><td>工位</td><td>工步</td><td>工 序 说 明</td><td>生产车间</td><td>加工班组</td><td>设备名称</td><td>基本时间/min</td></tr>
<tr><td>Ⅱ</td><td>1</td><td>1</td><td>铣 H 面，保证至 N 面尺寸为 $161_{-0.1}$，粗糙度为 Ra3.2，平面度公差为 0.06 mm</td><td>加工</td><td>六孔</td><td>双头立铣</td><td>0.2759</td></tr>
<tr><td colspan="8">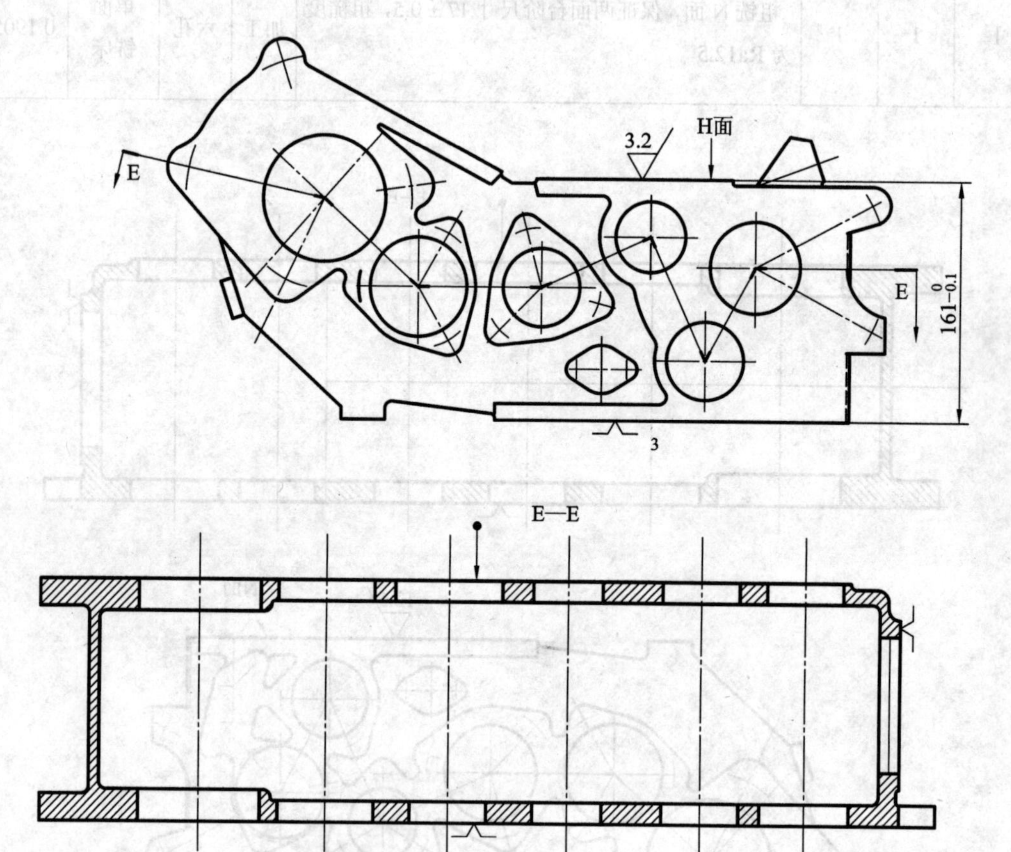
</td></tr>
</table>

（三）

工序	工位	工步	工 序 说 明	生产车间	加工班组	设备名称	基本时间/min
Ⅲ	1	1	精铣 N 面。保证至 H 面距离为 $16^{0}_{-0.1}$，粗糙度为 Ra3.2	加工	六孔	铣床	0.2759

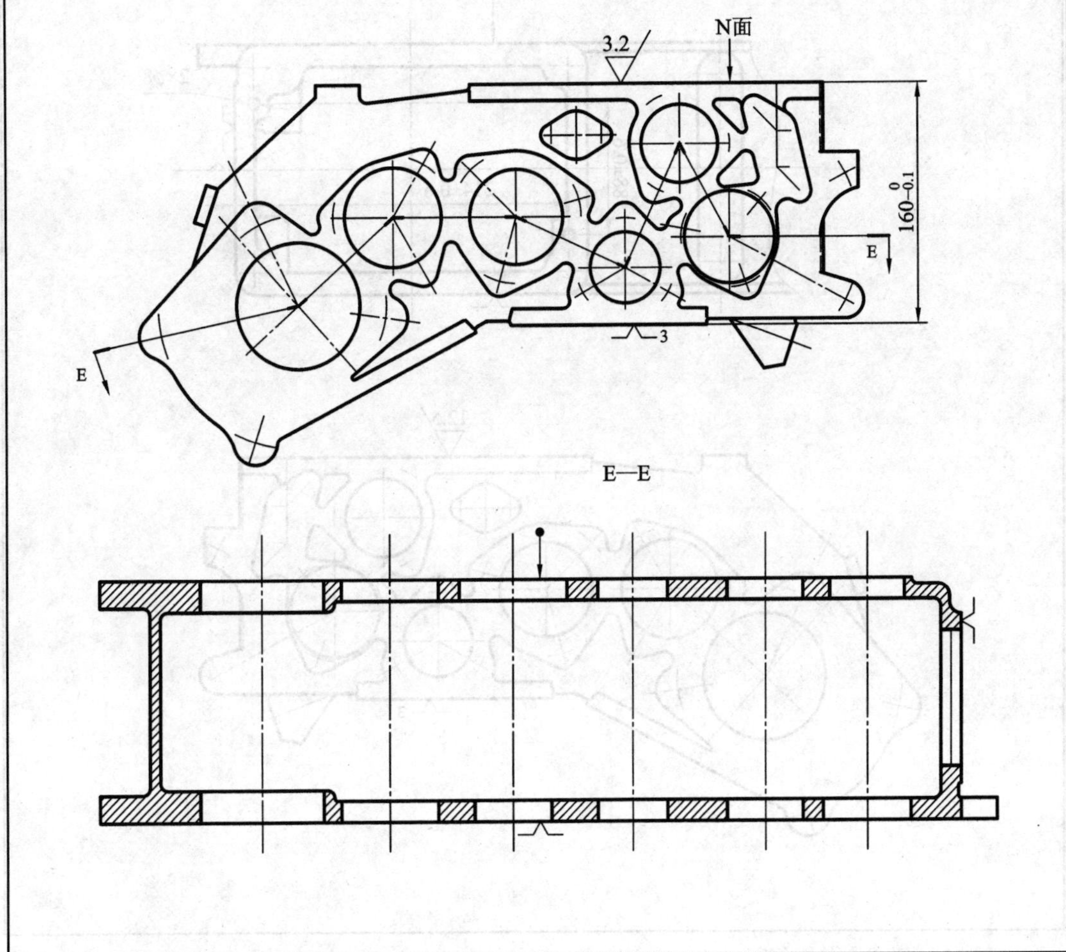

(四)

工序	工位	工步	工　序　说　明	生产车间	加工班组	设备名称	基本时间 /min
Ⅳ	2	2	钻铰定位孔ϕ8，深9，保证孔距和相应位置要求	加工	六孔	钻床	0.2759

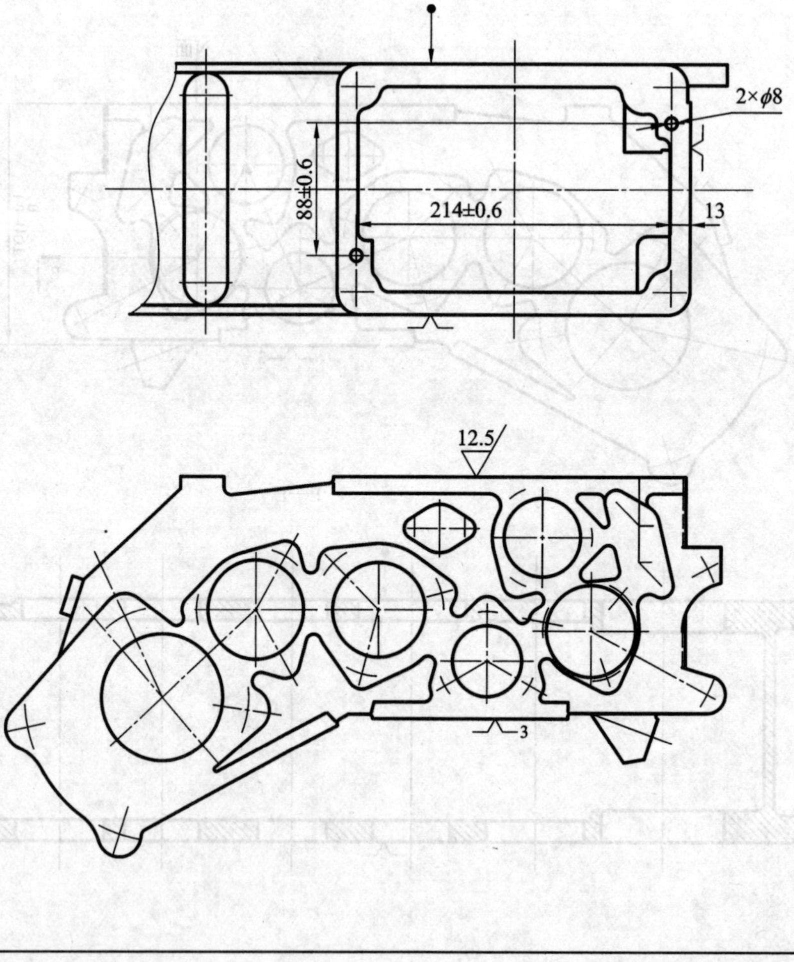

2×ϕ8

88±0.6

214±0.6

13

12.5

3

（五）

工序	工位	工步	工　序　说　明	生产车间	加工班组	设备名称	基本时间/min
V	1	1	粗铣 B、S 两侧面，保证尺寸 165.5 ± 0.2，两面壁厚均匀，粗糙度为 Ra12.5	加工	六孔	双面铣床	0.2759

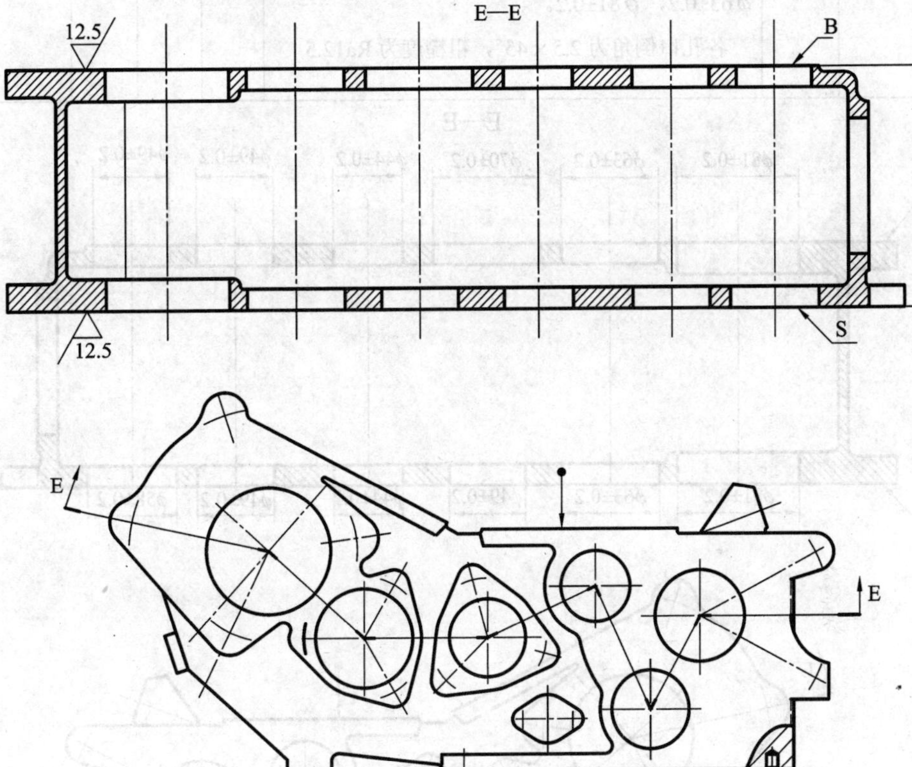

E—E

12.5

B

165.5±0.2

S

12.5

E

E

3

1

2

（六）

工序	工位	工步	工 序 说 明	生产车间	加工班组	设备名称	基本时间/min
Ⅵ	1	1	粗镗 S、B 面诸孔为： S 面：ϕ58±0.2，ϕ49±0.2，ϕ44±0.2，ϕ49±0.2，ϕ63±0.2，ϕ81±0.2； B 面：ϕ49±0.2，ϕ49±0.2，ϕ44±0.2，ϕ70±0.2，ϕ63±0.2，ϕ81±0.2。 各孔口倒角为 2.5×45°，粗糙度为 Ra12.5	加工	六孔	专用镗床	0.1067

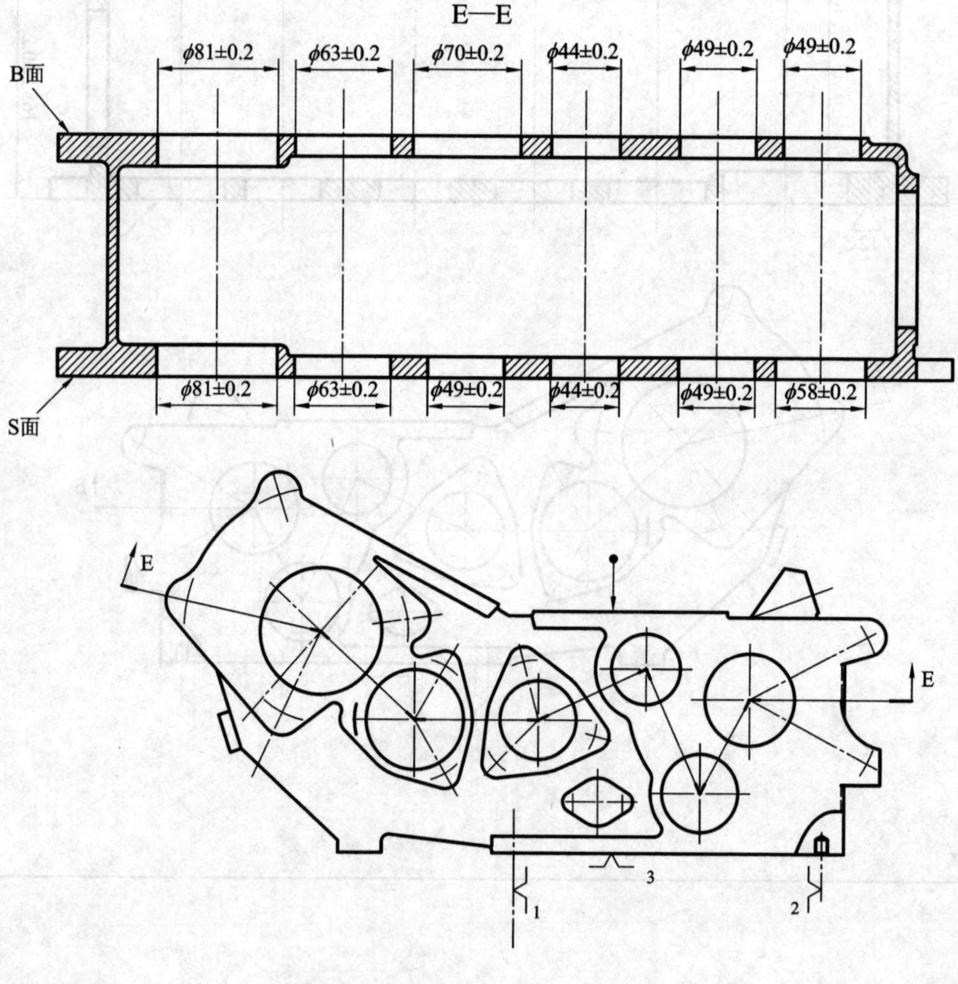

E—E

B面

ϕ81±0.2 ϕ63±0.2 ϕ70±0.2 ϕ44±0.2 ϕ49±0.2 ϕ49±0.2

ϕ81±0.2 ϕ63±0.2 ϕ49±0.2 ϕ44±0.2 ϕ49±0.2 ϕ58±0.2

S面

E E 1 2 3

（七）

工序	工位	工步	工 序 说 明	生产车间	加工班组	设备名称	基本时间/min
Ⅶ	1	1	精铣 B、S 两侧面，保证尺寸 $164^{+0.15}$，两面壁厚均匀，与最终传动壳体各轴承盖、传动箱体结合平面内平面度公差为 100∶0.04，对 N 面垂直度为 100∶0.04	加工	六孔	双面铣床	0.2857

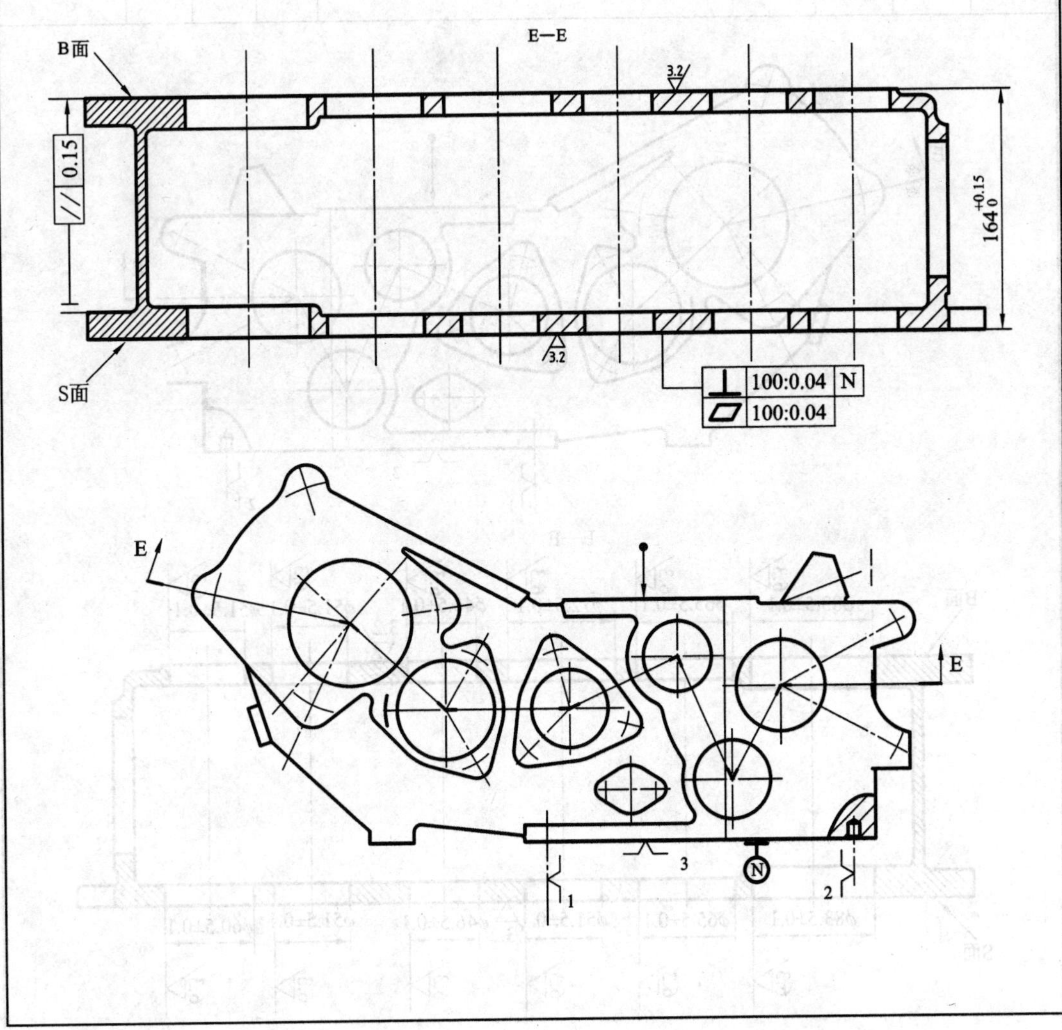

（八）

工序	工位	工步	工序说明	生产车间	加工班组	设备名称	基本时间/min
Ⅷ	1	1	半精镗 S、B 面诸孔为： S 面：ϕ60.5±0.1，ϕ51.5±0.1，ϕ46.5±0.1，ϕ51.5±0.1，ϕ65.5±0.1，ϕ83.5±0.1； B 面：ϕ51.5±0.1，ϕ51.5±0.1，ϕ46.5±0.1，ϕ72.5±0.1，ϕ65.5±0.1，ϕ83.5±0.1。 粗糙度为 Ra6.3，Ⅱ孔中心至 N 面距离为 $40_{0}^{+0.07}$	加工	六孔	专用镗床	0.2757

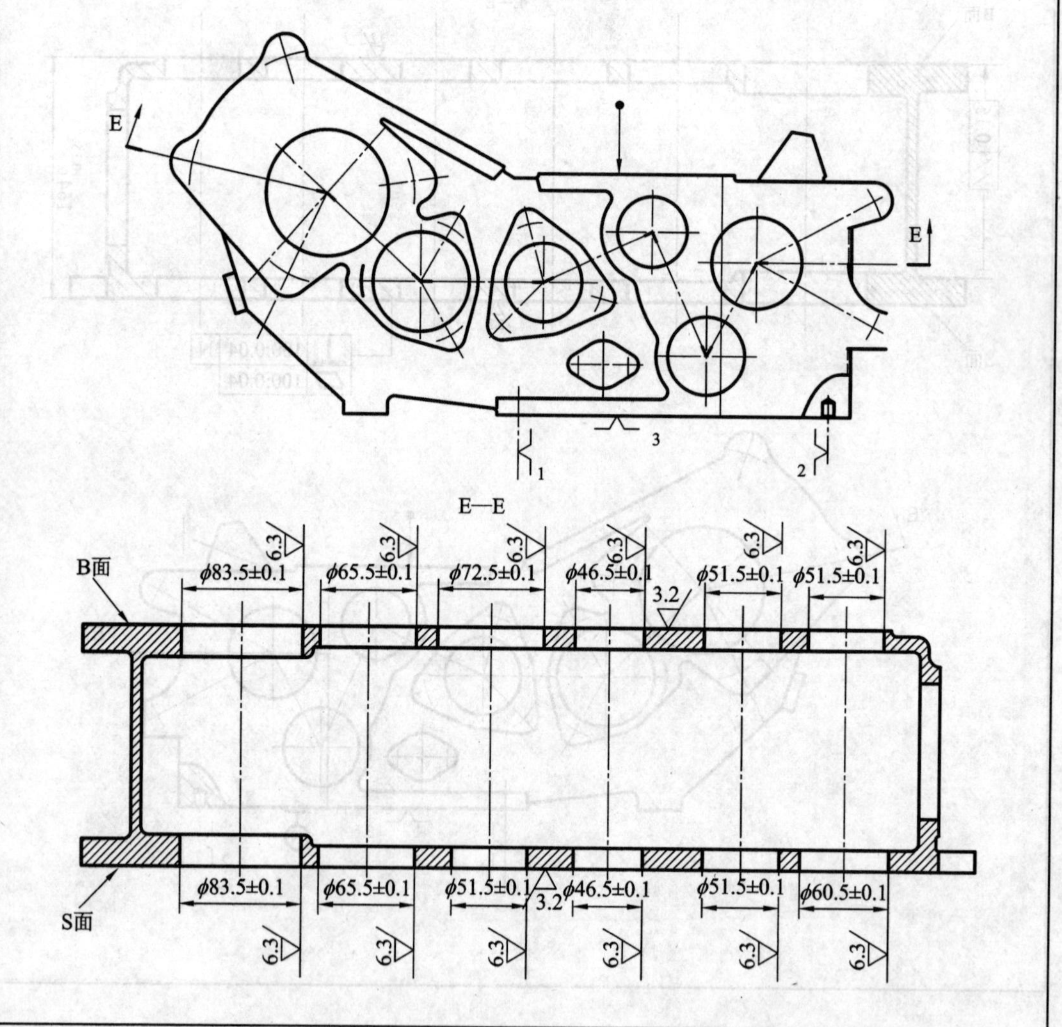

（九）

工序	工位	工步	工序说明	生产车间	加工班组	设备名称	基本时间/min
Ⅸ	1	1	精镗 S、B 面诸孔： S 面：ϕ61H7，ϕ52J7，ϕ47J7，ϕ52J7，$\Phi66_{0}^{+0.04}$，$\Phi84_{0}^{+0.05}$； B 面：ϕ52J7，ϕ52J7，ϕ47J7，ϕ73H8，$\Phi66_{0}^{+0.04}$。 粗糙度为 Ra3.2～1.6	加工	六孔	专用镗床	0.2757

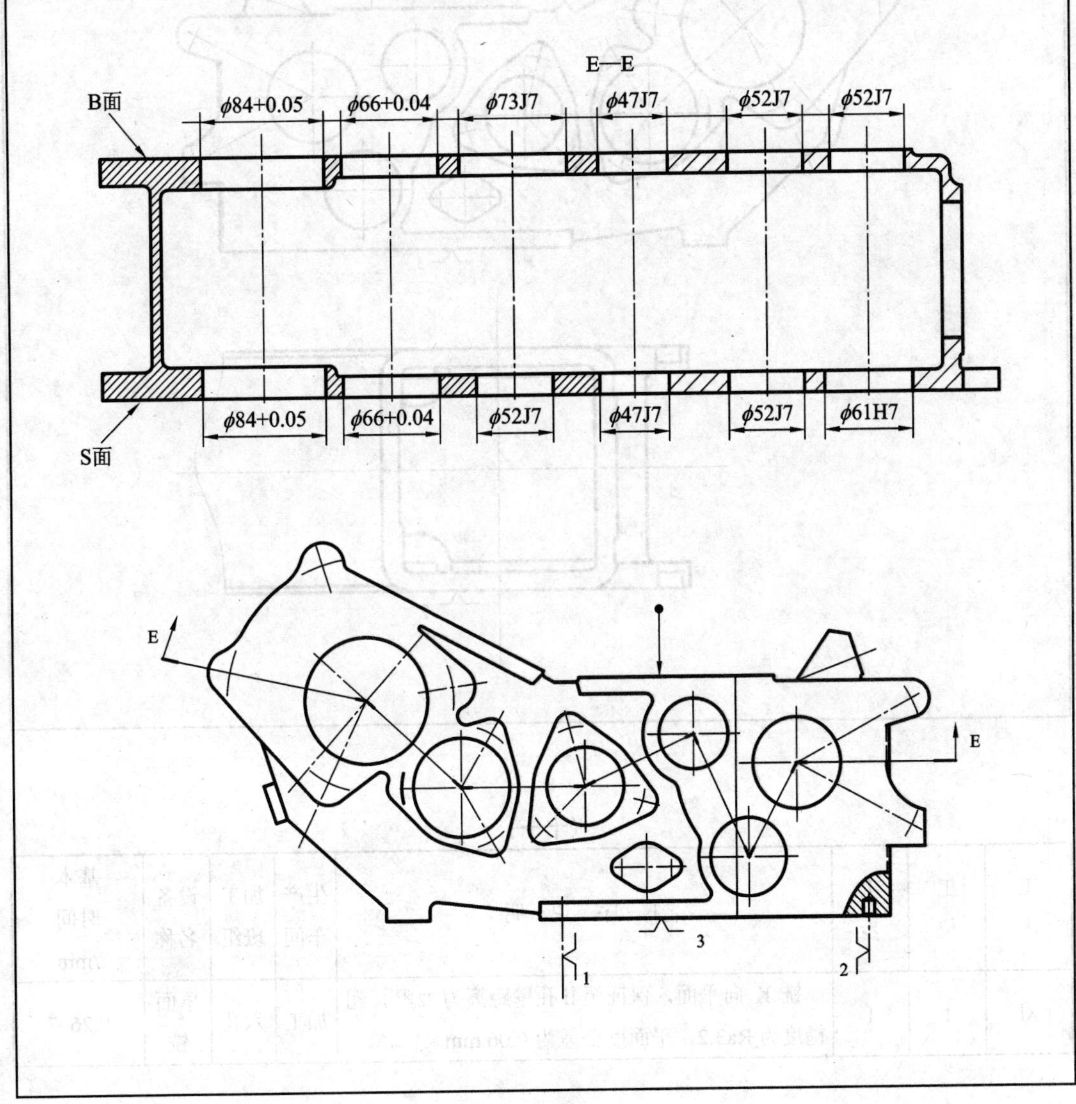

（十）

工序	工位	工步	工　序　说　明	生产车间	加工班组	设备名称	基本时间/min
X	1	1	铣 F 面，保证尺寸为 $37.15^{+0.3}_{0}$，粗糙度为 Ra3.2，平面度公差为 0.06 mm	加工	六孔	自制立铣	0.2667

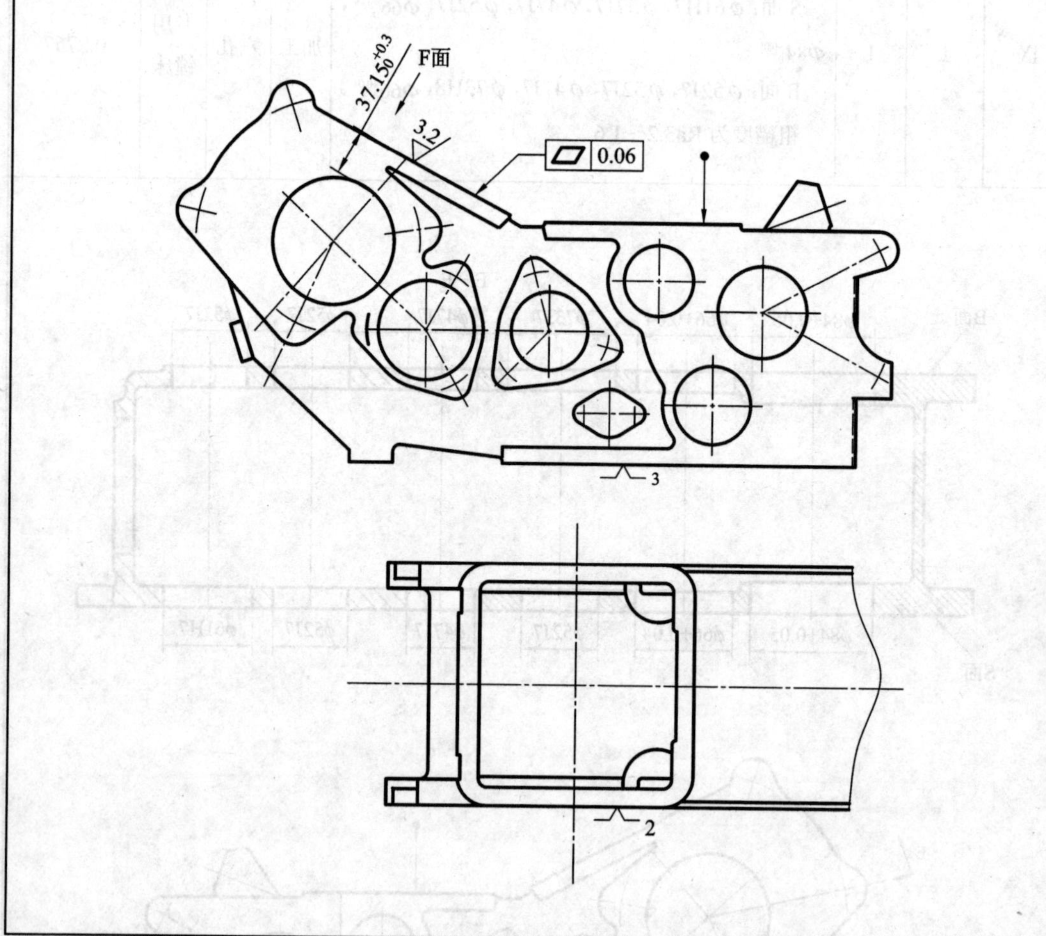

（十一）

工序	工位	工步	工　序　说　明	生产车间	加工班组	设备名称	基本时间/min
XI	1	1	铣 K 向平面，保证至Ⅱ孔壁距离为 $72^{+0.3}_{0}$，粗糙度为 Ra3.2，平面度公差为 0.06 mm	加工	六孔	单面铣	0.2667

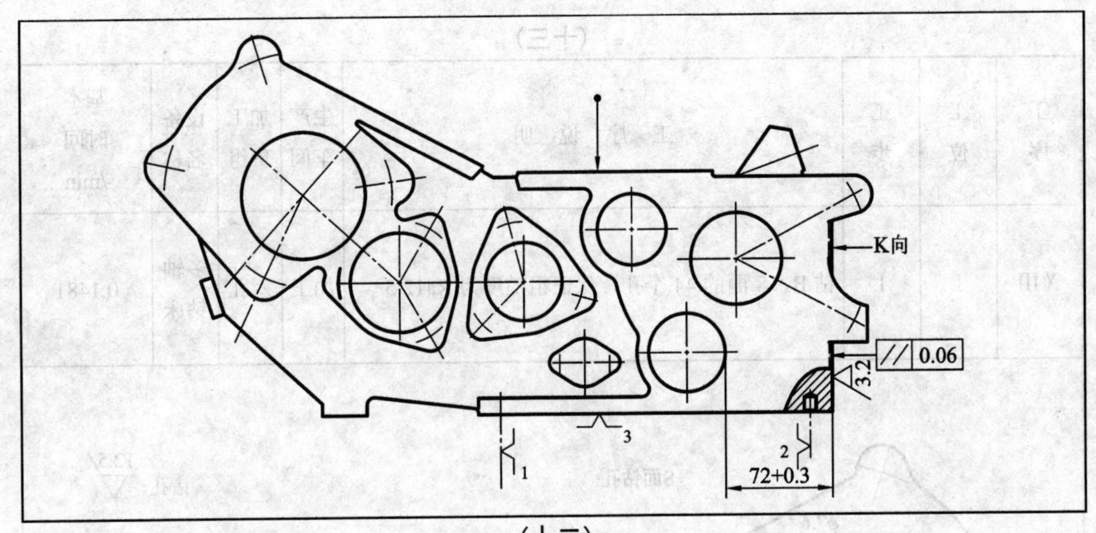

（十二）

工序	工位	工步	工序说明	生产车间	加工班组	设备名称	基本时间/min
Ⅻ	1	1	铣相对称的两耳的内面，两耳壁厚均匀，保证尺寸为130，粗糙度为Ra12.5	加工	六孔	耳子铣	0.1481

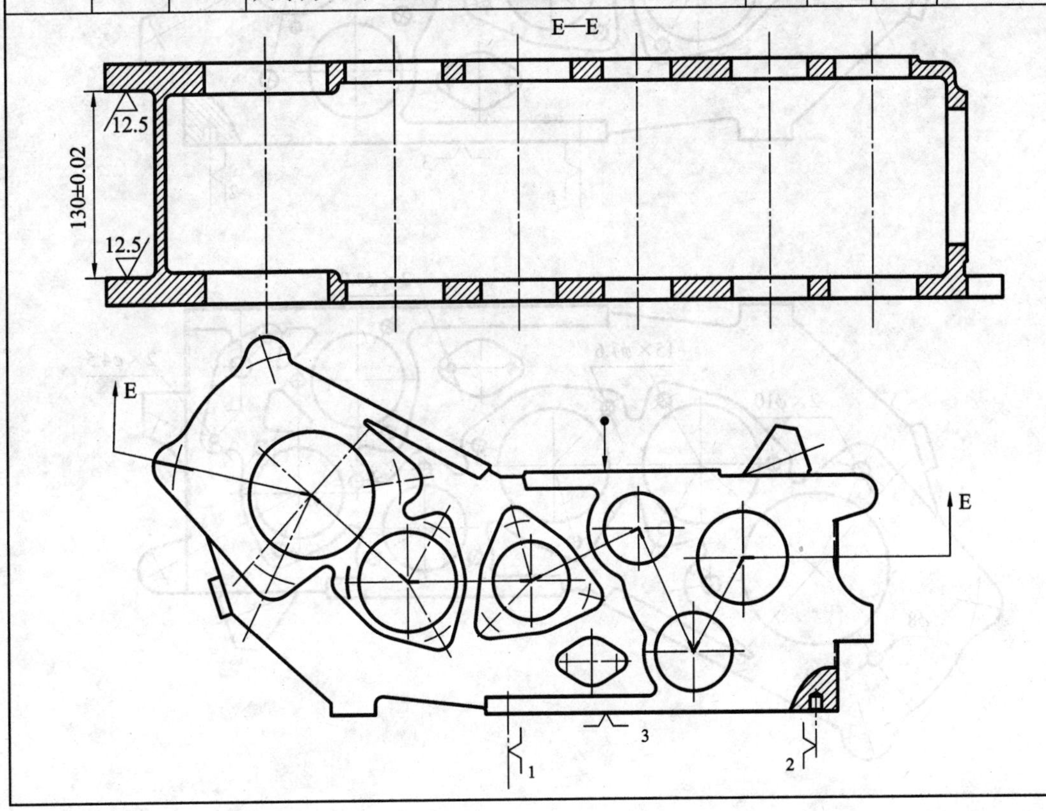

（十三）

工序	工位	工步	工 序 说 明	生产车间	加工班组	设备名称	基本时间/min
XIII	1	1	钻 B、S 面的 44 个孔，保证粗糙度为 Ra12.5	加工	六孔	多轴钻床	0.1481

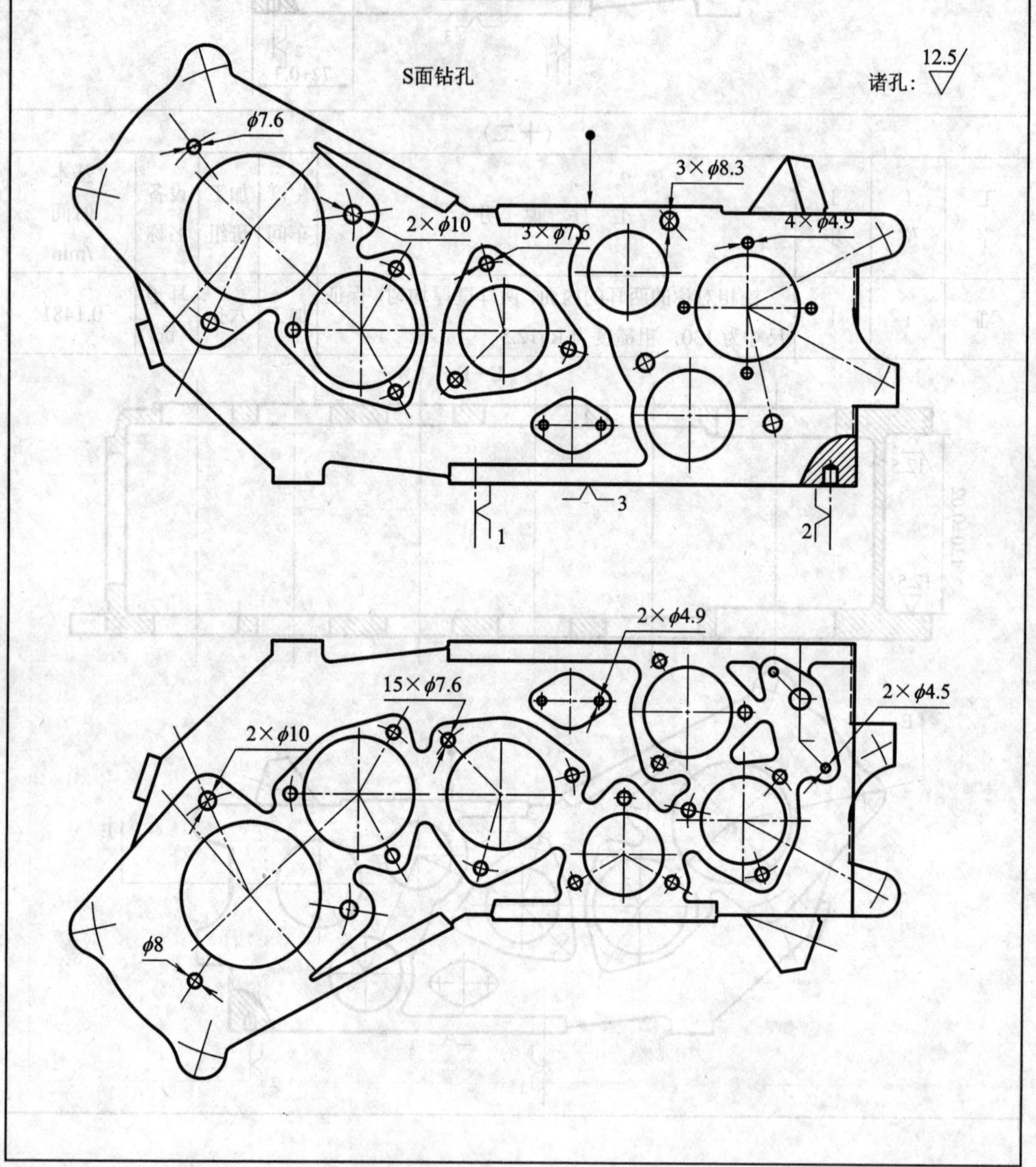

（十四）

工序	工位	工步	工 序 说 明	生产车间	加工班组	设备名称	基本时间/min
XⅣ	1	1	钻 B、S 面的 8 个孔：保证粗糙度为 Ra6.3	加工	六孔	双面钻床	0.1481

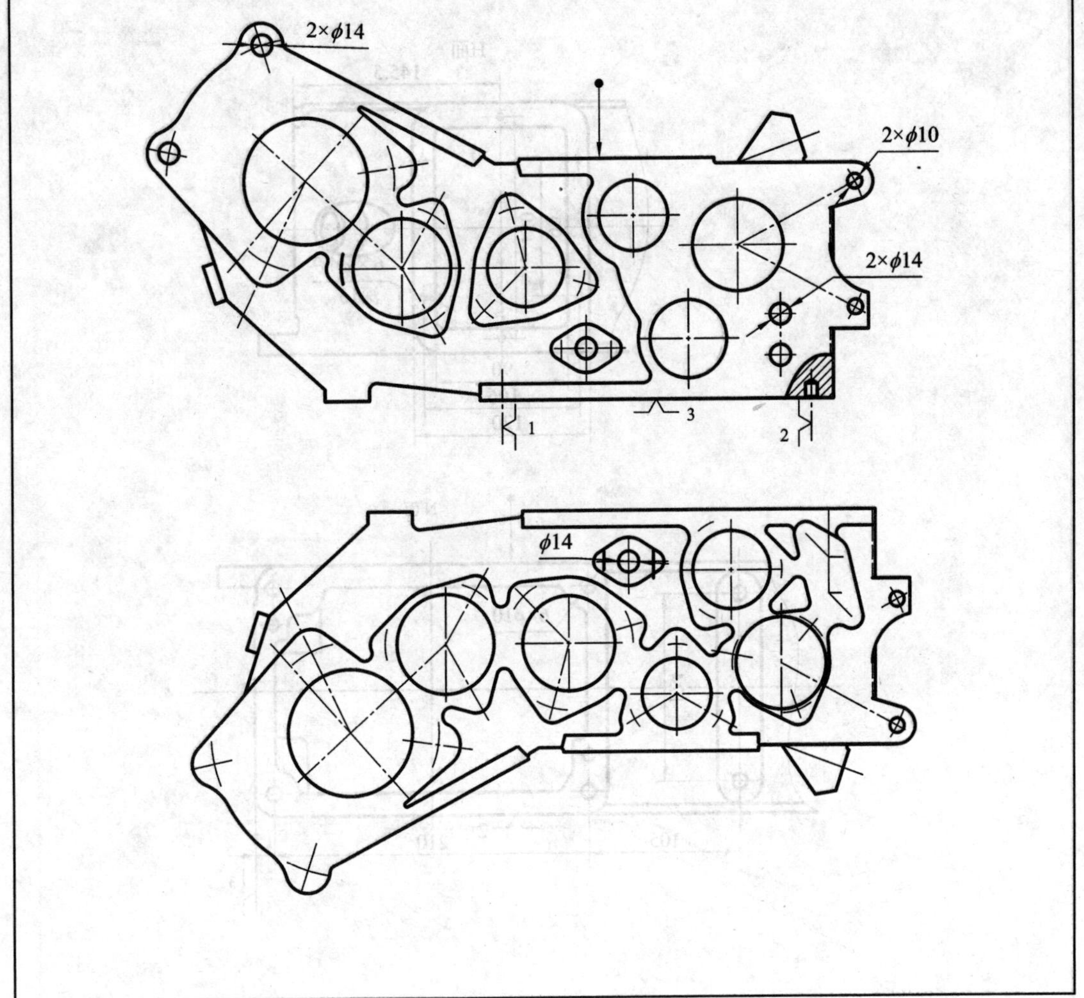

（十五）

工序	工位	工步	工　序　说　明	生产车间	加工班组	设备名称	基本时间/min
XV	1	1	钻H面6×ϕ4.9孔，深15，钻N面的6×ϕ10孔，保证粗糙度为Ra12.5	加工	六孔	双面钻床	0.1481

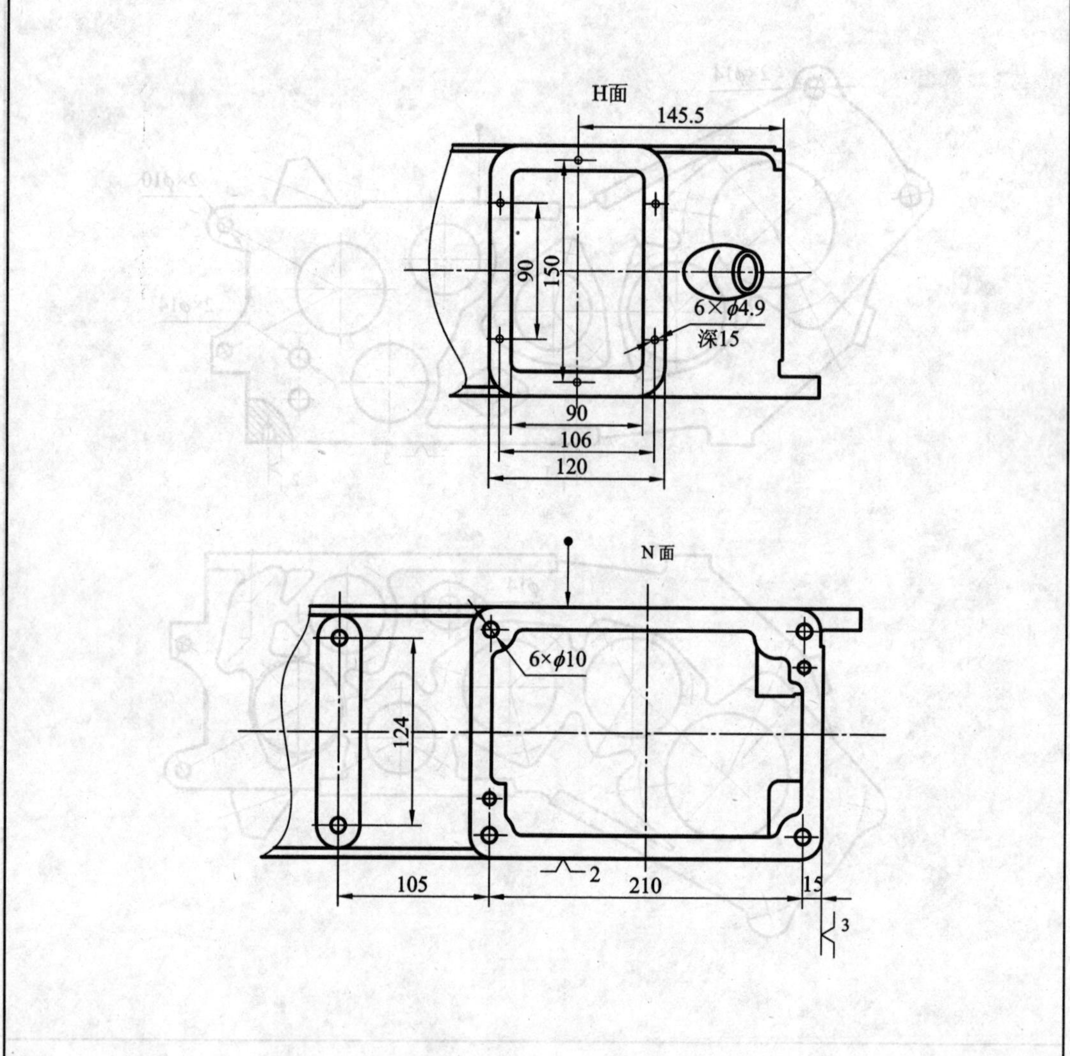

（十六）

工序	工位	工步	工 序 说 明	生产车间	加工班组	设备名称	基本时间/min
XVI	1	1	钻F面8×ϕ4.9孔，深15，钻K面4×ϕ11.7，深为23，保证粗糙度为Ra12.5	加工	六孔	L型钻床	0.156

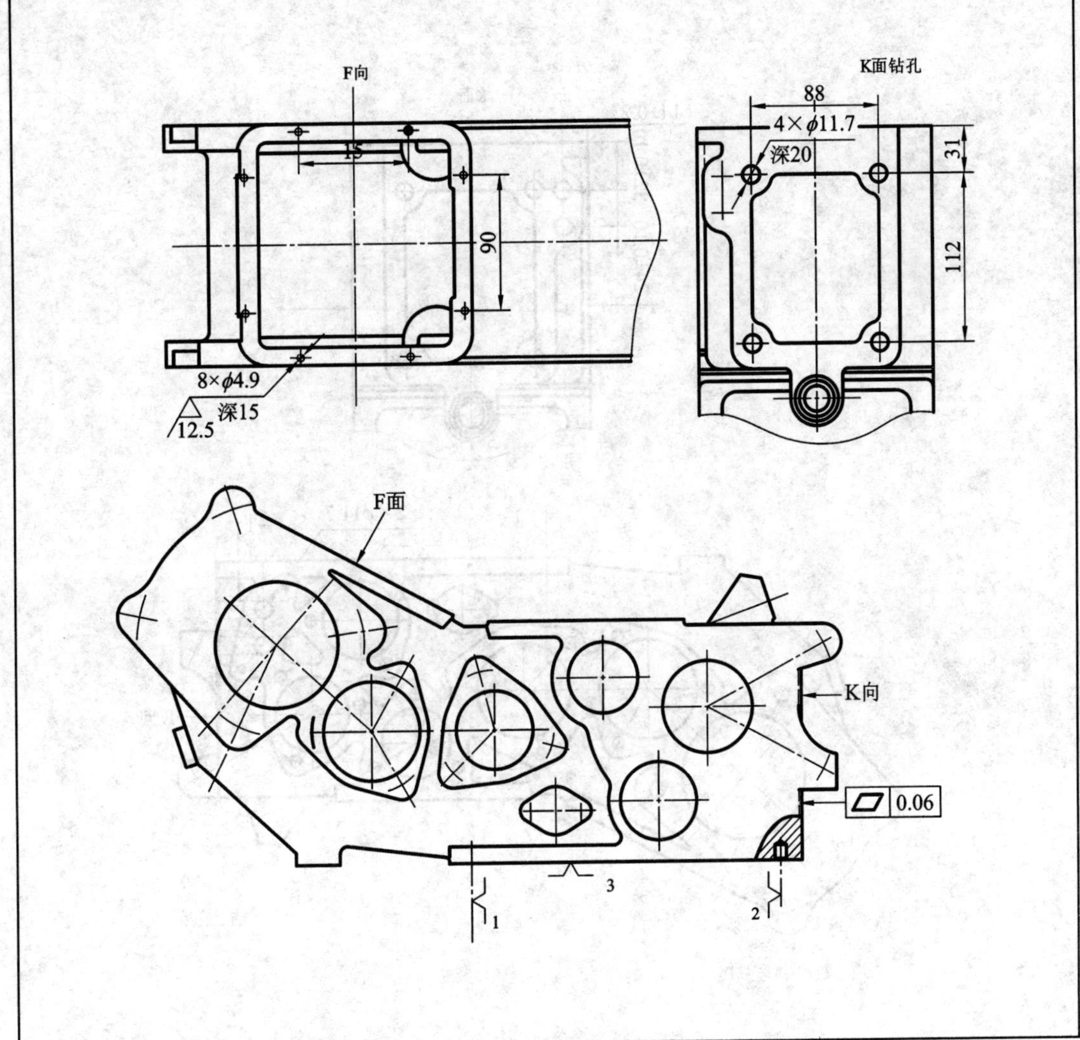

（十七）

工序	工位	工步	工　序　说　明	生产车间	加工班组	设备名称	基本时间/min
XⅦ	1	1	钻 K 面 2 × ϕ12H11 孔，与 2 × ϕ13.7 孔相交	加工	六孔	单面多轴钻床	0.156

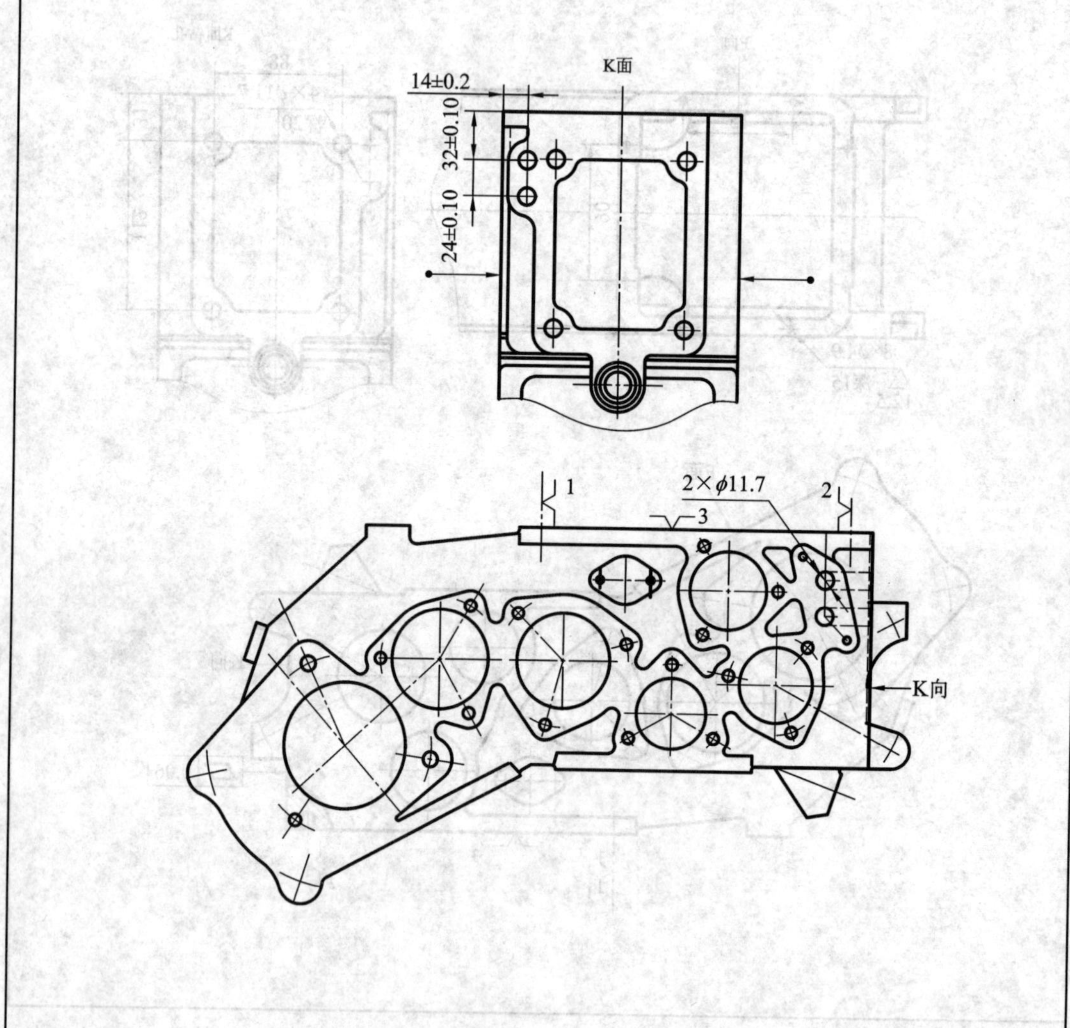

（十八）

工序	工位	工步	工 序 说 明	生产车间	加工班组	设备名称	基本时间/min
XⅧ	1	1	钻 N 面 2 × ϕ12H11 孔，分别与 Ⅷ、Ⅸ 孔相交	加工	六孔	单面多轴钻床	0.156

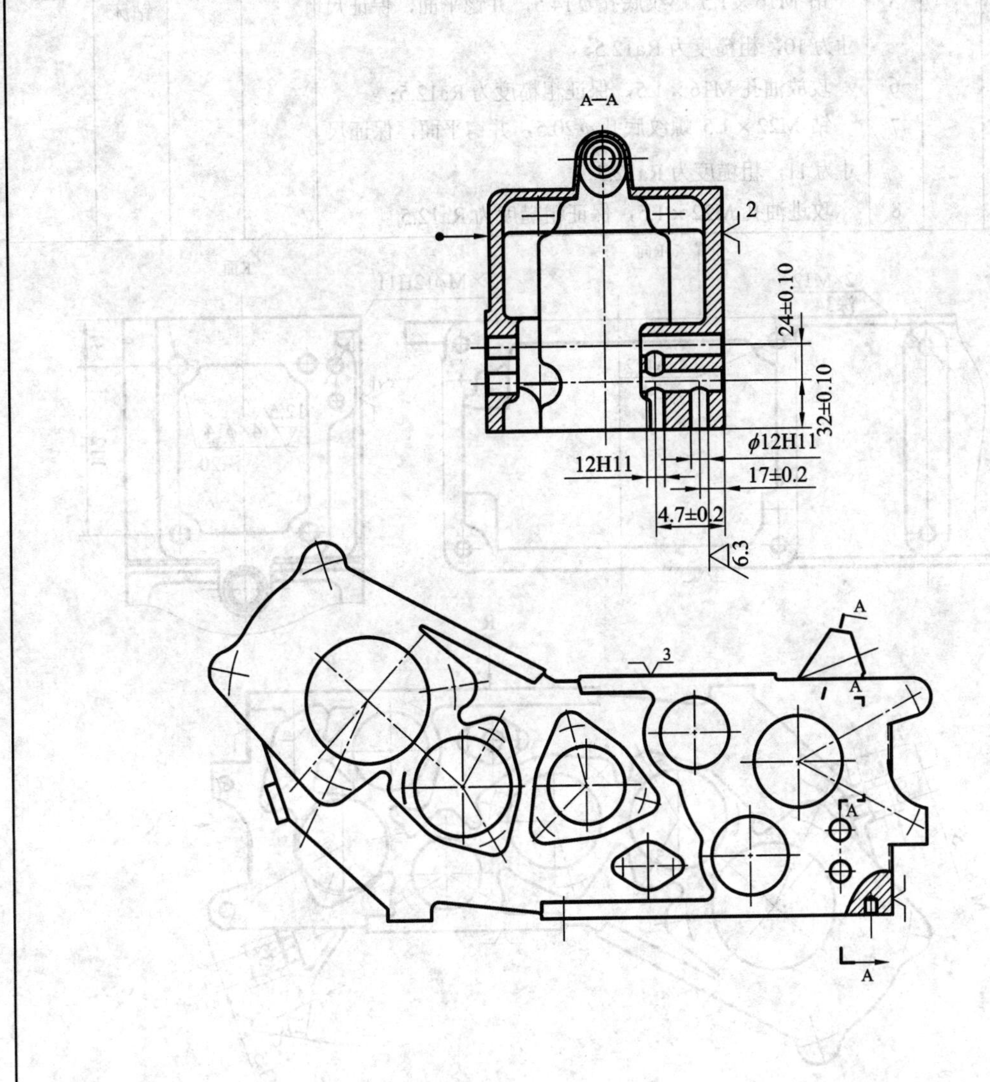

（十九）

工序	工位	工步	工 序 说 明	生产车间	加工班组	设备名称	基本时间/min
XIX	8	1	K 面 2×ϕ12H11、4×ϕ11.7 孔口倒角分别为 0.5×45°和 1.5×45°；	加工	六孔	组合钻床	0.25
		2	攻 4×M14 螺纹，深为 20，保证粗糙度为 Ra12.5；				
		3	N 面 6×ϕ10 孔口倒角为 1.5×45°；				
		4	攻 N 面 6×M12 螺纹，其中两孔深为 34，4 孔深为 22；				
		5	钻 M16×1.5 螺纹底孔ϕ14.5，并锪平面，保证尺寸为 10，粗糙度为 Ra12.5；				
		6	攻放油孔 M16×1.5，保证粗糙度为 Ra12.5；				
		7	钻 M22×1.5 螺纹底孔ϕ20.5，并锪平面，保证尺寸为 11，粗糙度为 Ra12.5；				
		8	攻进油孔 M22×1.5，保证粗糙度为 Ra12.5				

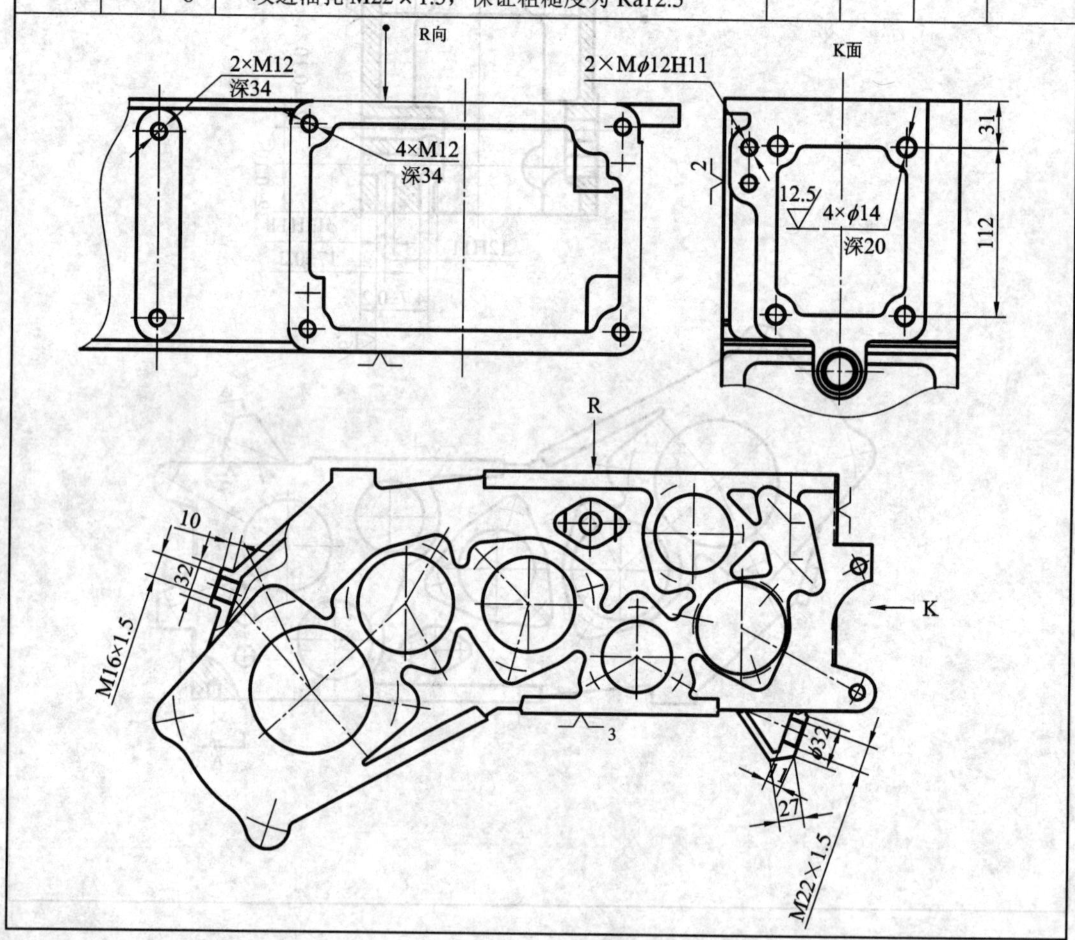

（二十）

工序	工位	工步	工 序 说 明	生产车间	加工班组	设备名称	基本时间/min
XX	1	1	铰 2×ϕ14 拨叉轴孔，保证粗糙度为 Ra3.2	加工	六孔	钻床	0.1905

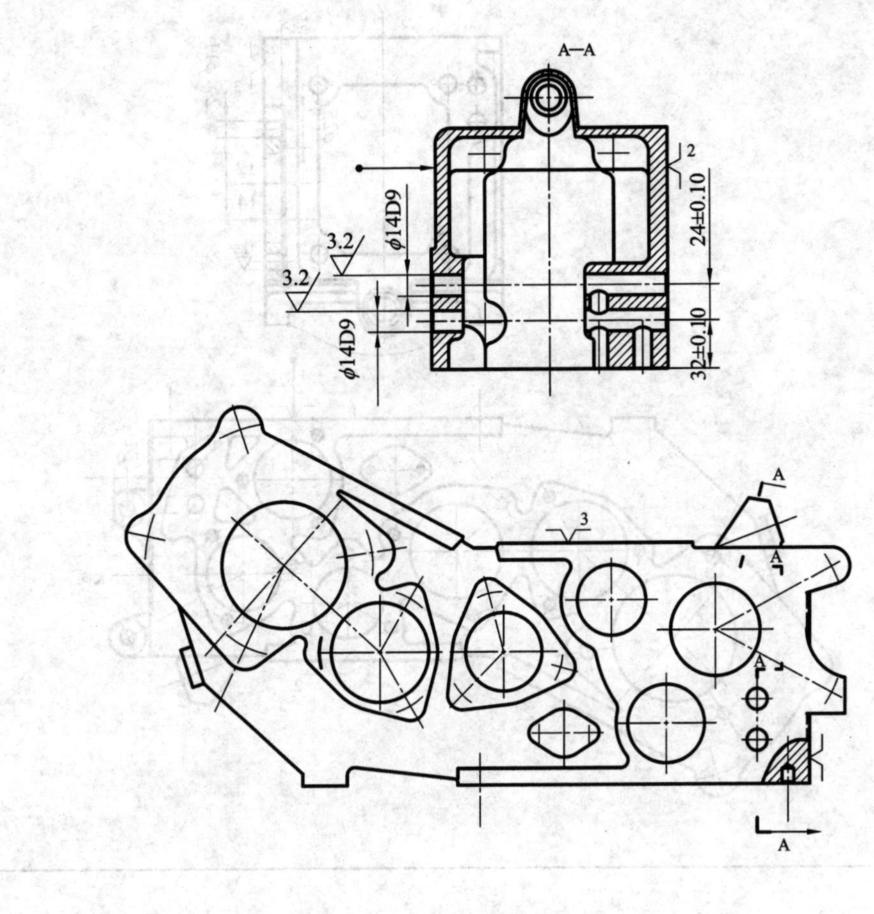

(二十一)

工序	工位	工步	工 序 说 明	生产车间	加工班组	设备名称	基本时间/min
XXI	1	1	钻 2× ϕ25×2 沉孔，保证粗糙度为 Ra12.5	加工	六孔	钻床	0.1905

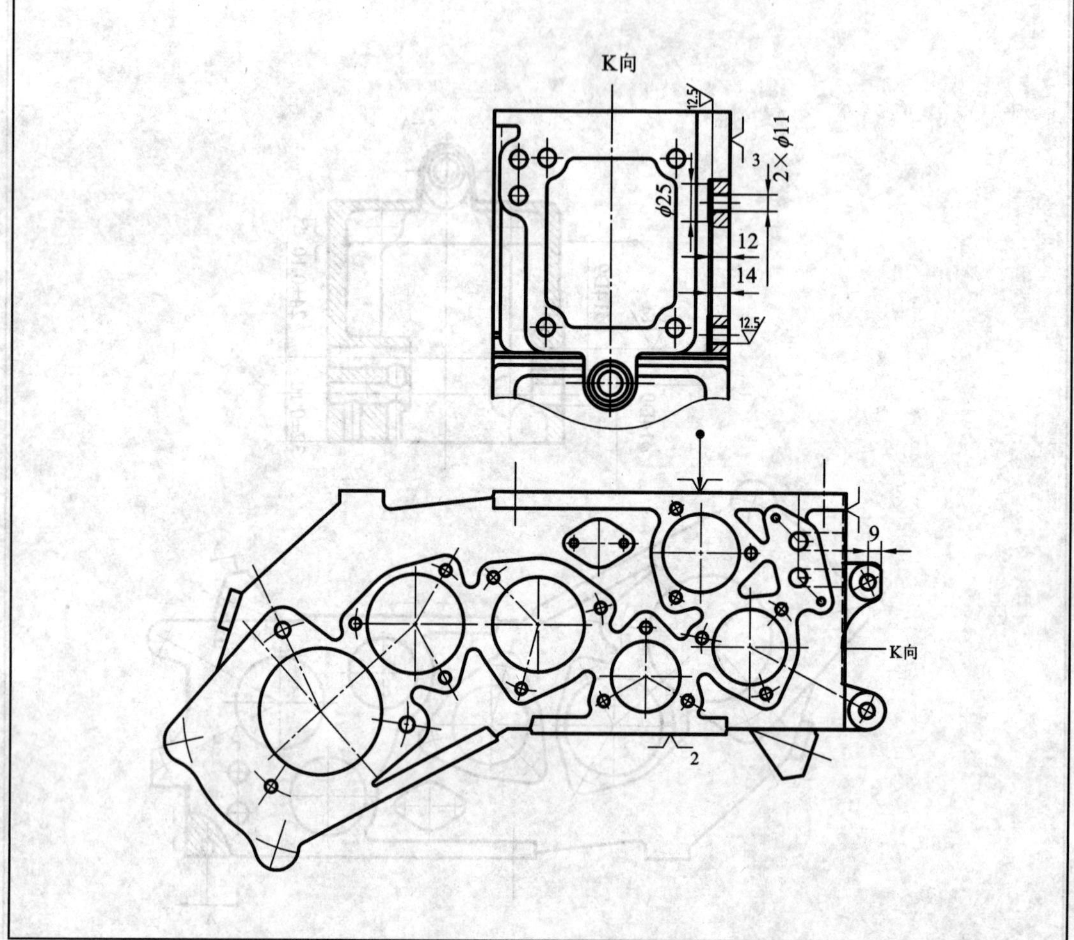

(二十二)

工序	工位	工步	工 序 说 明	生产车间	加工班组	设备名称	基本时间/min
XXII	1	1	锪孔 2，锪 S 面Ⅳ孔至 ϕ22H8×8，保证粗糙度为 Ra6.3	加工	六孔	钻床	0.1905

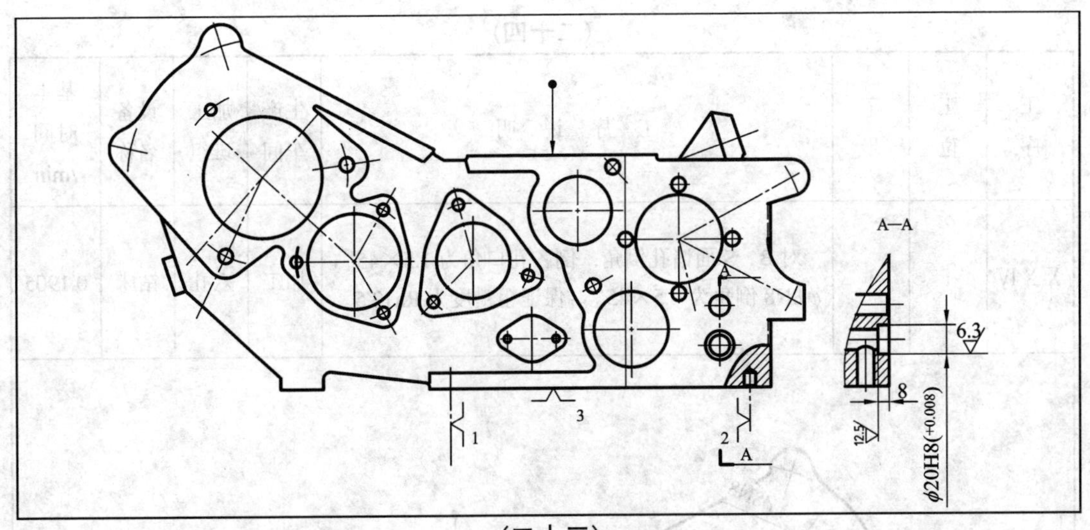

（二十三）

工序	工位	工步	工序说明	生产车间	加工班组	设备名称	基本时间/min
XXⅢ	1	1	分别锪 S、B 面上Ⅶ孔至 $\phi20_{0}^{+0.1}\times2.5_{-0.25}^{0}$，保证粗糙度为 Ra6.3	加工	六孔	钻床	0.1905

S面

$\phi20^{+0.1}\times2.5$ Ⅶ 6.3

B面

$\phi20^{+0.1}\times2.5$ Ⅶ

(二十四)

工序	工位	工步	工　序　说　明	生产车间	加工班组	设备名称	基本时间/min
XXIV	1	1	对B、S面诸孔倒角：倒各孔口角为1.5×45°，ϕ8N8倒角为0.5×45°，保证粗糙度为Ra12.5	加工	六孔	钻床	0.1905

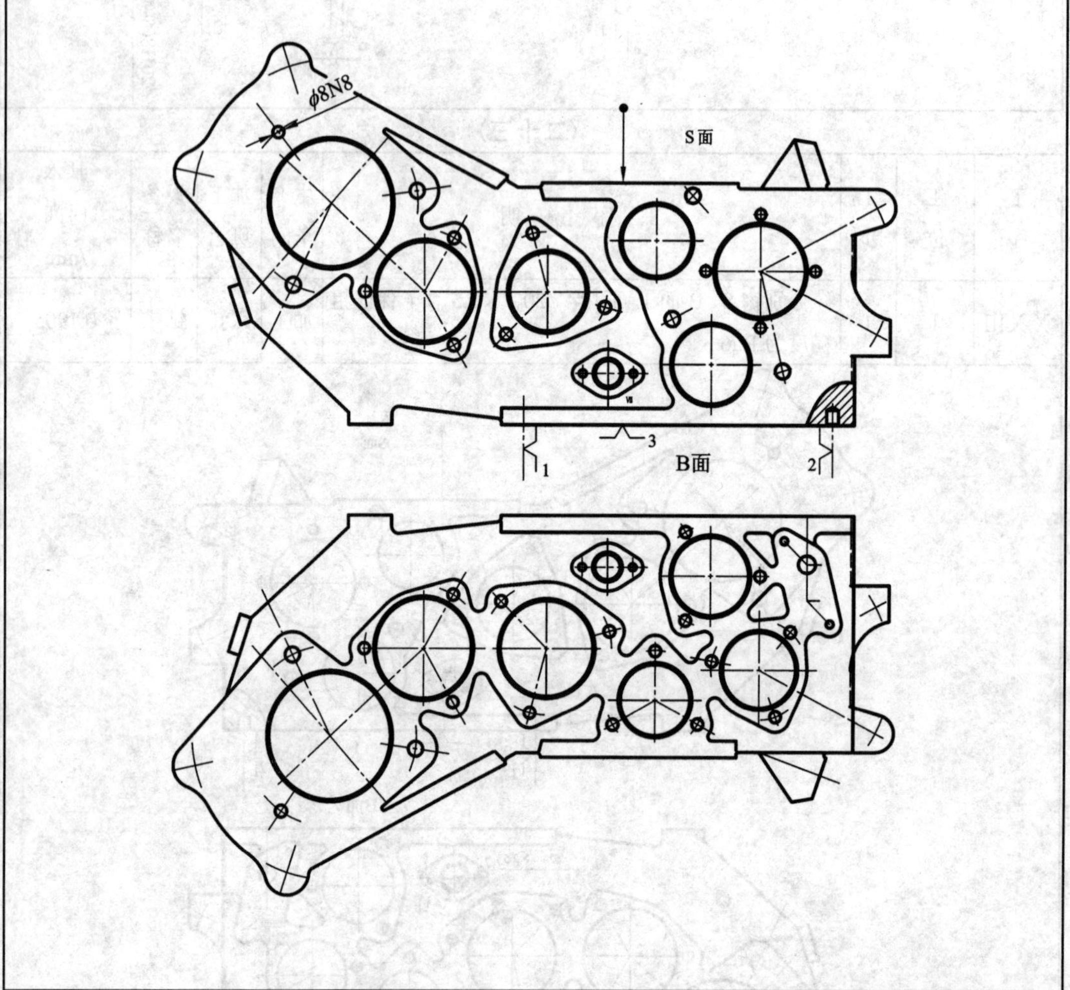

（二十五）

工序	工位	工步	工序说明	生产车间	加工班组	设备名称	基本时间/min
XXV	1	1	攻B面4×M6，H面6×M6，深为10，S面6×M6，保证粗糙度为Ra12.5	加工	六孔	钻床	0.1905

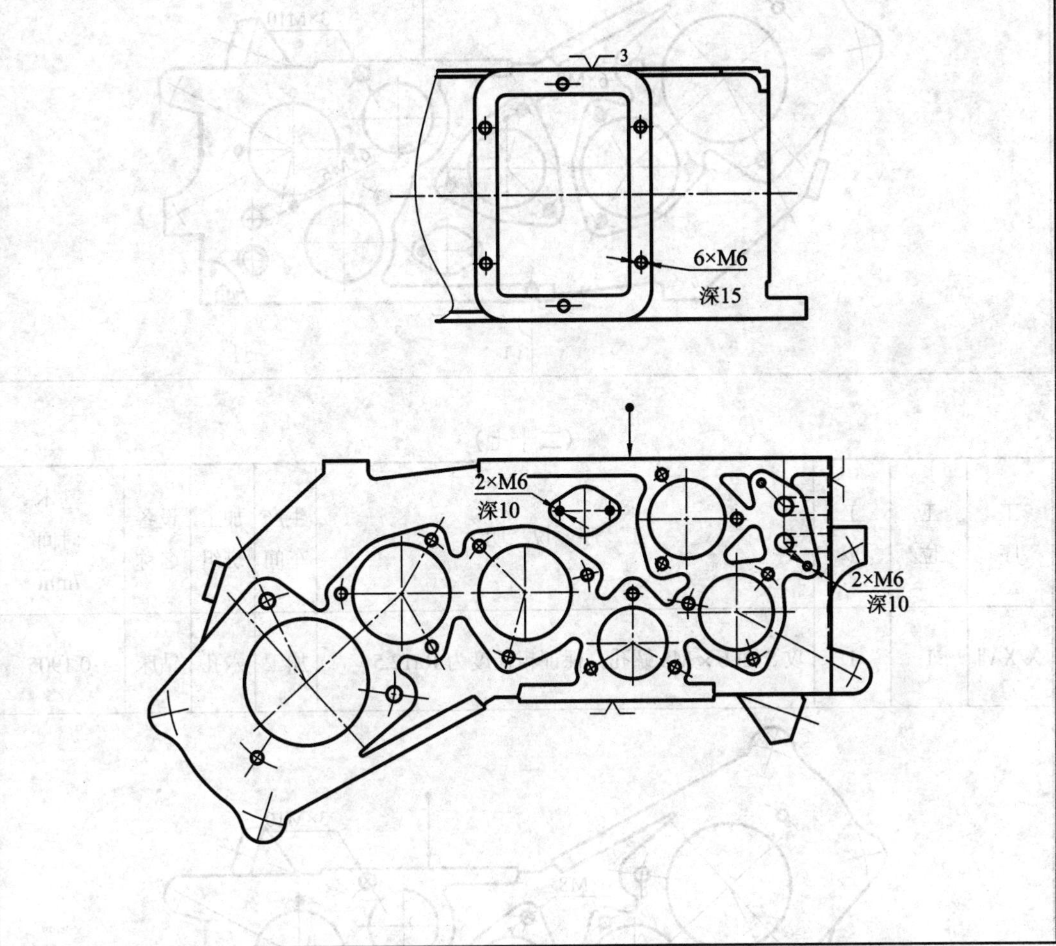

（二十六）

工序	工位	工步	工 序 说 明	生产车间	加工班组	设备名称	基本时间/min
XXVI	1	1	攻 S 面 3 × M10 螺孔，保证粗糙度为 Ra12.5	加工	六孔	钻床	0.1905

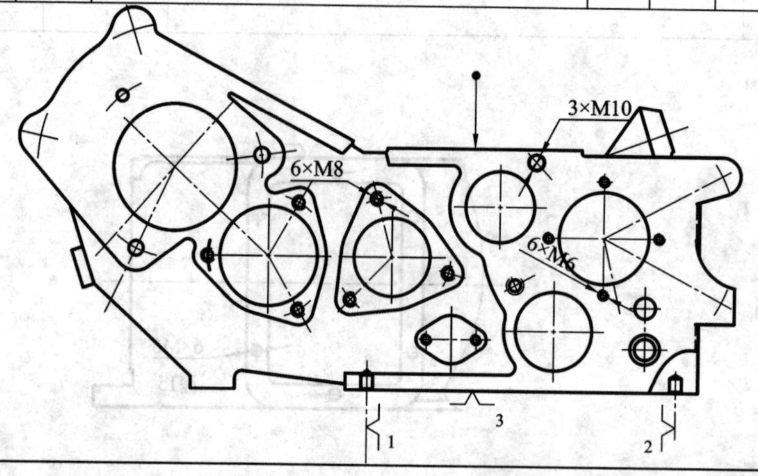

（二十七）

工序	工位	工步	工 序 说 明	生产车间	加工班组	设备名称	基本时间/min
XXVII	1	1	攻 S 面 6 × M8 螺孔，保证粗糙度为 Ra12.5	加工	六孔	钻床	0.1905

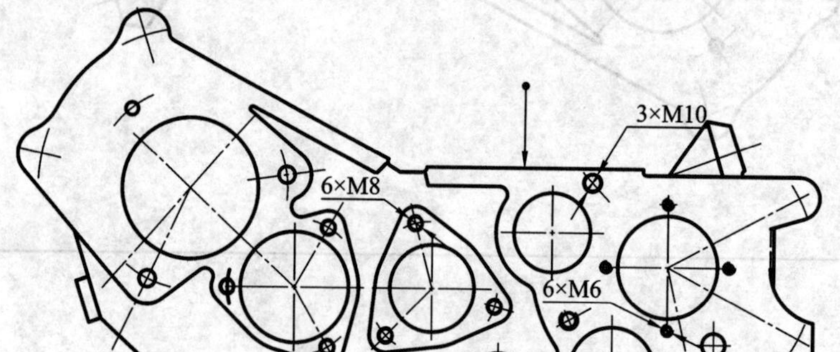

（二十八）

工序	工位	工步	工 序 说 明	生产车间	加工班组	设备名称	基本时间/min
XXⅧ	1	1	攻B面螺纹孔，其中V孔处3×M8深为14，其余为通孔，保证粗糙度为Ra12.5	加工	六孔	钻床	0.1905

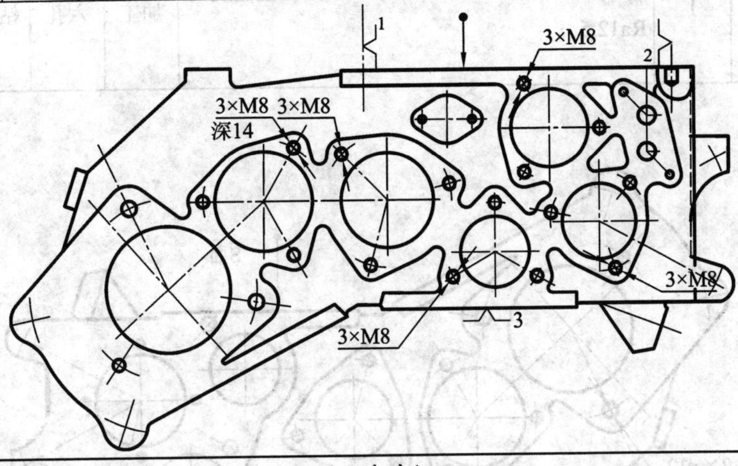

（二十九）

工序	工位	工步	工 序 说 明	生产车间	加工班组	设备名称	基本时间/min
XXⅨ	1	1	铰B、S面各1个$\phi8$ N8孔，深为10，保证粗糙度为Ra1.6	加工	六孔	钻床	0.1905

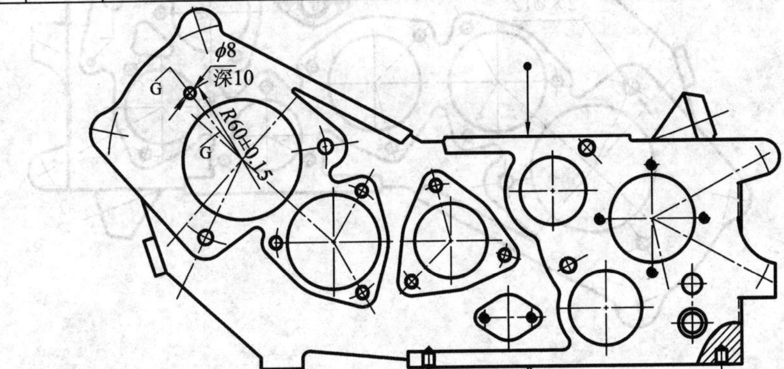

（三十）

工序	工位	工步	工 序 说 明	生产车间	加工班组	设备名称	基本时间/min
XXX	1	1	攻 B、S 面各 2×M12 螺孔，保证粗糙度为 Ra12.5	加工	六孔	钻床	0.1905

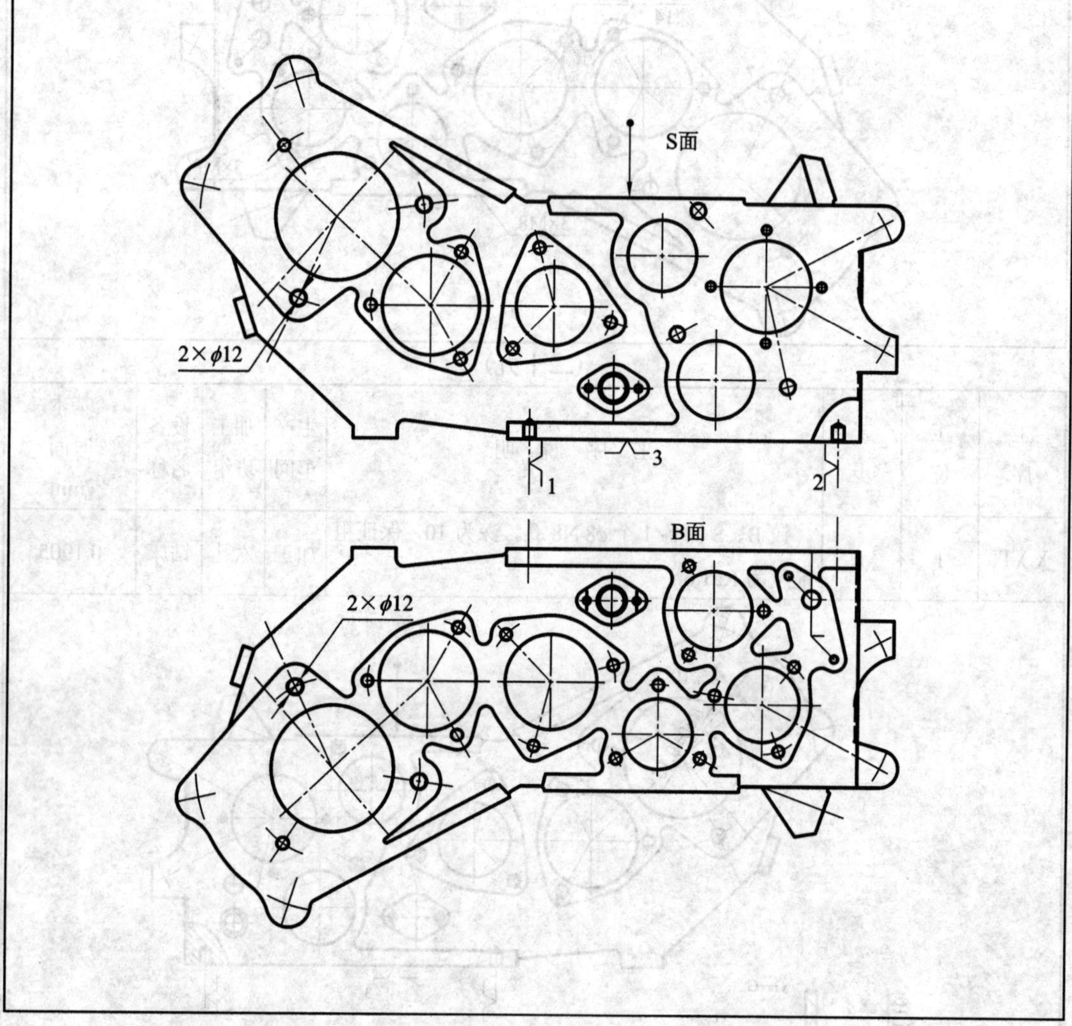

（三十一）

工序	工位	工步	工序说明	生产车间	加工班组	设备名称	基本时间/min
XXXI	1	1	攻 F 面 8×M6 螺纹孔，深为 9，保证粗糙度为 Ra12.5	加工	六孔	钻床	0.1905

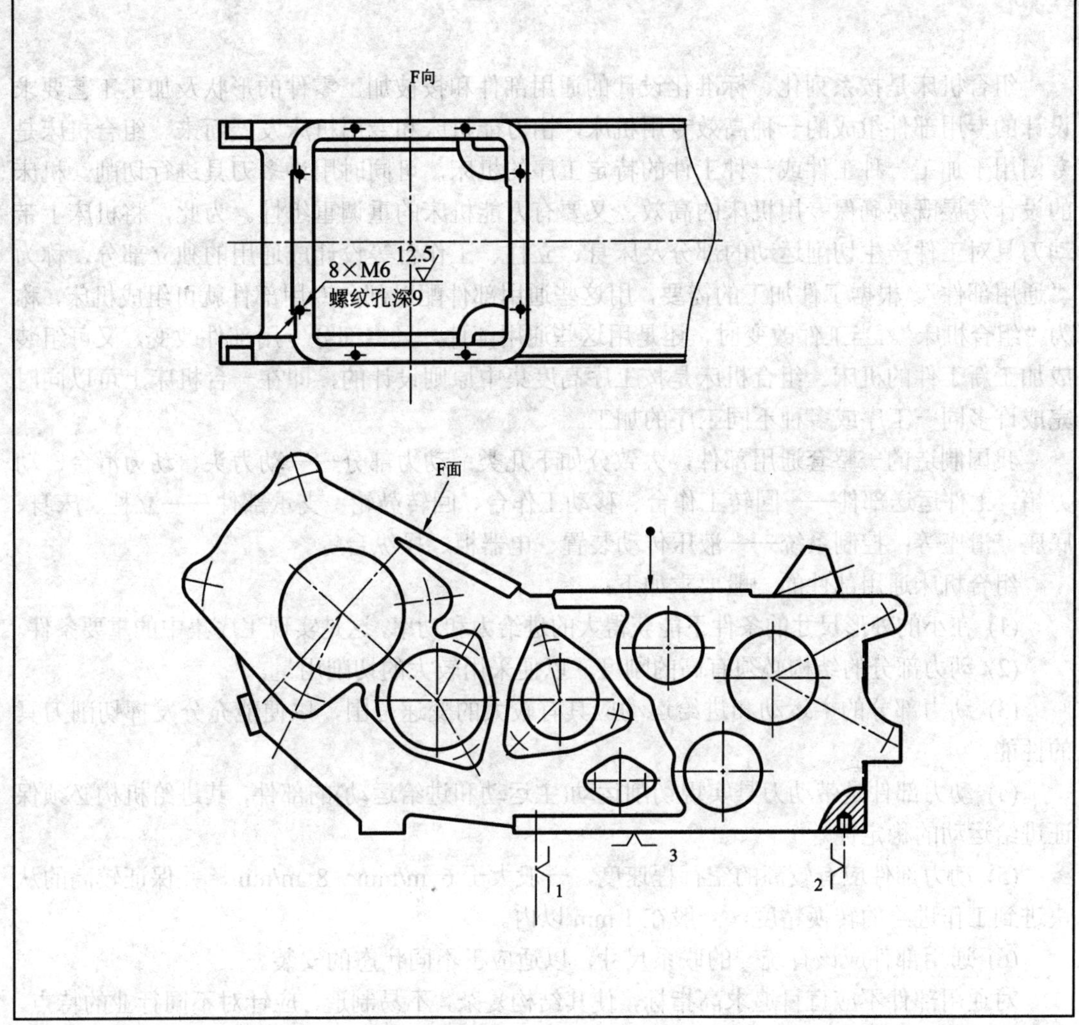

第三部分　组合机床设计

概　述

组合机床是按系列化、标准化设计的通用部件和按被加工零件的形状及加工工艺要求设计的专用部件组成的一种高效专用机床，由万能机床和专用机床发展而来。组合机床是专门用于加工一种工件或一种工件的特定工序的机床，可同时用许多刀具进行切削。机床的设计发展既要确保专用机床的高效，又要有万能机床的重调重组性。为此，将机床上带动刀具对工件产生切削运动的部分及床身、立柱、工作台等设计成通用的独立部分，称为“通用部件”。根据工件加工的需要，用这些通用部件配以部分专用部件就可组成机床，称为“组合机床”。当工件改变时，还是用这些通用部件，只将部分专用部件改变，又可组装成加工新工件的机床。组合机床是按工序高度集中原则设计的，即在一台机床上可以同时完成许多同一工序或多种不同工序的加工。

我国制造的一整套通用部件，大致分如下几类：动力部分——动力头、动力滑台、动力箱；工件运送部件——回转工作台、移动工作台、回转鼓轮；支承部件——立柱、床身、底座、滑座等；控制系统——液压传动装置、电器柜、操纵台等。

组合机床通用部件的一般要求如下：

(1) 在小的外形尺寸的条件下能获得大的进给力和功率，这是实现工序集中的重要条件。

(2) 动力部分的结构必须有高的刚度，以便采用较大的切削用量。

(3) 动力部分的主运动和进给运动应具有较大的变速范围，以便能充分发挥切削刀具的性能。

(4) 动力部件是带动刀具实现切削运动(主运动和进给运动)的部件，其进给机构必须保证进给运动的稳定性。

(5) 动力部件应有较高的空行程速度，一般大于 6 m/min～8 m/min，并保证较高的从快进到工作进给的转换精度，一般在 1 mm 以内。

(6) 通用部件应该有统一的联系尺寸，以适应于不同状态的安装。

对通用部件不应盲目追求高指标，使其结构复杂，不易制造，应针对不同行业的特点，制造出最适用的通用部件，并要注意提高各通用部件间的通用化程度。

一、组合机床的特点

组合机床的特点如下：

(1) 由于组合机床是由 70%～90%的通用零、部件组成的，在需要的时候它可以进行部分或全部的改装，以组成适应新的加工要求的设备。即组合机床具有重组的优越性，其通用零部件可以多次重复使用。

(2) 组合机床是按其具体加工对象专门设计的，故可按其最合理的加工工艺过程进行加工。

(3) 在组合机床上可以同时从几个方向采用多把刀具对几个工件进行加工，是实现工序集中的最好途径，也是提高生产率的最好途径。

(4) 组合机床常常采用多轴对箱体零件一个面上的多个孔或多面的孔同时进行加工。如此可较好地保证各个孔的位置精度要求，提高产品质量，减少工序间的辅助时间，改善劳动条件，减少机床占地面积。

(5) 由于组合机床的大多数零、部件是同类的通用部件，因而减少了机床的维护和修理。必要时可更换整个部件，以提高维修速度。

(6) 组合机床的通用部件可以由专门工厂集中生产。这样可用专用高效设备进行加工，有利于提高通用部件的性能，降低制造成本。

二、组合机床的分类

组合机床的通用部件分大型和小型两大类。大型通用部件是指电机功率为 1.5 kW～30 kW 的动力部件及其配套部件，这类动力部件多为箱体移动的结构形式。小型通用部件是指电机功率为 0.1 kW～2.2 kW 的动力部件及其配套部件，这类动力部件多为套筒移动的结构形式。用大型通用部件组成的机床称为大型组合机床，用小型通用部件组成的机床称为小型组合机床。

组合机床除分为大型和小型外，按配置形式又分为单工位机床和多工位机床。单工位机床有单面、双面、三面、四面几种，多工位机床有移动工作台式、回转工作台式、中央立柱式、回转鼓轮式等配置形式。

1. 基本配置形式

1) 单工位组合机床

单工位组合机床通常用于加工一个或两个工件，特别适用于大中型箱体件的加工。根据配置动力部件的数量，这类机床可以从单面或同时从几个面对工件进行加工。

(1) 卧式单面组合机床。图 3-0-1 所示是加工汽车零件的卧式单面组合机床。

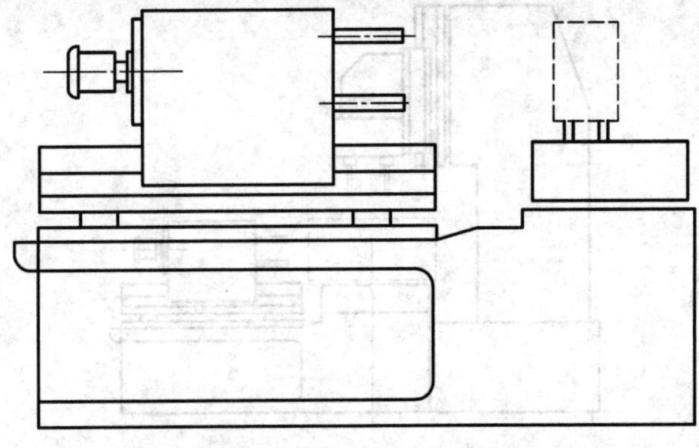

图 3-0-1　卧式单面组合机床

(2) 立式单工位组合机床。图 3-0-2 所示是加工拖拉机汽缸盖孔的立式组合机床。

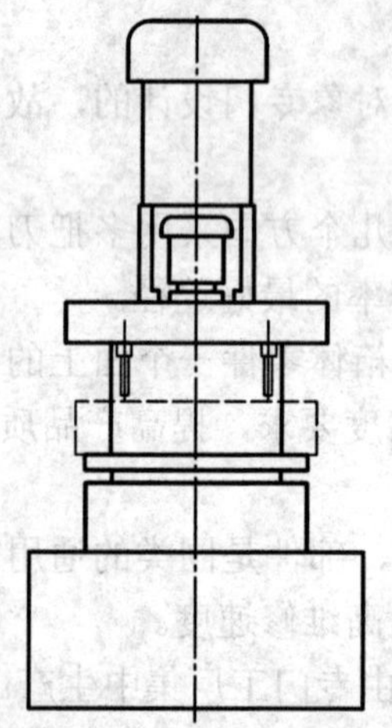

图 3-0-2 立式组合机床

(3) 卧式双面组合机床。图 3-0-3 所示是同时对工件两面进行加工的卧式双面镗孔车端面组合机床，用于对转向节球形支承进行精镗孔和车端面。镗孔精度为 $\phi34_{0}^{+0.027}$ mm，表面粗糙度为 Ra1.6，两端面距离公差为 ±0.05 mm。

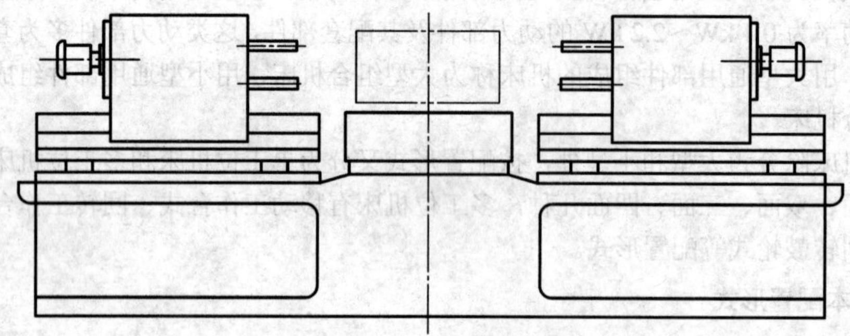

图 3-0-3 卧式双面组合机床

(4) 复合式双面组合机床。图 3-0-4 所示是加工汽缸体顶面和侧面的复合式双面组合机床。

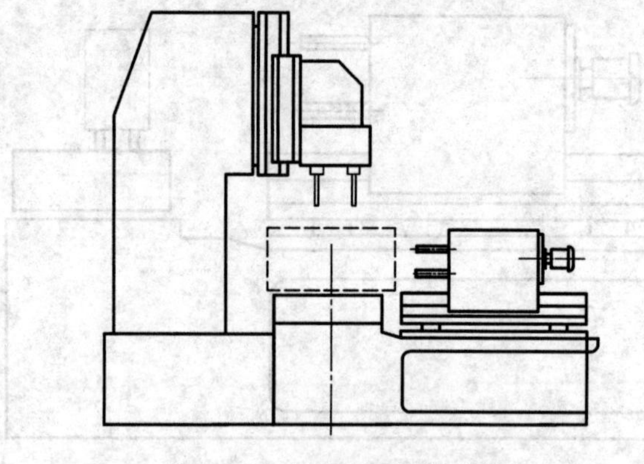

图 3-0-4 复合式双面组合机床

(5) 卧式三面组合机床。图 3-0-5 所示是从三面加工拖拉机变速箱的卧式三面组合机床。

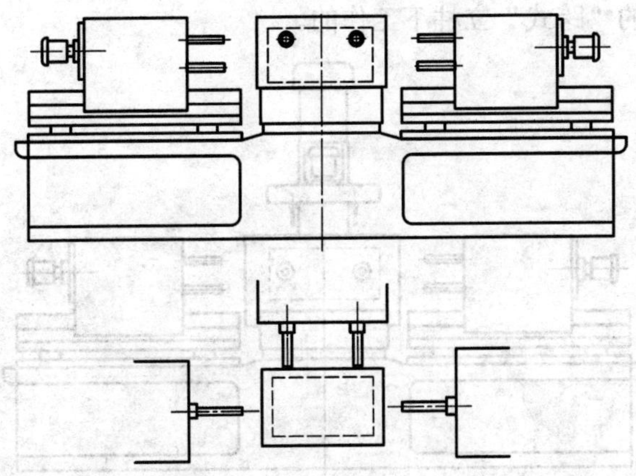

图 3-0-5　卧式三面组合机床

(6) 复合式三面组合机床。图 3-0-6 所示是对拖拉机后桥壳顶面及左右两侧面同时钻螺纹底孔的复合式三面组合机床。

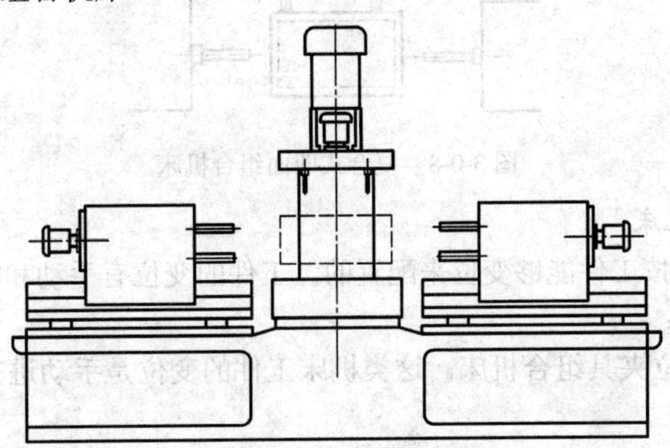

图 3-0-6　复合式三面组合机床

(7) 卧式四面组合机床。这种机床主要用于某些需要从四面同时加工以便保证加工精度的工件，例如差速器壳总体、传动箱等工件。图 3-0-7 所示是四面加工小型拖拉机主变速箱体的组合机床。

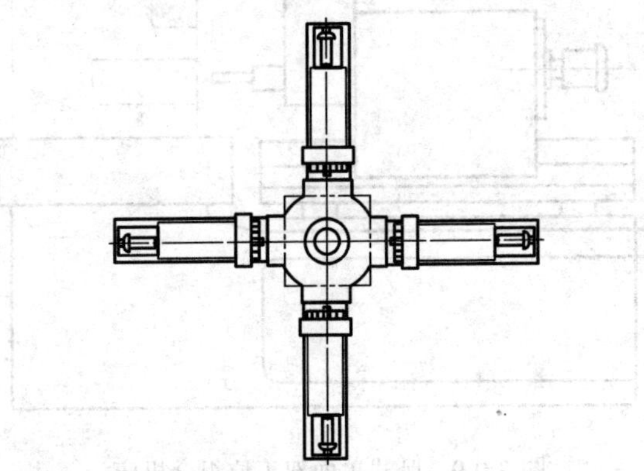

图 3-0-7　卧式四面组合机床

(8) 复合式四面组合机床。图 3-0-8 所示是对工件从四面加工的复合式组合机床。后动力头是处在立式机床的“跨式”立柱下工作的。

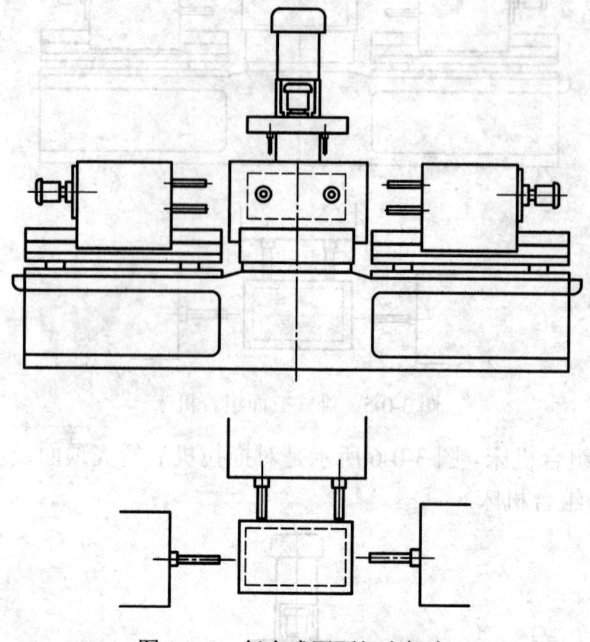

图 3-0-8 复合式四面组合机床

2) 多工位组合机床

很多组合机床是按工件能够变位来配置的，工件的变位有手动和机动两种方式。这种机床有下列几种形式：

(1) 固定式多工位夹具组合机床。这类机床工件的变位是手动进行的，可分为下列几种配置形式：

① 单面双工位组合机床。图 3-0-9 所示是单面双工位组合机床，它用换装方法同时加工两个工件不同面上的孔。

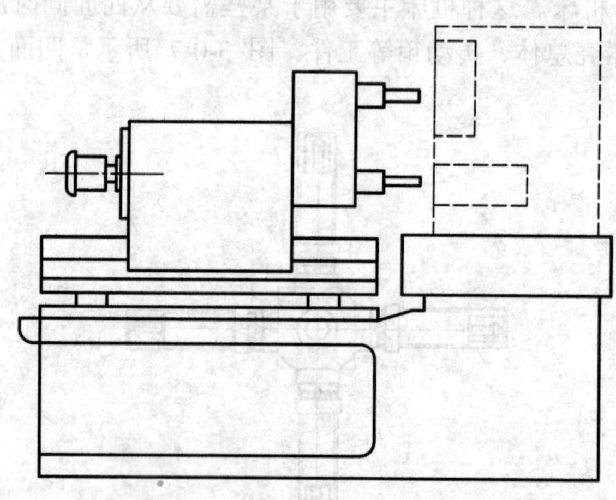

图 3-0-9 卧式单面双工位组合机床

② 双面双工位组合机床。图 3-0-10 所示是用换装方法同时从两面对两个工件加工的双面双工位组合机床。

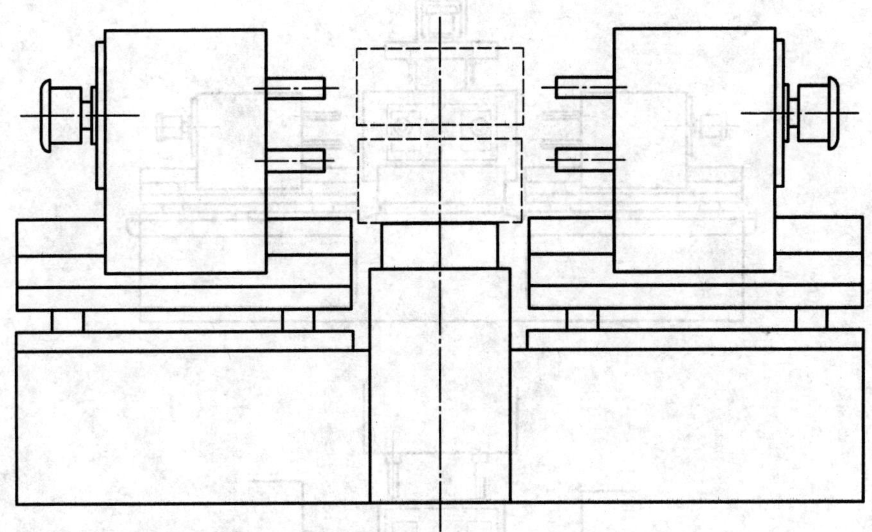

图 3-0-10　卧式双工位组合机床

③ 卧式三面双工位组合机床。图 3-0-11 所示是用换装方法从三面同时加工两个拖拉机后桥变速箱的卧式三面双工位组合机床。

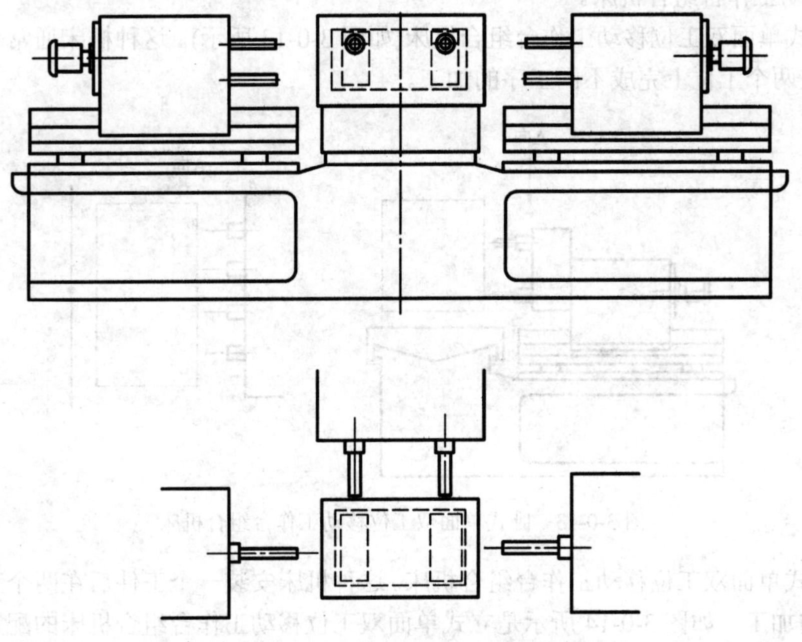

图 3-0-11　卧式三面双工位组合机床

④ 复合式四面双工位组合机床。图 3-0-12 所示是用换装方法同时加工工件的四个面，以提高机床工序集中程度的复合式四面双工位组合机床。

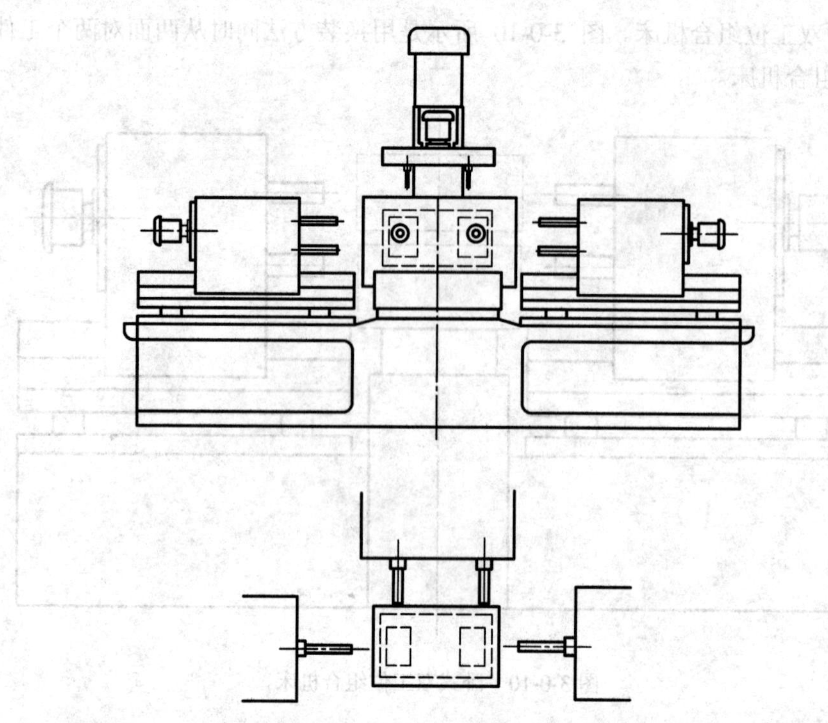

图 3-0-12　复合式四面双工位组合机床

(2) 移动工作台组合机床。

① 卧式单面双工位移动工作台组合机床(如图 3-0-13 所示)。这种机床通常用于安装一个工件后在两个工位上完成不同工序的加工。

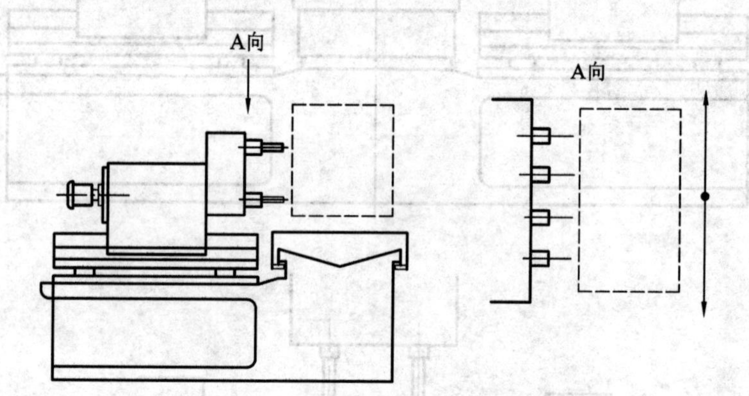

图 3-0-13　卧式单面双工位移动工作台组合机床

② 立式单面双工位移动工作台组合机床。这种机床安装一个工件后在两个工位上完成不同工序的加工。如图 3-0-14 所示是立式单面双工位移动工作台组合机床的配置方案。图 3-0-15 所示是用两个动力头组成的立式三工位移动工作台组合机床，用于粗或精加工气缸体的缸孔和止口。

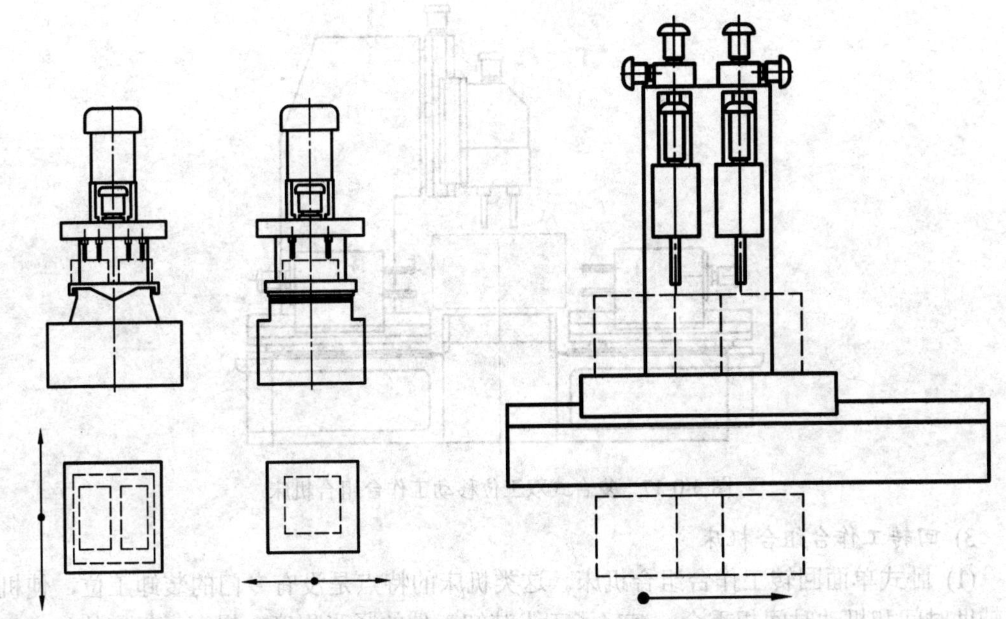

图 3-0-14　立式单面双工位移动工作台组合机床　　　　图 3-0-15　立式三工位移动工作台组合机床

③ 卧式双面双工位移动工作台组合机床(如图 3-0-16 所示)。这种机床用于从两面对工件进行多工序加工，具有较高的工序集中程度。从配置上也有集中的和分散的两种。

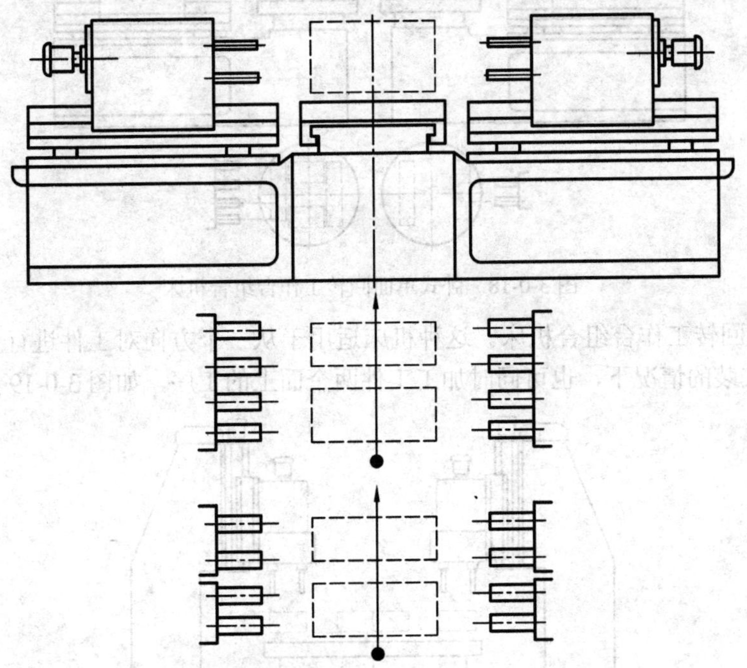

图 3-0-16　卧式双面双工位移动工作台组合机床

④ 复合式双工位移动工作台组合机床。这种机床可用于从顶面及两侧面对工件进行加工。如图 3-0-17 所示是按分散配置原则组成的复合式双工位移动工作台组合机床。

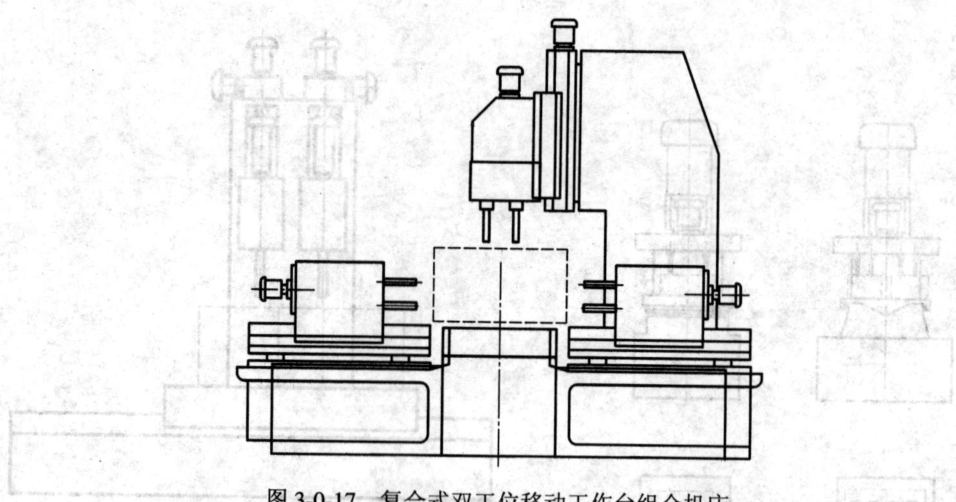

图 3-0-17　复合式双工位移动工作台组合机床

3) 回转工作台组合机床

(1) 卧式单面回转工作台组合机床。这类机床的特点是没有专门的装卸工位，使机床的辅助时间和机动时间相重合，减轻了工人装卸工件的紧张程度，提高了机床的生产率，如图 3-0-18 所示。

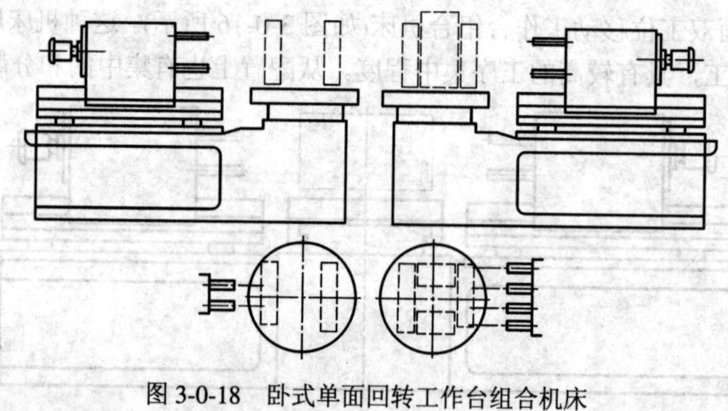

图 3-0-18　卧式单面回转工作台组合机床

(2) 立式回转工作台组合机床。这种机床适用于从一个方向对工件进行多工序加工，在采用两次安装的情况下，也可同时加工工件两个面上的工序，如图 3-0-19 所示。

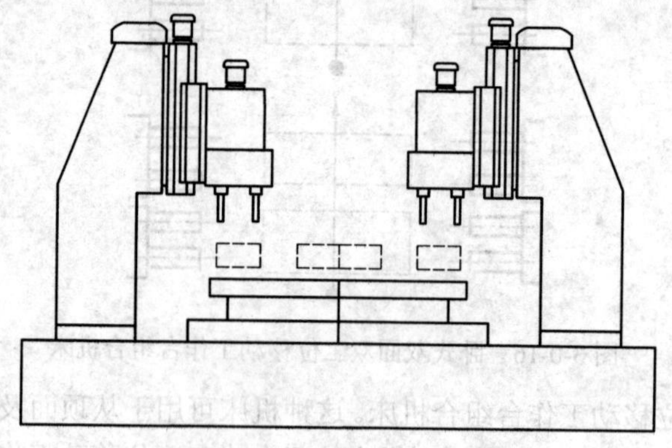

图 3-0-19　立式回转工作台组合机床

(3) 卧式多面回转工作台组合机床。这种大型卧式多工位回转工作台机床主要适用于从多面加工的零件。这种机床工艺可能性较小，布局较大，占地面积很大，所以一般不采用。图 3-0-20(a)、(b)、(c)所示为卧式三面四工位、四面六工位和五面六工位组合机床，用于对 16 种阀盖小端孔及填料孔进行钻、扩、铰攻螺纹。图 3-0-20(d)所示是采用换装方法，

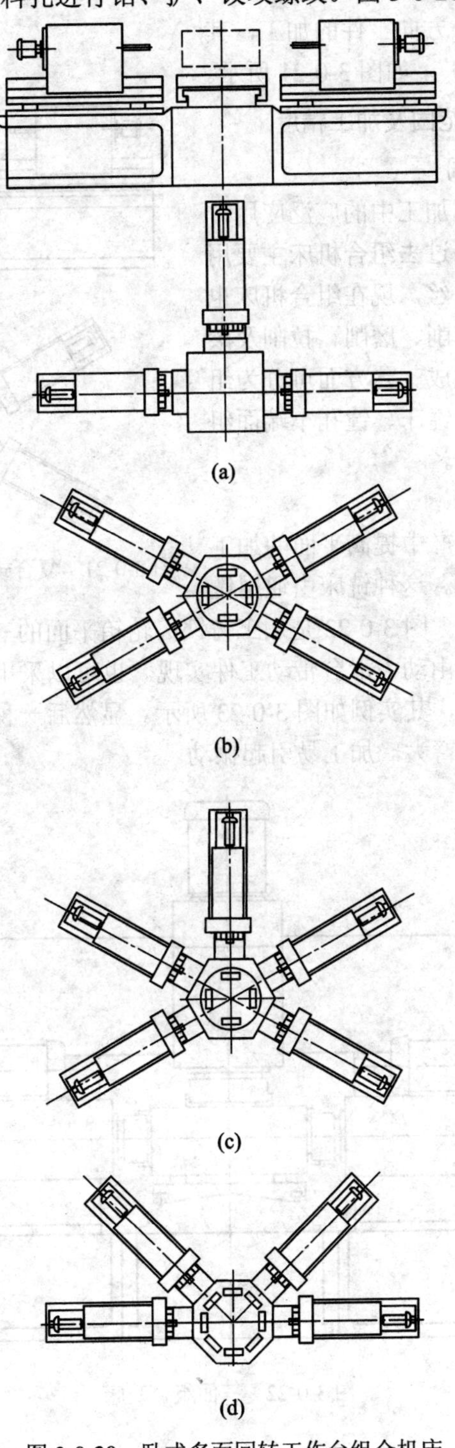

图 3-0-20　卧式多面回转工作台组合机床

加工工件两个面上的工序，即将在第一个工位上加工好的工件换装在第二个工位上，而在第一个工位上装上新的毛坯。这样既可增大机床的工艺可能性，还可将粗、精加工分别在不同工位上进行，有利于保证精度。

(4) 复合式多工位回转工作台组合机床。这种机床能同时完成两个方向工件的加工，其工艺可能性较大，使用较广，如图 3-0-21 所示。

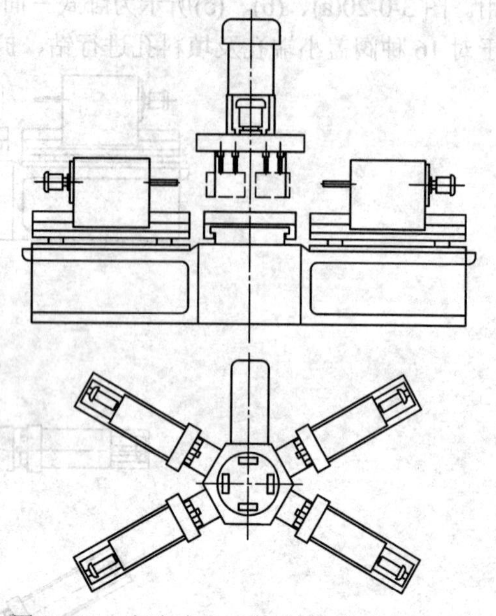

图 3-0-21　复合式多工位回转工作台组合机床

2. 组合机床的工艺范围及加工精度

1) 组合机床工艺范围

随着组合机床在机械加工中的广泛应用，其工艺范围也日益扩大。过去组合机床主要用于钻孔、铰孔、镗孔及攻丝，现在组合机床也用于精密镗孔、铣面、车削、磨削、拉削及滚压等工序。组合机床从完成工艺方面可分为组合铣床、组合钻床、组合镗床、镗孔车端面组合机床及组合攻丝机床等。

(1) 平面铣削。

目前为了在大批量生产中提高平面的加工效率，普遍采用组合铣床。这种铣床由通用铣头和动力滑台等部件组成。图 3-0-22 是加工铸铁齿轮箱平面的三面组合铣床，加工时铣头不作进给运动，进给运动由动力滑台带动工件实现。也可以采用工件不动，铣头作进给运动的方式实现平面的铣削，其实例如图 3-0-23 所示。显然后一种加工方法可靠性差，不经济。这是因为立式铣头悬臂大，加工易引起振动。

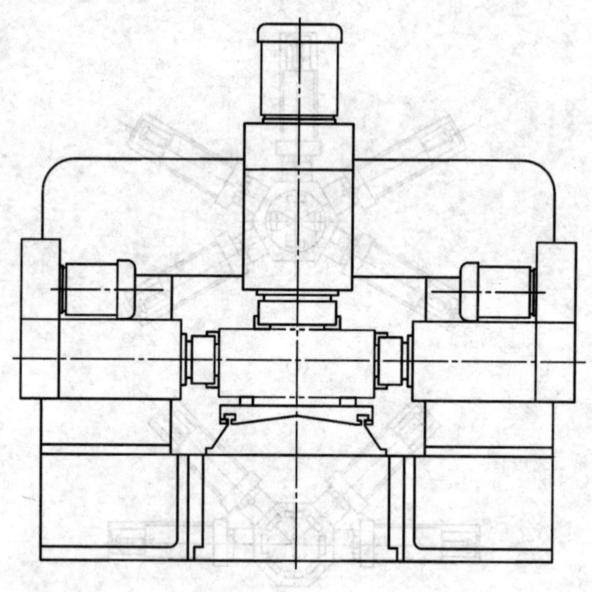

图 3-0-22　三面组合铣床

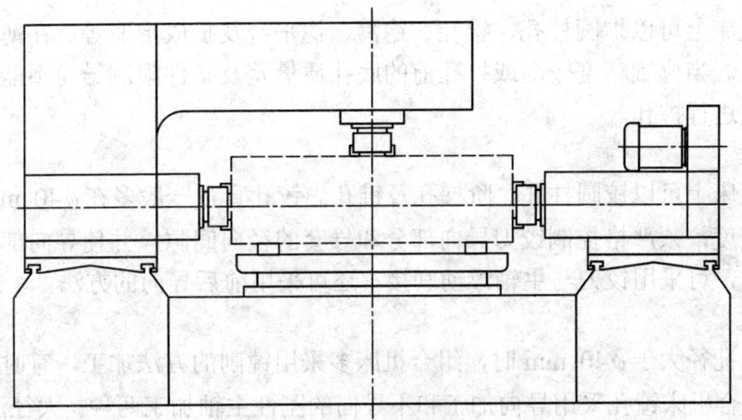

图 3-0-23　同时三面铣削一个工件

在组合机床上有时采用普通的钻削动力头，装上专门的铣削主轴箱来加工平面。多用于铣削平面与其它孔加工工序同时进行的情况。但其结构刚性差，只适于负荷较轻及精度较低的铣削工序。

(2) 钻孔。

钻孔有一般钻孔和钻深孔两种情况。钻深孔时为防止切屑阻塞而引起钻头折断，需采用分级进给的方法，即加工过程中定期退出以排除切屑。

钻直径较小的深孔常见的问题有：

① 切屑排除困难。由于阻塞使扭矩增大，造成了钻头的折断。

② 刀具冷却困难。由于孔径较小，切削液不易进入加工空间，钻头发热严重，降低了钻头的使用寿命。

③ 钻头轴线容易歪斜。由于钻头细长，强度和刚度很弱，特别是钻头刃磨不对称时，钻孔很易偏斜。

组合钻床采用分级进给加工深孔时，每次钻削深度可以参照表 3-0-1。

表 3-0-1　加工深孔每次钻深值(d：钻头直径)

加 工 材 料	孔深≤20d	孔深>20d
铸铁件	(4～6)d	(3～4)d
钢件	(1～2)d	(0.5～1)d

若加工的孔为通孔，可采用两面钻孔的方法。

改善深孔加工条件的措施：

① 为排屑方便，小径深孔采用卧式机床加工。孔径较大时，加工可不用分级进给。

② 利用刀具结构形式对排屑的影响。若增大钻头螺旋槽角度，可使排屑方便。

③ 孔径较大时，可采用“中空”钻头，加工时冷却液通过钻头进入加工空间，既可冷却又有利于排屑。

④ 精度很高的工件，如曲轴，采用浸入式加工，即把工件浸在冷却液中加工。

⑤ 钻头轴线的对中性主要取决于切削刃的对称性及钻头的导向条件，故提高钻头切削刃的对称性及采用较长的导向、缩小导向件距工件的距离是提高孔直线度的主要措施。

(3) 扩孔。

在组合机床上可以扩圆柱孔、锥孔、锪窝、锪平台及扩成形面等。在薄壁件上扩孔多采用悬臂加工。当位置精度较高或扩孔前的底孔质量差及条件限制导向不能靠近工件时，采用前后导向进行扩孔。

(4) 铰孔。

在组合机床上可以铰圆柱孔、阶梯孔及锥孔。铰孔直径一般多在ϕ40 mm以下。为提高孔的位置精度，须严格控制铰刀导向部分和导套的径向间隙，并使导向部分适当靠近工件，导向长时，可采用铰刀与主轴浮动联接，还可采用前后导向的方法。

(5) 镗孔。

当被加工孔径大于ϕ40 mm时，组合机床多采用镗削的方法加工，有时小孔径的孔也采用镗削。组合机床镗孔采用导向加工和不导向的刚性主轴加工两种。大径深孔(如汽缸体的缸孔)多用刚性主轴加工，一些中等孔径光孔或阶梯孔一般采用导向加工。

(6) 螺纹加工。

组合机床可以加工紧固螺纹孔、锥螺纹、外螺纹及大直径螺纹。在铸件上螺纹孔加工精度可达5H～6H。

2) 加工精度

一般组合铣床加工平面的平面度为(0.04～0.1)/(500～800)，表面粗糙度为Ra6.3～3.2。为达到上述精度，必须选择合适的切削用量。精铣时每次进给量要小，一般在0.05 mm～0.2 mm，铣削速度应高一些，对铸铁零件来说，一般在80 m/min～130 m/min。组合机床上钻孔工序大多是扩铰工序前加工底孔及加工螺纹底孔；在铸铁上钻孔精度一般可达IT10～IT11级，表面粗糙度为Ra12.5，位置精度0.2 mm；钻孔孔径及位置精度主要取决于导向精度及钻头刃磨情况。为此要减小导向孔和钻头间的间隙，严格控制钻头的摆动，使导向装置靠向工件及要求主轴与导向孔之间的同轴度。扩孔是精铰或精镗前的粗加工工序，因扩孔钻有导向刃带，故加工精度比钻削高。在铸铁上扩孔，孔的精度可达到IT9～IT10级，表面粗糙度可达Ra3.2，位置精度可达到0.1 mm。加工铸铁时，在铰刀设计制造合理、冷却润滑良好的情况下，可达到Ra1.6，但铰钢件时粗糙度一般为Ra3.2，孔的位置精度一般为0.03 mm～0.05 mm。组合机床上镗孔可达IT7～IT6级精度，表面粗糙度为Ra3.2～0.8；加工有色金属表面粗糙度为Ra3.2～1.6，位置精度为0.025 mm～0.05 mm，用一根镗杆镗削同轴孔时，同轴度保证在ϕ0.015 mm～0.02 mm，若用两根镗杆两边加工时，孔的同轴度可达到ϕ0.03 mm～0.05 mm。

组合机床的加工精度还与其配置形式有关，不同的配置形式，其加工精度不同：

(1) 固定式夹具组合机床的加工精度。

这类夹具的加工精度最高。对精加工的夹具，其公差一般取被加工零件公差的1/3。使用这类夹具的机床加工时能达到的精度：

① 钻孔位置精度。采用固定导向时位置精度一般能达到0.2 mm；采用活动钻模板时，其位置精度为0.2 mm～0.25 mm。

② 镗、铰孔位置精度。采用固定精密导向时，孔间距离及孔的轴线与基面的位置精度可达0.025 mm～0.05 mm。

③ 镗孔的同轴度与孔轴线间的平行度。当只有一面镗孔时，镗杆采用前后或多层精密导向，同轴度可达ϕ0.015 mm～0.03 mm。若两面镗孔，且是单轴，便于调整主轴位置精度

时，同轴度为 0.015 mm～0.03 mm。两面多轴加工时，孔的同轴度一般为 0.05 mm。孔轴线的平行度保持在轴线间距离公差范围内，调整精确时，可达(0.02～0.05)/(800～1000)。

(2) 带移动式夹具组合机床的加工精度。

在多工位机床上，由于回转工作台或回转鼓轮转位时有误差，因而会影响加工精度。立式多工位机床的夹具固定于同一工作台面上，用一个活动钻模板，加工时与夹具定位，其工作台转位误差会增大主轴相对导向的轴心偏移和相邻工位加工孔的误差。鼓轮机床经常是导向套设在两侧支架上，由于鼓轮分度误差、轴承振动、各工位夹具与支架上导向不同心等原因，加工精度较低。

① 钻孔位置精度。在立式多工位机床上，采用统一活动钻模板可达到ϕ0.05 mm，在鼓轮机床上，当导向设在支架上时，钻孔位置精度可达到ϕ0.25 mm。

② 精加工孔的位置精度。当在一个工位同时进行孔的精加工时，其位置精度可达到ϕ0.05 mm。在不同工位上分别进行孔加工时，立式回转工作台机床可达到ϕ0.1 mm；回转鼓轮机床只能达到ϕ0.1 mm 以上。

在立式多工位机床上为了达到更高精度，通常在精加工工位采用独立的钻模板，并和夹具很好地定位，有条件时利用工件前道工序精加工的孔定位，则更有利。

在鼓轮机床上使导向设计在鼓轮夹具上也能获得较高的精度。或按照分散配置形式设计制造鼓轮机床，在每个工位上采用各自的小动力头，带导向或不带导向按刚性主轴进行加工，这样可分别精确调整各动力头的位置，从而达到高的精度。

课题一　组合机床总体设计

一、组合机床的设计步骤

1. 制定工艺方案

深入加工现场，了解被加工零件的加工特点、精度、技术、定位夹紧、生产率等要求，确定在组合机床上完成的工艺内容及加工方法，从而确定加工工步、刀具种类及型式等。

2. 机床结构方案的分析与确定

根据工艺方案确定机床的型式和总体布局。在选择机床配置型式时，既要考虑现实工艺方案，保证加工精度、技术要求及生产效率；又要考虑机床操作、维修是否方便，排屑情况是否良好；还要注意被加工零件的生产批量。

3. 组合机床总体设计

确定机床各部件间的相互关系，选择通用部件和刀具的导向机构，计算切削用量及机床生产率。绘制机床的总体联系尺寸图及加工示意图等。

4. 组合机床的部件设计和施工设计

制定组合机床流水线的方案时，与一般单个的组合机床方案有所不同。在流水线上，由于工序的组合不同，机床的型式和数量都会有较大的变化。故此时应按流水线进行全面考虑，不应就某一台或几台机床进行单独设计。

二、组合机床方案的确定

1. 组合机床工艺方案的制定

组合机床工艺方案是设计组合机床的重要步骤之一。工艺方案制定得正确与否，将决定机床能否达到“重量轻、体积小、结构简单、使用方便、效率高、质量好”的要求。设计组合机床时须联系实际，结合生产经验了解被加工零件的加工情况及影响机床制定方案的因素，其要点主要有：

(1) 加工工序和加工精度的要求。零件在组合机床上完成的加工工序及加工精度是制定机床工艺方案的主要依据。制定工艺方案时，首先要全面分析工件的加工精度及技术要求，了解现场加工工艺及保证精度的有效措施。

(2) 被加工零件的特点。如工件材料、硬度、刚度、加工部位的结构形式、工艺基面等对机床工艺方案的制定都有重要的影响。同样精度的孔，加工钢件比加工铸铁的工步数多一些。加工薄壁件时，要防止共振以提高加工精度。当加工腔体零件时，采用单刀镗的方法，加工时工件(或镗头)让刀，使镗刀头向后送进工件，进行加工。

工件的刚性不足就不能使工序集中，以防止工件受力、受热而变形影响加工精度，而有时为了减少加工机床的数目而使工序集中，此时须把一些工序在时间上错开。

必须注意工件在组合机床加工前完成的工序及毛坯孔的铸造质量，当余量很大或铸造质量很差(有大毛刺)时，则安排粗加工工序，对几个同心孔常采用粗扩的加工方法，另外，工件有无适当的工艺基面也是影响工艺方案制定的原因。

(3) 工件的生产方式。被加工零件的生产批量的大小对机床工艺方案的制定也有影响。对于大批量生产的箱体零件，工序一般趋于分散。在中小批生产情况下，也要力求减少机床数量，可将工序尽量集中在少数几台机床上进行加工，以提高机床利用率。

(4) 工厂的自身能力。工厂是否具有相应工具的制造能力。若工厂制造刃磨复杂的复合刀具或特殊刀具有困难，则在制定工艺方案时，应避免采用这类刀具。

2. 组合机床结构方案的制定

通常根据工件的结构特点、加工要求、生产率及生产过程方案等，大体上就可以确定应采用哪种基本形式的组合机床。但在基本形式的基础上，由于工艺的组织、动力头的不同配置方法、零件安装数目和工位数多少等具体安排不同，而具有多种配置方式。它们对机床的机构复杂程度、通用化程度、结构工艺性能、重新调整的可能性以及经济效果和维修操作是否方便等，都有不同的影响。另外须注意，对工艺方案做不大的更改或重新安排，往往会使机床简单、工作可靠、结构紧凑。在确定机床配置形式和结构方案时，应注意：

1) 零件的加工特点对配置形式和结构方案的影响

(1) 加工精度的要求。为了达到要求的精度，除了提高机床的原始精度，提高工件的定位精度及减少夹压变形等措施外，还采取了高速低进给的加工方法，使切削力非常小，有利于保证加工精度。例如：加工缸孔结构的零件时，采用刚性主轴加工比用滑套导向加工好；保证两孔的同轴度时应用同一把刀具加工，若两孔直径不一致，用两把刀加工时，应将两把刀布置得近一点；刚性主轴加工时，可保证两孔间距精度在±0.05 mm 以内；采用刚性主轴结构但用机床导轨间隙及导轨磨损情况下，对孔加工的定位精度不如滑套导向好。

(2) 生产率的影响。生产率对机床的配置形式和结构方案有很大的影响，它是决定采用单工位机床、多工位机床或自动线，还是按中小型生产所需要组合机床的特点进行设计的重要要素。有时工件的外形尺寸轮廓可采用单工位固定夹具的机床，但由于生产率的要求，不得不采用多工位加工的方案，使辅助时间减少。

(3) 零件的大小、形状、加工部位的特点的影响。这些特点很大程度上决定了采用卧式、立式、倾斜式机床的类型。一般卧式机床多用于加工孔中心线与基准平行，且多面同时加工的箱体件；立式机床适于加工定位基面是水平的，而加工要素与基面是垂直的零件；一些大型的箱体件适于单工位机床加工，中小型零件适于多工位机床加工。

2) 机床使用条件的影响

组合机床的使用条件对机床结构方案的选择有很大的影响，确定机床方案时应深入现场作详尽的了解和分析。

(1) 车间布置情况。生产线中工件的输送通道的高度就影响机床的装料高度；还有车间的面积影响机床的轮廓尺寸等。

(2) 各工艺间的联系情况。工件从毛坯到成品这一段时间，须达到一定的要求，即加工出保证精度的有关工艺基准面。因此组合机床加工时应考虑这一点。

(3) 工厂的技术资源及自然条件。如果工厂缺乏相当能力的工具车间，应避免采用刃磨复杂的整体复合刀具，可增加工序或机床工位；若厂房内温度会影响液压传动的工作性能，可选用机械通用部件配置机床。

3) 选择多工位机床

按工艺方案要求，工位数不超过 3 个，在生产率能满足要求的条件下，应选取移动工位式多工位组合机床。因为回转工作台或鼓轮式工作台较复杂，成本高。

多工位机床工位数受工序集中程度及工件复杂程度的限制，不能随意增加。

还应注意工作台的台面尺寸，以免机床过于庞大，制造困难。现有通用的多工位回转工作台最大直径为ϕ1400 mm，主轴箱最大外形尺寸为 1200 mm× 800 mm。

当一个工件既可以用多工位回转式机床加工，也可以用自动线加工时，应尽量采用多工位机床加工，以免增加成本。但多工位机床的工位数是有限制的，对工艺复杂、加工部位及工序数多的工件，当多工位机床不满足要求时应采用自动线加工。

4) 其它因素

(1) 适当提高工序集中程度。在一个动力头上安装多轴，同时加工几个孔是组合机床集中工序的基本方法，但不能无限增加主轴，要考虑动力头及主轴箱的性能和尺寸，并保证调整和更换刀具的方便性。在一个工位上安装几个动力头，可以加工几个面上的孔。对于与主轴成一定角度的孔，应采用“随动头”加工。

(2) 注意排屑及操作的方便性。设计尽量使加工面与基准面不垂直，可以采用卧式机床加工，防止用立式机床时，切屑进入导向机构，影响机床加工精度，并加速导向机构的磨损。在多工位机床上加工时应提前清理上一道工序残留的切屑，避免加工时切屑阻塞打断刀具或破坏加工精度。另外，选择多工位机床时应考虑操作的方便性，还应考虑装料高度。

(3) 夹具形式对机床方案的影响。选择机床配置形式时应考虑夹具结构实现的可能性及工作的可靠性。此外，设计加工一个工件的成套机床或流水线时，应使机床与夹具的形式尽量一致，尤其是粗精加工机床，这样不仅有利于提高加工精度，而且有利于设计、制造和维修，也提高了机床之间的通用化程度。

三、确定切削用量及选择刀具

1. 切削用量的确定

1) 钻、扩、铰孔切削用量

钻、扩、铰孔切削用量如表 3-1-1 所示。

表 3-1-1　高速钢钻头切削用量

材料	加工直径 /mm	切削速度 v/(m/min)	进给量 f/(mm/r)	切削速度 v/(m/min)	进给量 f/(mm/r)	切削速度 v/(m/min)	进给量 f/(mm/r)
铸铁	160～200HBS			200～241HBS		300～400HBS	
	1～6	16～24	0.07～0.12	10～18	0.05～0.1	5～12	0.03～0.08
	6～12		0.12～0.2		0.1～0.18		0.08～0.15
	12～22		0.2～0.4		0.18～0.25		0.15～0.2
	22～50		0.4～0.8		0.25～0.4		0.2～0.3
钢件	σ_b = 520～700 MPa(35 钢、45 钢)			σ_b = 700～900 MPa(15Cr)		σ_b = 1000～1100 MPa	
	1～6	18～25	0.05～0.1	12～20	0.05～0.1	15～58	0.03～0.08
	6～12		0.1～0.2		0.1～0.2		0.08～0.15
	12～22		0.2～0.3		0.2～0.3		0.15～0.25
	22～50		0.3～0.6		0.3～0.45		0.25～0.35
铝件	纯铝			铝合金(长屑)		铝合金(短屑)	
	3～8	20～50	0.03～0.2	20～50	0.05～0.25	20～50	0.03～0.1
	8～25		0.06～0.5		0.1～0.6		0.05～0.15
	25～50		0.15～0.8		0.2～1.0		0.08～0.36
铜件	黄铜、青铜			硬青铜			
	3～8	60～90	0.06～0.15	25～45	0.05～0.15		
	8～25		0.15～0.3		0.15～0.25		
	25～50		0.3～0.75		0.25～0.5		

钻孔的切削用量还与钻孔深度有关。当加工铸铁件孔深为孔径的 3～6 倍时，在组合机床上采用一次走刀完成，但切削用量要小一些，如表 3-1-2 所示。降低切削用量的目的是为了减少轴向切削力，避免钻头折断。钻孔深度较大时，由于冷却排屑差，使刀具寿命降低。降低切削速度主要是为了提高刀具寿命。若孔深与孔径比较大时，其每转进给量与每次吃刀量都很小，如切削速度较低则生产率很低，此时应提高切削速度。

加工孔深与孔径比为 10 倍左右的小孔铸铁时，在组合机床上应采用分级进给的方法，通常是用单独的工位或专门的机床加工。选择切削用量时不能一律随孔深增加而减小，有时候反而要适当地提高切削用量。如竖直或倾斜钻孔时，适当提高切削速度和切削用量有助于向上方排屑。

表 3-1-2　深孔钻削切削用量

孔深/mm	3*d*	(3～4)*d*	(4～5)*d*	(5～6)*d*	(6～8)*d*
切削速度/(m/min)	*v*	(0.8～0.9)*v*	(0.7～0.8)*v*	(0.6～0.7)*v*	(0.6～0.65)*v*
进给量/(mm/r)	*f*	0.9*f*	0.9*f*	0.8*f*	0.8*f*

孔深/mm	(8～10)*d*	(10～15)*d*	(15～20)*d*	20*d* 以上
进给量/(mm/r)	0.7*f*	0.6*f*	0.5*f*	(0.3～0.4)*f*

注：*d*—钻头直径，*f*—进给量，*v*—切削速度。

高速钢扩孔钻扩孔切削用量如表 3-1-3 所示。

表 3-1-3　扩孔切削用量

加工直径 *d*	铸铁				钢、铸钢				铝、铜			
	扩通孔		锪沉孔		扩通孔		锪沉孔		扩通孔		锪沉孔	
	v	*f*	*v*	*f*	*v*	*f*	*v*	*f*	*v*	*f*	*v*	*f*
10～15		0.15～0.2		0.15～0.2		0.12～0.2		0.08～0.1		0.15～0.2		0.15～0.2
15～25		0.20～0.25		0.15～0.3		0.2～0.3		0.1～0.15		0.2～0.25		0.15～0.2
25～40	10～18	0.25～0.3	8～12	0.15～0.3	12～20	0.3～0.4	8～14	0.15～0.2	30～40	0.25～0.3	20～30	0.15～0.2
40～60		0.30～0.4		0.15～0.3		0.4～0.5		0.15～0.2		0.3～0.4		0.15～0.2
60～100		0.40～0.6		0.15～0.3		0.5～0.6		0.15～0.2		0.4～0.6		0.15～0.2

注：*d*—mm，*f*—mm/r，*v*—m/min。

当用硬质合金扩孔钻加工铸铁时，切削速度 $v = 30$ m/min～45 m/min。加工钢件时，切削速度 $v = 35$ m/min～60 m/min。

对钢件铰孔要获得低的粗糙度，除铰刀须保证合理的几何形状及充分冷却的条件外，最重要的是合理选用切削用量。一般切削速度较低，进给量较大。高速钢铰刀切削用量如表 3-1-4 所示。

表 3-1-4　铰孔切削用量

加工直径 *d*	铸铁		钢、合金钢		铝、铜及其合金	
	v	*f*	*v*	*f*	*v*	*f*
6～10		0.3～0.5		0.3～0.4		0.3～0.5
11～15		0.5～1		0.4～0.5		0.5～1
16～25	2～6	0.8～1.5	1.2～5	0.4～0.6	8～12	0.8～1.5
26～40		0.8～1.5		0.4～0.6		0.8～1.5
41～60		1.2～1.8		0.5～0.6		1.5～2

注：*d*—mm，*f*—mm/r，*v*—m/min。

2) 镗孔切削用量

镗孔切削用量的值与加工精度有很大关系。当精镗孔的精度为IT7、孔径为ϕ60～100 mm时，孔径公差为0.03 mm～0.035 mm。当孔的精度为IT6，孔径公差为0.019 mm～0.022 mm时，在刀具质量不高，切削速度较高时，镗刀会很快磨钝，使孔径超差，不得不经常刃磨刀具、调刀。其切削用量见表3-1-5。

表 3-1-5 镗孔切削用量

工序	刀具材料	铸铁		钢		铝及其合金	
		v	f	v	f	v	f
粗镗	高速钢	20～25	0.25～0.8	15～30	0.15～0.4	100～150	0.5～1.5
	硬质合金	35～50	0.4～1.5	50～70	0.35～0.7		
半精镗	高速钢	20～35	0.1～0.3	15～50	0.1～0.3	100～200	0.2～0.5
	硬质合金	50～70	0.15～0.45	95～135	0.15～0.45		
精镗	硬质合金	70～90	IT6 级≤0.08，IT7 级 0.12～0.15	100～150	0.12～0.15	150～400	0.06～0.1

注：f—mm/r，v—m/min。

3) 铣削用量

铣削用量的选择与加工精度及其效率有关。要求高时，铣削速度要高一些，每齿进给量应小一些。铣削用量如表3-1-6、表3-1-7、表3-1-8所示。

表 3-1-6 硬质合金端铣刀铣削用量

加工材料	工序	铣削深度 a_p/mm	铣削速度 v/(m/min)	每齿进给量 f_z/(mm/z)
钢 σ_b=520～700 MPa	粗	2～4	80～120	0.2～0.4
	精	0.5～1	100～180	0.05～0.20
钢 σ_b=700～900 MPa	粗	2～4	60～100	0.2～0.4
	精	0.5～1	90～150	0.05～0.15
钢 σ_b=1000～1100 MPa	粗	2～4	40～70	0.1～0.3
	精	0.5～1	60～100	0.05～0.1
铸铁	粗	2～5	50～80	0.2～0.4
	精	0.5～1	80～130	0.05～0.2
铝及其合金	粗	2～5	300～700	0.1～0.4
	精	0.5～1	500～1000	0.05～0.3

表 3-1-7 面铣刀铣削余量

铣刀品种及刀片形状		一般加工余量不大于	最大加工余量
粗齿套式面铣刀	刀片材料为 YG6(铸铁) 刀片材料为 YT14(钢)	8	12
中齿套式面铣刀		8	12
细齿套式面铣刀		6(铸铁)3(钢)	12
粗密齿套式面铣刀	刀片材料为 YG6	3(铸铁)	9(铸铁)
铣铝合金套式面铣刀	刀片材料为 YT14	6	9

表 3-1-8 硬质合金不重磨式面铣刀铣削用量(仅供参考)

材 料			每齿进给量 f_z/(mm/z)		
名 称	硬度(HBS)	最大抗拉强度 σ_b /MPa	0.4	0.2	0.1
			切削速度 v/(m/min)		
碳钢 C0.15%	125	450	140	170	200
C0.35%	153	550	100	140	175
C0.7%	250	800	75	90	125
合金钢	150～200	500～650	100	130	160
	200～275	650～900	75	90	125
	275～325	900～1100	60	80	100
	325～450	1100～1500	50	60	80
铸铁	<50	<500	70	100	140
	150～250	500～800	55	75	100
	160～200	580～650	100	115	150
灰铸铁	180	620	80	130	150
合金铸铁	250	800	70	90	115

注：① 铣铝合金推荐切削速度为 300 m/min～1000 m/min，每齿进给量为 0.1 mm/z 左右。

② 表内推荐进给量和切削速度为最大值，实践中应适当低一点。

攻螺纹切削用量见表 3-1-9。

表 3-1-9 螺纹切削用量

加工材料	铸铁	钢及其合金	铝及其合金
切削速度 v/(m/min)	4～8	4～6	5～15

2．刀具的选择

1) 组合机床刀具的特点

(1) 较高的耐用度及可靠性，便于装卸和调整。

组合机床是高生产率的专用机床，循环时间短，在每一循环中，刀具不工作的时间很短。而且组合机床是多刀加工，刀具数量多，更换刀具较费时间。故其刀具应结构可靠、刀具材料及几何参数选取合理，并选择合适的切削条件，使刀具有较高的耐用度。

(2) 有较高的复合程度。

为了提高生产率，保证加工精度，减少工位及一般工序集中，故采用复合刀具。须注意此类刀具结构复杂，切削力大，排屑不便，刃磨困难，在设计时应着重考虑这些因素。

(3) 有较好的导向。

组合机床大多是多轴加工箱体孔，孔的位置精度是由夹具和刀杆导向保证的。

(4) 具有一定的通用性。

组合机床的刀具，除外购的标准刀具外，大多是专用刀具。将专用刀具系列化，形成通用的结构。

2) 常用刀具(钻头、扩孔钻、铰刀)在组合机床上的使用

(1) 组合机床常用钻头。

钻孔是组合机床上加工箱体零件的常见工艺，主要用于螺纹底孔、油孔或精度高的孔的粗加工。

① 钻头。一般选用工具厂生产的标准高速钢锥柄或直柄麻花钻时，其加工的孔的位置精度仅在ϕ0.2 mm左右。要提高精度，除导向套至工件距离及导套长度的选取要适当外，还应减小钻头与导向套的间隙以及倒锥度。在铸铁上钻较浅的孔时，为提高钻头刚度，可采用硬质合金锥柄或直柄麻花钻，选择比高速钢钻头高的切削速度及较低的吃刀量。在钢件上钻孔，为了能将切削液通向切削区，提高冷却润滑效果，利于排出切屑及提高钻头耐用度，采用内冷却麻花钻。可用扭制式的，也可用在钻背上铣槽嵌焊铜管式的。但后者强度、刚度较差，切削用量大时可能产生振动，甚至折断钻头。

个别情况下，当标准麻花钻尺寸不能满足要求时，组合机床也采用专用高速钢麻花钻。对于特别细的麻花钻，其制造与热处理困难，应少采用。

麻花钻刃磨的对称性对钻孔的位置、尺寸精度、粗糙度及钻头的磨损有很大的影响。

组合机床上常采用扁钻钻孔。虽然扁钻前角小，不易排屑，但其刚性好，轴向尺寸小，故钻孔较浅，排屑也容易，一般复合加工时常用扁钻。一般大直径扁钻为装配式的，靠其两侧面和后面沟槽与刀杆配合，用螺钉紧固。扁钻可以选用高速钢或硬质合金。

② 深孔钻和套料钻。深径比很大的孔，如用一般的麻花钻，切屑不易排除，钻头细长，易产生变形而与孔产生较大摩擦，同时散热困难，冷却液不易进入切削区，故钻到一定深度钻削抗力急剧上升，加工困难，甚至折断钻头。

对于小径钻头(直径小于6 mm)，不论加工铸铁、钢或铜，加工深度是5倍直径时，切削扭矩显著增大，6倍时急剧上升，此时若不退出而继续加工，会因钻削抗力急剧增大而折断钻头。

对于大径钻头(直径大于10 mm)，若加工钢，加工深度达到5～6倍时，虽然钻头刚度强度较好，钻削抗力的增加不会立即损坏钻头，但会产生振动，使加工不稳定，若继续加工，也会折断钻头。若加工铸铁，由于其切屑为崩碎切屑，大直径钻头容屑也好，故可加工适量的深孔。

(2) 组合机床常用扩孔钻。

组合机床在铸件上扩孔，可达到精度为Ra6.4的表面粗糙度，条件好时，可达粗糙度Ra3.2。

① 加工铸铁的扩孔钻。对于小径的扩孔钻($D\leqslant 15$ mm)，一般做成高速钢四齿的。如余量大，孔较深，为加大容屑量，可为三齿的。

大径扩孔钻，一般采用硬质合金锥柄或套装扩孔钻。这种扩孔钻与标准扩孔钻有以下不同：沟形为折线形，硬质合金刀片斜角6°，排屑槽螺旋角12°，径向(垂直于走刀方向截面的)前角0°。采用折线形的沟槽，制造时可用一般角度铣刀加工。大径扩孔钻($D>60$ mm)，为节约材料，常作为装齿扩孔钻。

上述扩孔钻的公差随被加工孔的精度及直径的不同而改变，具体如表 3-1-10 所示。

表 3-1-10 加工铸铁的扩孔钻公差

工件		扩孔钻		工件		扩孔钻	
公称尺寸 D	公差	公称尺寸	公差	公称尺寸 D	公差	公称尺寸	公差
3～6	+0.048	D+0.040	−0.020	3～6	+0.08	D+0.065	−0.025
6～10	+0.058	D+0.045	−0.025	6～10	+0.10	D+0.075	−0.030
10～18	+0.070	D+0.055	−0.030	10～18	+0.12	D+0.090	−0.035
18～30	+0.084	D+0.065	−0.040	18～30	+0.14	D+0.105	−0.045
30～50	+0.100	D+0.080	−0.045	30～50	+0.17	D+0.130	−0.050
				50～55	+0.20	D+0.155	−0.050

② 加工钢件的扩孔钻。在钢件上扩孔，切削力较大，故须加强刀刃，一般在扩孔钻上磨出过渡刃，在加工强度较高的钢件时还需要在主切削刃上磨出负倒棱。扩孔钻主切削刃的刃倾角 λ 对排屑有很大影响，同时还影响刀尖的强度。若 λ 为负值，则刀尖位置低于主切削刃上其它各点；若 λ 为零，则刀尖与主切削刃上其它各点高度一样；若 λ 为正值，则刀尖高于主切削刃上其它各点。显然，λ 为正值时，有利于切屑从螺旋槽中向后排出且加强了刀尖强度。

硬质合金扩孔钻加工钢件时存在很多问题，故目前还大量用高速钢扩孔钻。

(3) 组合机床常用铰刀。

铰孔是组合机床上精加工孔的常用方法，因其耐用度较高，故不需经常调整，尤其是多轴加工较为显著。

在组合机床上经过粗加工和半精加工之后，采用铰孔，在铸铁和铝件上均可加工出尺寸精度为 IT7、粗糙度为 Ra1.6～0.8 的孔。

组合机床上的铰刀很少能采用标准铰刀，大多情况下需设计、制造专用铰刀。

① 加工铸铁的铰刀。加工铸铁类脆性零件的铰刀，大多采用硬质合金刀齿的，一般采用 YG 类合金；刀体的材料一般采用 40Cr 并淬硬至 HRC35～40，在铰刀有导向部分时，采用 9SiCr 作刀体并淬硬至 HRC59～62。

加工铸铁的硬质合金铰刀主要几何参数如下：

a. 齿数。铰刀齿数多，可使铰刀工作平稳，有利于孔的精度与表面粗糙度。但刀齿过多，会使铰刀容屑空间变小，刀齿强度降低，且在制造刃磨时难以保证铰刀切削部分与校准部分的跳动量。经验证明，加工铸铁的硬质合金铰刀，刀齿齿数应使相邻刀齿在圆周上的距离不宜超过 10 mm 左右，具体如表 3-1-11 所示。

表 3-1-11 铰 刀 齿 数

铰刀直径/mm	10～18	18～35	35～50
齿数	4	6	8

铰刀齿数采用双数是为了测量方便，但直径较小的铰刀，如若排屑不便，为进一步加大容屑槽，可采用 3 个齿。

铰刀刀齿的分布，一般情况下，采用等分齿既能满足加工要求，也使得制造方便。

铰刀刀槽一般作为直线性(直齿)，齿背为折线形，用角度铣刀铣出。

b. 铰刀切削部分的角度。铰刀切削部分的主偏角在加工铸铁时一般取 5°。后角随直径不同取 8°～12°。前角取 0°，即铰刀前面沿半径方向分布。

c. 铰刀的校准部分。铰刀的校准部分因切削少量的材料和挤压，起“修光”已加工面及引导刀具的作用。

在组合机床上，加工铸铁时铰刀的校准部分的长度取 10 mm 左右，刃带宽度随直径不同，取 0.1 mm～0.3 mm，其宽度具体见表 3-1-12 所示。

表 3-1-12　铰刀刃带宽度

铰刀直径 *d*/mm	10～12	12～21	21～50
刃带宽度 *f*/mm	0.1～0.2	0.1～0.25	0.15～0.3

② 加工钢和铝的铰刀，锥铰刀及可涨铰刀。加工钢等韧性材料的铰刀，可选用高速钢的，也可选用硬质合金的。硬质合金刀具一般采用 YT 类合金。但在某些情况下，如加工低碳镍铬合金钢等钢种，由于它们的韧性、塑性、机械强度及耐热性较高，加工性能不良，使得切削力显著增加，且由于材料的弹性变形使孔与铰刀摩擦很大，若用 YT 类合金，则易出现崩刃现象，此时宜采用 YW 类与 YG 类合金。加工钢件铰刀刀体的材料及热处理与加工铸铁铰刀相同。

一般加工钢的铰刀，为使排屑容易，主偏角取 15°，有时取 45°，为使切削部分与校准部分过渡平滑并有一定的挤压作用，提高表面粗糙度，可磨出 1 mm～1.5 mm，偏角为 1°～2°的过渡刃，为减小切削力及避免积屑瘤产生，前角增大到 5°～10°。为使铰刀工作平稳且排屑容易，可制成左倾 3°～5°的斜齿铰刀，在直齿铰刀的切削部分磨一左倾 10°～20°刃倾角的切削刃，有利于切屑排除，另外，考虑到钢件弹性变形，可使刃带变窄以减少磨损。

铰削铝件时，也可采用硬质合金铰刀，一般选用 YG 类合金铰刀。因铝合金的强度及硬度低，导热性好，切屑松散，易产生积屑瘤，因此加大铰刀校准部分的前角至 10°，后角至 15°，圆柱刃带减窄至 0.1 mm～0.15 mm，校准部分长度在小直径时还宜减短，主偏角可取 15°～25°，另外应加大容屑槽，提高前、后面及刃带的表面粗糙度。铰刀刃带应带有一点宽度，为避免产生积屑瘤而将铰刀校准部分片面地、过分地磨得锋利，而忽视了刃带的挤压作用，实际上往往得不到好的表面粗糙度。由于铰刀的前、后角与铰刀对工件的挤压作用也有关系，因此刃带的宽度应与前、后角一起综合考虑。若前、后角大，则刃带宜稍宽，反之若刃带取得很窄，前、后角则不宜过分加大。

(4) 组合机床常用镗刀。

在组合机床上，粗镗、半精镗和精镗孔是经常采用的工艺方法。在组合机床上精镗可以加工出 IT7 级精度和粗糙度为 Ra3.2 的孔。

在组合机床上镗孔可以分为两类。第一类为“刚性主轴”镗孔。这类镗孔一般不用导向，镗杆与主轴“刚性”连接。这一类镗孔由于没有导向系统，在设计时，只需恰当地选取镗杆和镗刀的尺寸和几何参数即可。第二类为有导向的镗孔。这类镗孔镗杆与主轴一般经各种浮动卡头浮动联接，其具体形式又可分单导向悬臂镗孔、前后双导向镗孔和多导向镗孔三种。由于镗孔的速度较高，这三种形式镗孔的导向结构一般均作成第二类导向，即作成镗杆与夹具导套只有相对移动而无相对转动的导向。

单导向悬臂镗孔的导向有“外滚式”和“内滚式”两种；前后双导向镗孔一般前导向为“外滚式”，后导向为“内滚式”，但个别情况下也有两导向均用“外滚式”或均用“内滚式”的；多导向镗孔一般均用“外滚式”导向。

① 镗刀在镗杆上的安装。镗刀在镗杆上一般倾斜一个角度 α 安装，以便使镗刀在镗杆内有较长的安装长度，并有足够的位置安装压紧及调整螺钉。一般根据镗杆的直径可安装成 α 为 10°～15°，25°～30°，40°～45°。当然，镗刀也可以与镗杆垂直或平行安装，在用较多镗刀复合镗孔而轴向尺寸又较小时，多在镗杆的圆周上平行于镗杆轴线开槽安装镗刀，这样的结构容易布置。

为了避免镗刀在加工时因工件材质不均而“楔”入工件，一般镗刀刀尖稍高于孔中心，这样还可以增大镗刀的支承面，这对镗小直径孔很有利。但镗刀刀尖高于孔中心后，将使镗刀前角减小，后角增大，因此要保证镗刀在切削时的角度，就必须在制造时加大前角并减小后角，考虑到过大的前角会影响到刀尖的强度，因而镗刀刀尖不能高于孔中心太多。组合机床上的镗刀加工中等直径的孔时，一般高于中心约为被加工孔径的 1/20，即镗刀前、后角在垂直于镗杆轴心线的截面内变化约 5°～6°。

镗刀不宜在外悬伸过长，以免刚性不足。镗孔直径 D，镗杆直径 d，镗刀截面 $B \times B$ 之间的关系，一般按 $\dfrac{D-d}{2}=(1\sim1.5)B$ 考虑，设计时可按表 3-1-13 所示数值选取。

表 3-1-13　镗孔、镗杆直径与镗刀截面(mm)

镗孔直径 D	30～40	40～50	50～70	70～90	90～100
镗杆直径 d	20～30	30～40	40～50	50～65	65～90
镗刀截面 $B \times B$	8×8	10×10	12×12	16×16	16×16

表中所列镗杆直径范围在加工小孔时取大值；在加工大径孔时，若导向良好，切削负荷轻，可取小值，一般取中值，若导向不良、切削负荷重，则取大值。

在镗孔直径很大(D>100 mm)时，镗杆直径不必太大。为避免镗刀悬伸过长，可采用刀夹，刀夹与镗杆的配合在宽度上为 D/d，用小于 8°的楔紧固。刀夹、镗杆与楔研配，以保证配合良好，以后换刀不再拆卸。

镗刀在镗杆上一般采用螺钉压紧。为方便调整，在镗刀后面设有调节螺钉，为加大压紧力及避免扭坏，宜采用内四方螺钉。

② 镗刀可以造成方截面和圆截面两种。两种镗刀各有优缺点：方截面的镗刀，在截面积相同时比圆截面镗刀的弯曲刚性较好，镗刀制造也较简单，但其上方孔制造较复杂；圆截面的镗刀恰恰相反，刀杆上的孔制造简单，同时圆孔应力集中比方孔小，因而刀杆的刚性及热处理工艺较好。精镗铸铁时，镗刀参数如表 3-1-14 所示。

表 3-1-14　精镗铸铁时镗刀(装配后)应保持的参数

主偏角 $\kappa_\gamma = 45°\sim50°$	副偏角 $\kappa'_\gamma = 5°\sim10°$
前角 $\gamma = 0°\sim5°$	刃倾角 $\lambda = 0°\sim3°$
后角 $\alpha_o = 8°\sim12°$	副后角 $\alpha'_o = 8°$
刀尖圆弧半径 $r_\varepsilon = 1.5\sim2.0$ mm	

采用上述几何参数的镗刀，在系统刚性较好时，耐用度较高。但在系统刚性不足时，则不宜采取上述几何参数。

在镗孔系统刚性不足时，应增大镗刀主偏角，减小刀尖圆角半径，这样可以减小径向力；同时加大主偏角还可以在同样的切削截面时减小切削宽度和增加切削厚度，这样在工件材质不均匀时切削面积变小。另外，主偏角增大时在加工铸铁时切削力 F_z 也减小，这些都有利于避免系统刚性不足引起的振动。镗刀的后角对加工振动也有影响，后角太小，易使刀具与工件发生剧烈摩擦而振动。镗杆应有一定的强度和刚度，且镗杆上压紧螺钉之间的距离不宜太近，镗刀槽的尖角等处应有较大的倒角，以免热处理时产生裂纹或熔化。高频淬火的镗杆淬火时可考虑在刀槽部分留一窄带，不进行高频淬火。

多导向镗孔时，镗刀要通过夹具导向套中的槽，因而需要保证镗刀与槽的相互位置。为此除在主轴箱上采用主轴定位机构外，在镗杆上还应加工出螺旋导引及长槽，在夹具导套上应相应地装上键。为使夹具导向套上的键能顺利地进入镗杆上的长槽，螺旋导引的螺旋角不宜太大(一般取 45°)，同时应在镗杆不回转时进入导套。设计时还应注意，只有当键进入镗杆上长槽的完整部分之后，镗刀才能进入导向套的槽，以免损坏镗刀和导套。

③ 镗孔导向系统结构的设计。镗孔导向系统结构的合理性影响到镗孔的精度和孔的粗糙度。还应注意导向机构的长度，一般悬臂镗孔导向长度 L 与导向直径 D_0 之比应为 2～3。在双导向和多导向镗孔时，导向长度与直径比可适当小一点，但开始加工时不能小于 1。另外，镗杆导向套内的两轴承距离的选取对镗孔的精度和孔的粗糙度也有很大影响。

④ 镗孔导向系统精度的选取。在镗孔过程中，导向系统的精度将直接影响镗孔的精度，因此必须根据孔的精度要求及导向系统精度对镗孔精度的影响来确定导向系统的精度。双导向镗孔导向系统的精度，除对加工孔和轴承除尺寸及形状精度、位置精度和装配精度有要求外，还应对镗杆的前导向和后导向及两轴颈相互间的跳动都有严格的要求，以保证两导向有较高的同轴度。多导向精镗，一般镗杆直径公差取 δ_1，椭圆度、锥形度允许误差取 $\delta_1/4$，整个镗杆的垂直度根据工件孔同轴度要求减去 ϕ0.01 mm～0.015 mm。

⑤ 镗刀的调整和微调镗刀。在镗孔时，尤其在精镗时需要经常调整镗刀，为了调整方便，目前采用的对刀仪器及校准器按相对测量法来校对镗刀。由于镗孔时工件材料、系统刚性等情况差别很大，因此孔的“扩大量”是很难估计的，因而校准器就很难按孔所要求的公差事先确定其尺寸。目前，校准器上相应镗孔直径处的部分按公差 δ 制造，镗杆上与校准器上放置对刀仪 V 形体处按公差 h8 及 h7 制造。在机床试切时，将孔加工到上极限尺寸附近后，用对刀仪测量并记录百分表在镗刀与校准器上的差数，在以后调整镗刀时，先将对刀仪在校准器上校准，并根据上面的差数进行修正，以调整镗刀。

(5) 组合机床常用螺纹刀具。

在组合机床上攻螺纹，一般用丝锥、攻丝卡头和攻丝靠模等。

① 加工铸铁件的丝锥。在组合机床上攻铸铁件上的螺纹，一般可以选用工具厂大量生产的标准丝锥。由于加工通孔的标准丝锥切削部分太长，故一般选用加工不通孔的丝锥。同时，因在组合机床上攻较小直径(≤M16)的螺纹都是一次攻出的，故选用单锥。

在铸铁上攻丝可以用润滑冷却液，也可以不用。采用冷却液攻丝一般可以得到较小的表面粗糙度，螺纹丝锥的耐用度也较高；但加冷却液时加工出的螺孔将比不加冷却液时的螺孔小。在铸铁件上攻螺纹时常用的冷却液为煤油或煤油和机油的混合液。

② 加工钢件的丝锥。在组合机床上攻钢件上的螺纹时，常常会出现丝锥崩刃、折断等现象，最严重的是丝锥折断。丝锥折断的原因很多，其实质是丝锥的强度不足和丝锥承受的力太大，因此避免丝锥折断就必须减小丝锥的受力和提高丝锥的强度。

目前，机用丝锥攻公制螺纹时的切削扭矩可用式 3-1-1 表示：

$$M = CD^{1.25}t^{1.76}Z^{0.2}\frac{1}{\tan^{0.2}\varphi} \tag{3-1-1}$$

式中，C——由工件材料决定的系数；

D——丝锥外径，单位为 mm；

t——螺距，单位为 mm；

Z——丝锥槽数(刃瓣数)；

φ——导角，单位为度。

由公式看，导角越小，切削扭矩越大。故为减小丝锥的切削扭矩，就应该选用较大的导角，使得刀具切削部分长度很短。而导角取得过大，则每齿切削厚度($a_z = \frac{t}{z}\tan\varphi$)将变得很大，这样会使丝锥切削部分的牙因切削力增大而造成崩刃，同时切屑不易排出。故须选用合适的导角及槽数，以使每齿切削厚度合理。

攻丝时除了存在切削扭矩外，还有很大的摩擦力矩。为减小摩擦，一般缩短丝锥校准部分的长度，减少刃瓣宽度或磨成跳齿丝锥。另外，切屑卡死及崩刃是攻丝时的常见问题。切屑卡死导致丝锥折断，可加大容屑槽或做成螺旋丝锥，其旋向在加工通孔时为左旋，加工不通孔时为右旋；崩刃是加工深孔且丝锥磨钝后常见的现象，由于加工硬化及切屑的弹性变形，此时扭矩增大，产生崩刃，可减小切削部分的后角，以使丝锥齿背与加工出的螺纹间隙较小，同时加强了刀尖的强度，有利于避免崩刃，但后角不宜过小，以免丝锥与工件摩擦过大。

(6) 组合机床常用平面铣刀。

在组合机床上采用端铣刀和圆柱铣刀铣平面，也可采用立铣刀或其它铣刀，如切口铣刀切槽。

由于大直径端铣刀制造困难，因而应尽量选用刀具厂制造的标准铣刀。

2) 常用复合刀具

复合刀具是指能同时或按先后顺序完成两个或两个以上工序(或工步)的刀具。在组合机床上广泛采用了各种复合刀具。

采用复合刀具有很多优点。首先，采用复合刀具加工，在很多情况下可以减少机动和辅助时间，提高生产率。其次，由于采用复合刀具常常可以减少工件的安装次数或夹具的转位次数，因而余量偏心较小，这样就可以适当减小精加工的余量，提高孔的加工精度及表面粗糙度。另外，采用复合刀具还可以提高加工表面相互间的位置精度，除此之外，在组合机床上采用复合刀具的最大优点还在于：它可以集中工序，因而在很多时候可以减少机床的工位数或台数，节约大量的投资。

但是，在刀具复合以后，又出现了一些新的问题。由于刀具复合，在同时加工两个(或两个以上的)加工表面时，切削力将为两个刀具或所有刀具切削力的总和，同时在加工中还会互相影响。若刀具顺序完成对一个孔的两次加工，则虽然切削力不会增加，但工作行程和导向将会发生变化。工作行程和导向对同时加工两个表面的复合刀具，有时也会根据具体情况而变化。

复合刀具从结构上可以分为整体式和装配式两种。装配式复合刀具由于增加了接触面积及紧固元件，在结构受限制或设计不合理及制造质量不高时，往往会降低刀具的刚性及加工精度。整体式复合刀具虽然有时能避免上述缺点，但制造、刃磨、调整都不方便。

从工艺上看，复合刀具可用于同类加工工艺的复合刀具及不同工艺的复合刀具，前者如复合钻、复合铰刀，后者如钻—铰复合刀具等。同类工艺的复合刀具，因为它对不同表面的加工工艺相同，所以它加工出的不同表面的各部分的结构也很相似，这样复合刀具设计、制造起来就比较容易。同时又因为同类工艺的切削用量相似，所以在制定机床方案时，工艺比较容易安排。不同工艺的复合刀具，设计制造较为困难，同时因不同工艺的切削用量不同，工艺安排就较困难，有时会使机床增加一些机构，如加减速进给机构及主轴变速机构。

在设计复合刀具时，另一个需要考虑的问题就是排屑。由于复合加工切屑较多，在加工韧性金属时还互相缠绕，而在有些场合，复合刀具的容屑槽又不容易设计，所以若不加以注意，就容易产生问题。

(1) 同工艺的复合刀具。

① 复合钻。将麻花钻前端制造得小一些，铣出钻槽(一般一次铣出，在复合钻两直径相差较大时，也可更换铣刀，两次铣出)并加工出棱边，即成为复合钻头。但这种复合钻寿命短，小直径部分刃磨一定次数后不能再继续使用。适当加长小直径部分的长度虽然可以增加寿命，但也不能加长很多，否则将降低钻头刚性，并使开始钻孔时钻头悬伸过长，对加工不利。在加工钢件时，这种复合钻头大、小直径部分所切下的切屑互相缠绕，不利于切屑排出。

② 复合扩孔钻。在组合机床上，复合扩孔钻是采用最多，结构形式也较多的复合刀具。这是因为在一般情况下，扩孔作为中间工序，它比钻孔切削力小，切屑也少，但又不像铰孔等精加工工序那样直接影响加工孔的精度与表面粗糙度。复合扩孔钻可以扩一层壁上的两阶或三阶孔。在直径不大时，复合扩孔钻一般作成高速钢或硬质合金整体锥柄的形式。

③ 复合铰刀。在组合机床上常用复合铰刀来铰阶梯孔或对孔进行粗、精铰。和复合扩孔钻一样，小直径复合铰刀多作成整体的，直径差较大的复合铰刀常作成装配式的，大直径的复合铰刀可用刀杆将套装铰刀“串联”在一起或作成装齿的。

④ 复合镗刀。由于在镗杆上安装较多的镗刀以加工较复杂的表面容易实现，且镗刀制造、刃磨、调整也比较容易，因此复合镗杆在组合机床上应用非常普遍。复合镗孔一般有以下两种情况：一种是在长镗杆上安装几把镗刀加工两层或两层以上的同轴孔；另一种是在刚性主轴前的镗杆上(有时直接在主轴上)装几把镗刀镗同轴孔或阶梯孔。

⑤ 复合铣刀。在组合机床上，常在铣刀刀杆上对装两把铣刀(一把左切、另一把右切)，

同时铣工件的两侧面；有时也在铣刀杆上装多把铣刀铣工件多层壁的侧面或多个工件侧面；在个别情况下，还用复合铣刀以行星铣的方法加工零件上的槽。

(2) 不同工艺的复合刀具。

① 钻—扩复合刀具。钻—扩复合刀具使用较多，一般用它来加工阶梯孔或对孔进行钻—扩加工，其扩孔部分加工出孔的精度和表面粗糙度比用复合钻加工的孔略好。在设计钻—扩复合刀具时，要特别注意使钻出的大量切屑能顺利排出，最好钻头部分的长度大于工件壁厚，并将钻槽与扩孔钻槽铣通。

② 钻—铰复合刀具。钻—铰复合刀具一般用于加工直径不大的孔，在铸铁件上用钻—铰复合刀具一次加工，可以加工出 IT8 级精度和粗糙度为 Ra6.3 的孔。在加工箱体零件的组合机床自动线中，常采用钻—铰复合刀具加工定位销孔。

钻—铰复合刀具一般设计成高速钢的，在加工铸铁零件时，也可设计成硬质合金的。硬质合金的钻—铰复合刀具有较高的耐用度。钻—铰复合刀具的钻头部分，在条件允许时应适当加长以利于排屑，对于高速钢钻—铰复合刀具，还可以延长刀具寿命。

③ 钻—镗复合刀具。在铸铁上用钻—镗复合刀具加工不大的孔可以达到 IT7 级精度及 Ra3.2 的表面粗糙度。该刀具的特点如下：钻头材料为 YG8，镗刀材料为 YG3 或 YG6，钻头顶角 $2\phi=90^\circ$，钻头切削刃磨有10°左右的后角和15°左右的前角，镗孔余量在直径上约 0.5 mm，镗刀主偏角 $k_\gamma=45^\circ\sim60^\circ$，副偏角 $k_\gamma'\approx30^\circ$，刀尖圆角半径 $r_\alpha=0.2\sim0.5$ mm。

④ 扩—铰复合刀具。扩—铰复合刀具一般用于半精—精加工孔。在铸铁件上经钻孔之后用扩—铰复合刀具加工直径不大的孔，可以稳定保证 IT7 级精度和 Ra3.2 的表面粗糙度。小直径扩—铰复合刀具作成高速钢的，直径较大的可作成硬质合金的，当铰刀耐用度比扩孔钻耐用度低很多或者相反时，也可只将其中一个作成硬质合金的。扩—铰复合刀具的切削速度在主轴箱不能变速时，应选取铰孔或高于铰孔的切削速度，而进给量一般在扩孔时按扩孔选用，扩孔后用加速进给机构加大铰刀的进给量。

⑤ 扩—镗复合刀具。扩—镗复合刀具一般用于镗孔—锪沉孔，有时也用于加工同一轴线两层壁上的孔，在前一场合，如需要时也可装一倒角刀在孔口倒角，成为镗孔—倒角—锪沉孔复合刀具。

⑥ 镗—挤压复合刀具。镗—挤压复合刀具前端为一镗刀，后面为三个挤压刃，由镗刀纠正了底孔余量的偏心及孔的直线度误差，并达到一定的精度及表面粗糙度，给挤压造成较好的条件，挤压刃又进一步提高孔的精度和表面粗糙度，并给镗刀以较好的导向和支承，增加了刀杆的刚性，这样互相促进，使孔达到较高的精度及表面粗糙度。为避免镗孔的切屑进入挤压部分破坏孔的表面粗糙度及损坏刀具，一般镗—挤压刀具采用内冷却的方法注入冷却液，以将切屑向前冲出并对挤压刃进行润滑冷却。

课题二　组合机床“三图一卡”

绘制组合机床“三图一卡”，就是针对具体零件，在选定的工艺和机构方案的基础上，进行机床总体方案图样文件设计。其内容包括：绘制被加工零件工序图、加工示意图、机床联系尺寸总图和生产率计算卡等。

一、被加工零件工序图

1. 被加工零件工序图的作用和内容

被加工零件工序图是根据制定的工艺方案，表示所设计的组合机床(或自动线)上完成的工艺内容，加工部位的尺寸、精度、表面粗糙度及技术要求，加工用的定位基准、夹压部位以及被加工零件的材料、硬度和在本机床加工前的加工余量、毛坯或半成品情况的图样。它是组合机床设计的具体依据，也是制造、使用、调查和检验机床精度的重要文件。被加工零件工序图是在被加工零件图基础上，突出本机床或自动线的加工内容，并作为必要的说明而绘制的。其主要内容包括：

(1) 被加工零件的形状和主要轮廓尺寸及与本工序机床设计有关部位的结构形状和尺寸。当需要设置中间导向时，则应把设置中间导向临近的工件内部肋、壁布置及有关结构形状和尺寸表示清楚，以便检查工件、夹具、刀具之间是否相互干涉。

(2) 本工序所选用的定位基准、夹压部位及夹紧方向。以便据此进行夹具的支承、定位、夹紧和导向等机构设计。

(3) 本工序加工表面的尺寸精度、表面粗糙度、形位公差等技术要求以及对上道工序的技术要求。

(4) 被加工零件的名称、编号、材料、硬度以及加工部位的余量。

2. 绘制被加工零件工序图的规定及注意事项

1) 绘制被加工零件工序图的规定

为使被加工零件工序图表述清晰明了，突出本工序内容，绘制时规定：应按一定的比例，绘制足够的视图与剖面；本工序加工部位用粗实线表示；定位基准符号用 ⌒ 表示，并用下标数表明消除自由度数量；夹紧位置符号为↓，辅助支承符号用 △ 表示。

2) 绘制被加工零件工序图注意事项

(1) 本工序加工部位的位置尺寸应与定位基准直接发生关系。当本工序定位基准与设计基准不符时，必须对加工部位的位置精度进行分析和换算，并把不对称公差换算为对称公差，有时也可将工件某一主要孔的位置尺寸从定位基准面开始标注，其余各孔则以该孔为基准标注。

(2) 对工件毛坯应有要求，对孔的加工余量要认真分析。在镗阶梯孔时，其大孔单边余量应小于相邻的两孔半径之差，以便镗刀能通过。

(3) 当本工序有特殊要求时必须注明。如精镗孔时，当不允许有退刀痕迹或允许有某种形状的刀痕时必须注明。又如薄壁或孔底部薄壁，加工螺孔时螺孔深度不够及能否钻通等。

二、加工示意图

1. 加工示意图的作用和内容

加工示意图是组合机床设计的重要图纸之一，是在工艺方案和机床总体方案初步确定的基础上绘制的，是表达工艺方案具体内容的机床工艺方案图。它是设计刀具、辅具、夹具、多轴箱和液压、电气系统以及选择动力部件、绘制机床总体联系尺寸图的主要数据；是对机床总体布局和机床性能的原始依据；也是调整机床和刀具所必须的重要技术文件。

加工示意图应表达和标注的内容有机床的加工方案、切削用量、工作循环和工作过程；工件、刀具及导向、托架及多轴箱之间的相对位置及其联系尺寸；主轴结构类型、尺寸及外伸长度；刀具类型、数量和结构尺寸(直径和长度)；接杆(包括镗杆)、浮动卡头、导向装置、攻螺纹靠模装置等结构尺寸；刀具、导向套间的配合；刀具、接杆、主轴之间的联接方式及配合尺寸等。

2. 绘制加工示意图的注意事项

加工示意图绘制成展开图。按比例用细实线画出工件外形，用粗实线画出加工表面。必须使工件和工位与机床布局相吻合。为简化设计，同一多轴箱上结构尺寸完全相同的主轴(即指加工表面，所用刀具及导向，主轴及接杆等规格尺寸、精度完全相同时)只画一根，但必须在主轴上标注与工件孔相对应的轴号。一般主轴的分布不受真实距离的限制。当主轴彼此之间很近或需设置结构尺寸较大的导向装置时，必须以实际中心距严格按比例画，以便检查相邻主轴、刀具、辅具、导向等是否相互干涉。主轴应从多轴箱端面画起；刀具应画加工终了位置(攻螺纹则应画加工开始位置)。对采用浮动卡头的镗孔刀杆，为避免刀杆退出导向时下垂，要采用托架支承退出的刀杆。这时必须画出托架并标注联系尺寸。采用标准通用结构(刀具、接杆、浮动卡头、攻螺纹靠模及丝锥卡头、通用多轴箱为伸出部位等)只画外轮廓，但必须加注规格代号；对一些专用的刀具、导向、刀杆托架、专用接杆或浮动卡头等，须用剖视图表示其结构，并标注尺寸、配合及精度。

当轴数较多时，加工示意图必须用细实线画出工件加工部位分布情况图(向视图)，并在孔上标明与轴相对应的轴号，以便于设计和调整机床。多面多工位的结构示意图一定要分工位，按每个工位的加工内容顺序进行绘制。并应画出工件在回转工作台或鼓轮上的位置示意图，以便清楚地看出工件及在不同工位与相应多轴箱主轴的相对位置。

加工示意图还应考虑一些特殊要求(如工件抬起、主轴定位、危险区等)，决定动力头的工作循环及行程。最后，选择切削用量及附加必要的说明。

三、机床联系尺寸总图

1. 机床联系尺寸总图的作用与内容

机床联系尺寸总图是以被加工零件工序图和加工示意图为依据，并按初步选定的主要通用部件以及确定的专用部件的总体结构而绘制的，是用来表示机床的配置形式、主要结构及各部件安装位置、相互联系、运动关系和操作方位的总体布局图，用以检验各部件相互位置及尺寸联系能否满足需要和通用部件选择是否合适。它为多轴箱、夹具等专用部件的设计提供重要依据；它可以看成机床总体外观图；由其轮廓尺寸、占地面积、操作方式等可以检验是否适应用户现场使用环境。机床联系尺寸总图表示的内容包括：机床的配置形式和总布局、各部件的主要装配关系和联系尺寸、专用部件的主要轮廓尺寸、运动部件的运动极限位置及各滑台工作循环总工作行程的备量尺寸、主要通用部件的规格代号和电动机型号、功率及转速、机床分组编号及组件名称、机床检验标准及安装规程。

2. 绘制机床联系尺寸总图之前应确定的主要内容

1) 选择动力部件

动力部件的选择主要是确定动力箱和动力滑台。根据已定的工艺方案和机床配置形式并结合使用及修理等因素，确定机床的动力箱。动力箱要与滑台匹配，其驱动功率依据多轴箱所需传递的切削功率来选用。在不需要精确计算多轴箱功率或多轴箱未设计出来时可按下面公式估算：

$$P_{多轴箱}=\frac{P_{切削}}{\eta}$$

式中，$P_{切削}$——消耗于各主轴的切削功率的总和，单位为 kW；

η——多轴箱的传动效率，加工黑色金属时取 0.8～0.9，加工有色金属时取 0.7～0.8；主轴数多、传动复杂时取小值，反之取大值。

2) 确定机床装料高度

装料高度 H 一般指工件安装基面至地面的垂直距离。确定机床装料高度时，考虑工人的方便性；对于流水线要考虑车间运送工件的轨道高度；对于自动线要考虑中间底座的高度，以便允许内腔通过随行夹具返回底座高度。装配高度标准为 1060 mm，实际设计时常在 850～1060 mm 之间选取。

3) 确定夹具尺寸

确定夹具底座的长、宽、高和形状，工件的轮廓尺寸和形状是确定夹具底座轮廓尺寸的基本依据。

4) 确定中间底座尺寸

中间底座轮廓尺寸的确定，在长、宽、高方向上应满足夹具的安装需要。

5) 确定多轴箱的轮廓尺寸

标准通用钻、镗类多轴箱的厚度是一定的。卧式为 325 mm，立式为 340 mm。因此，确定多轴箱尺寸，主要是确定多轴箱的宽度 B 和高度 H 及最低主轴高度 h_1。

$$B=b+2b_1 \qquad H=h+h_1+b_1$$

式中，b——工件在宽度方向相距最远的两孔距离，单位为 mm；

b_1——最边缘主轴中心至箱体外壁距离，单位为 mm；

h——工件在高度方向相距最远的两孔距离，单位为 mm。

b 和 h_1 为已知尺寸。为保证多轴箱内有足够安排齿轮的空间，推荐 $70<b_1<100$(mm)。确定多轴箱最低主轴高度 h_1 时必须考虑与工件最低孔位置 h_2、机床装料高度 H、滑台总高 h_3、侧底座高度 h_4 等尺寸之间的关系。对于卧式组合机床，h_1 要保证润滑油不致从主轴衬套处泄露到箱外，推荐 $85<h_1<140$(mm)。具体计算如下。

$$h_1=h_2+H-(0.5+h_3+h_4)$$

四、机床生产率计算卡

根据加工示意图所确定的工作循环及切削用量等，就可以计算机床生产率并编制生产率计算卡。生产率计算卡是用来反映机床生产节拍或实际生产率和切削用量、动作时间、生产纲领及负荷率等的关键技术文件，也是用户验收机床生产率的重要依据。

1．理想生产率

理想生产率 Q(件/h)是指完成年生产纲领 A(包括备品及废品率)所要求的机床生产率。它与全年的工时总数 t_k 有关，一般情况下，单班制 t_k 取 4600 h，则 $Q=A/t_k$。

2．实际生产率 Q_1

实际生产率 Q_1(件/h)是指所设计的机床每小时实际可以生产的数量。即

$$Q_1=\frac{60}{T_{单}}$$

式中，$T_{单}$——生产一个零件所需的时间(min)，可按下式计算：

$$T_{单}=t_{切}+t_{辅}=\left(\frac{L_1}{v_{f_1}}+\frac{L_2}{v_{f_2}}+t_{停}\right)+\left(\frac{L_{快进}+L_{快退}}{v_{f_k}}+t_{移}+t_{装}\right)$$

式中，L_1，L_2——分别为刀具第Ⅰ、第Ⅱ工作进给长度，单位为 mm；

v_{f_1},v_{f_2}——分别为刀具第Ⅰ、第Ⅱ工作进给速度，单位为 mm/min；

$t_{停}$——当加工沉孔、止口、倒角、光洁表面时，滑台在挡铁上停留的时间，通常指刀具在加工终了时无进给状态下旋转 5～10 转所需的时间，单位为 min；

v_{f_k}——动力部件快速行程速度，用机械动力部件时取 5～6 m/min；

$t_{移}$——直线移动或回转工作台进行一次工位转换时间，一般取 0.1 min；

$t_{装}$——工件装、卸(包括定位或撤销定位、夹紧或松开、清理基面或切屑及吊用工件等)时间。它取决于装卸自动化程度、工件重量大小、装卸是否方便及工人的熟练程度。通常取 0.5～1.5 min。

如果计算出的机床实际生产率不能满足理想生产率要求，则必须重新选择切削用量或修改机床设计方案。

五、机床负荷率

当 $Q_1<Q$ 时，机床负荷率为二者之比，即

$$\eta_{负}=\frac{Q}{Q_1}$$

组合机床负荷率一般为 0.75～0.90，自动线负荷率为 0.6～0.7。典型的钻、镗、攻螺纹类组合机床，机床负荷率按其复杂程度由表 3-2-1 确定；对于精密度较高、自动化程度高或加工多品种组合机床，宜适当降低负荷率。

组合机床生产率计算卡如表 3-2-2 所示。

表 3-2-1　组合机床允许最大负荷率

机床复杂程度	单面或双面加工			三面或四面加工		
主轴数	15	16～40	41～80	15	16～40	41～80
负荷率 $\eta_{负}$	≈0.90	0.9～0.86	0.86～0.80	≈0.86	0.86～0.80	0.8～0.75

表 3-2-2　生产率计算卡

<table>
<tr><td colspan="3" rowspan="3">被加工零件</td><td colspan="3">图号</td><td colspan="2"></td><td colspan="3">毛坯种类</td><td colspan="2"></td></tr>
<tr><td colspan="3">名称</td><td colspan="2"></td><td colspan="3">毛坯重量</td><td colspan="2"></td></tr>
<tr><td colspan="3">材料</td><td colspan="2"></td><td colspan="3">硬度</td><td colspan="2"></td></tr>
<tr><td colspan="7">工序名称</td><td colspan="6">工序号</td></tr>
<tr><td rowspan="2">序号</td><td rowspan="2">工步名称</td><td rowspan="2">被加工零件数量</td><td rowspan="2">加工直径/mm</td><td rowspan="2">加工长度/mm</td><td rowspan="2">工作行程/mm</td><td rowspan="2">切削速度/(m/min)</td><td rowspan="2">每分钟转数/(r/min)</td><td rowspan="2">进给量/(mm/r)</td><td rowspan="2">进给速度/(mm/min)</td><td colspan="3">工时/min</td></tr>
<tr><td>机加工时间</td><td>辅助时间</td><td>共计</td></tr>
<tr><td>1</td><td>装卸工件</td><td></td><td></td><td></td><td></td><td></td><td></td><td></td><td></td><td></td><td></td><td></td></tr>
<tr><td>2</td><td>右动力部件</td><td></td><td></td><td></td><td></td><td></td><td></td><td></td><td></td><td></td><td></td><td></td></tr>
<tr><td>3</td><td>左动力部件</td><td></td><td></td><td></td><td></td><td></td><td></td><td></td><td></td><td></td><td></td><td></td></tr>
<tr><td>4</td><td>滑台快进</td><td></td><td></td><td></td><td></td><td></td><td></td><td></td><td></td><td></td><td></td><td></td></tr>
<tr><td>5</td><td>滑台快退</td><td></td><td></td><td></td><td></td><td></td><td></td><td></td><td></td><td></td><td></td><td></td></tr>
<tr><td rowspan="4">备注</td><td colspan="8" rowspan="4">装卸工件时间取决于操作者的熟练程度</td><td colspan="2">总计</td><td colspan="2"></td></tr>
<tr><td colspan="2">单件工时</td><td colspan="2"></td></tr>
<tr><td colspan="2">机床生产率</td><td colspan="2"></td></tr>
<tr><td colspan="2">机床负荷率</td><td colspan="2"></td></tr>
</table>

课题三　组合机床主轴箱设计

一、概述

主轴箱是组合机床的重要组成部件。它是选用通用零件按专用要求进行设计的，在组合机床设计过程中，是工作量较大的部件之一。

为了对组合机床主轴箱有一个概括的了解，首先介绍组合机床主轴箱的用途，主轴箱的种类及结构，主轴箱的通用零件和通用部件等。

二、主轴箱的用途

主轴箱是用来布置(按所要求的坐标位置)机床工作主轴及其传动零件和相应的附加机构的。它通过按一定速比排列传动齿轮，把动力部件——动力头、动力箱、电动机等的运动传递给各工作主轴，使之获得所要求的转速和转向等。

由于机床是根据不同加工对象而制订总体结构方案的，故有的主轴箱安装在动力头或动力箱上，有的则安装在动力滑台或床身上。

三、主轴箱的种类及结构

组合机床主轴箱按其组成用途分为大型标准主轴箱、小型标准主轴箱和专用主轴箱三大类。

1．大型标准主轴箱

由通用零件和部件(通用的箱体类零件、主轴、传动轴、齿轮和通用或专用的附加机构等)组成的“标准结构”主轴箱，称为大型标准主轴箱。

大型标准主轴箱的主轴刚性不是很高，因为这种标准主轴箱主轴的前后支承距离平均只有 150 mm 左右，而刀具的悬伸长度往往是这种支承距离的好几倍。在这种悬伸比之下，单靠主轴本身是不能保证孔加工的位置精度的，而主要由夹具的导向装置来保证。因此，相对刚性主轴箱(即刚性主轴的主轴箱)来说，可以把大型标准主轴箱称为非刚性主轴箱。按其机构性质，它可分为下列三种：大型标准钻削类主轴箱，一般用于完成镗孔、钻孔、扩孔、铰孔、倒角、锪孔等单一的混合工序的主轴箱；大型标准攻丝主轴箱；大型标准钻攻复合主轴箱。

图 3-3-1 所示的是大型标准主轴箱的基本结构。它主要由通用的箱体类零件、通用的传动类零件以及润滑和防油元件等组成。

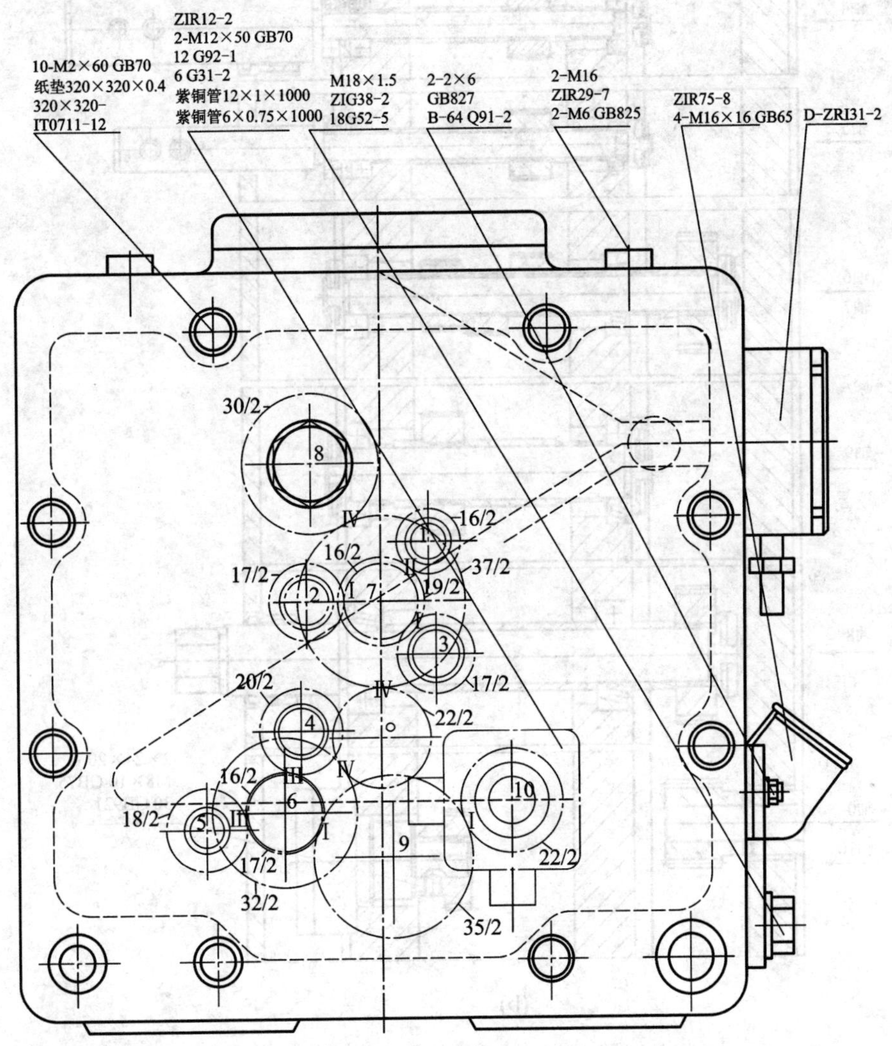

(a)

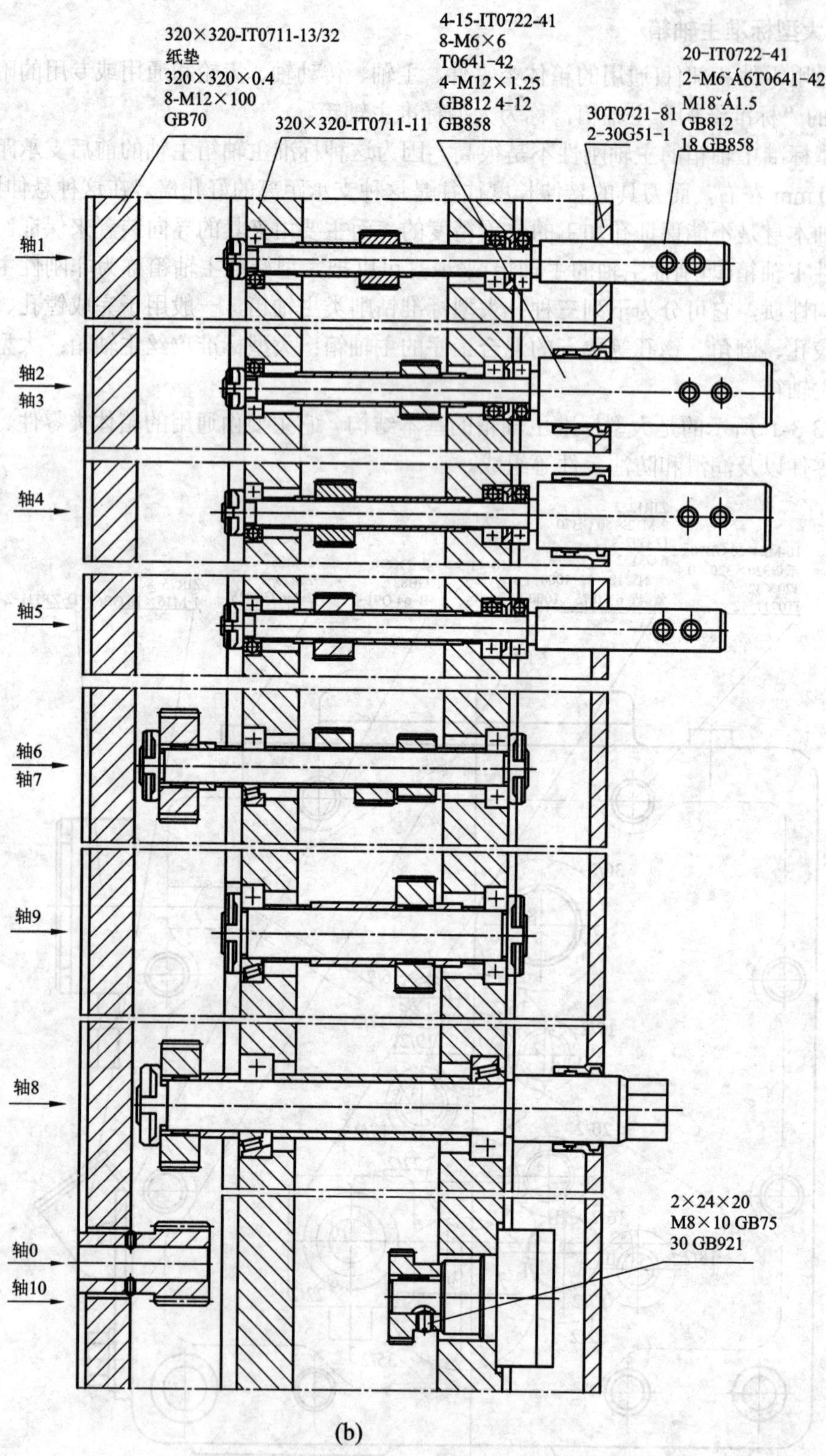

图 3-3-1 大型主轴箱的基本结构

大型标准主轴箱的后盖有四种厚度。设计时，如主轴箱内只有动力头输出轴与另一传动轴上有 Ⅳ 或Ⅴ排齿轮，并且这一对 Ⅳ 或Ⅴ排齿轮的轮廓又不超出后盖与动力头的结合法兰的范围时，可以分别选用厚度为 50 mm 和 100 mm 的后盖。此时，后盖窗孔要按齿轮轮廓扩大，否则，就要分别选用厚度为 90 mm 的基型后盖和厚度为 125 mm 的加厚后盖。此外，主轴箱内如果没有 Ⅳ 和Ⅴ排齿轮，动力部件的动力是由动力轴联轴器直接传入主轴箱内的，也可以选用 50 mm 厚的后盖。

2．小型标准主轴箱

小型标准主轴箱是由主轴箱及其导向部分组成的。主轴箱的内部结构是标准的，但箱体的外形按具体需要可有多种形式。它和大型标准主轴箱一样，主轴也是非刚性的，刀具工作时须由导向套来引导。

小型标准主轴箱按用途的不同，分为钻孔类主轴箱和攻丝类主轴箱两种，但这两种不同用途的主轴箱的结构是一样的。

(1) 主轴箱部分——主轴箱部分主要由专用的箱体类零件和通用的传动类零件组成。

属于箱体类零件的有：主轴箱体、前盖和后盖，以及钢制的上盖等。由于主轴结构的不同，主轴箱体和前盖的厚度也不同，但是，三个箱体件(主轴箱体、前盖、后盖)合起来的厚度，即主轴箱的总厚度却是一样的，均为 140 mm。

属于通用传动类零件的有：主轴、传动轴、传动齿轮等。其中动力头齿轮是专用的。

(2) 导向部分——小型标准主轴箱固定在滑套式动力头的套筒法兰上。在工作过程中，主轴箱相对动力头体(动力头体是固定不动的)的悬伸量随动力头套筒的进给而逐渐增大。为使主轴箱工作平稳，减轻切削力作用的影响，或在卧式布置时，主轴箱不随悬伸量的增大而显著下垂，保证主轴与被加工零件间的相对位置精度，除了箱体采用铸铝合金减轻重量外，主轴箱还须设有导向部分。

3．专用主轴箱

专用主轴箱的种类很多，常见的有：刚性镗削主轴箱、铣削主轴箱、可调主轴箱、辐射式传动主轴箱、主轴可伸缩主轴箱、曲轴传动主轴箱。

1) 刚性主轴设计

对于刚性镗削主轴箱、精镗头、镗孔车端面头、铣头等，其共同的特点是，刀具不需要借助于导向进行加工，主轴和刀杆(刀盘)采用刚性联接，这就要求主轴有较高的刚度，加工质量在很大程度上取决于主轴系统本身的刚性。如果主轴的刚性不足，在加工过程中往往会产生振动(崩刃)，会造成被加工零件难以达到要求的精度和表面粗糙度，甚至损坏刀具。

因此，在设计刚性镗削主轴箱、精镗头、铣削头和镗孔车端面头时，尽管需要考虑的因素很多，但最主要的是主轴系统的设计。所以在这类部件的设计中，一般都是把主要精力放在主轴系统的设计上，确保主轴系统的精度和足够的刚性。

2) 主轴支承系统的设计

前面讲了主轴本身的设计，但是，影响刚性主轴工作性能的因素很多，除与主轴本身的刚度有关之外，与主轴支承系统的刚性也有很大关系，由于支承刚性不足，往往严重地影响着主轴的工作性能。例如，对某一铣削主轴的刚度试验表明，由于主轴本身刚度不足引起的变形，占总变形的50%～70%；因为支承部分刚性不足引起的变形，占总变形的30%～50%。

四、主轴箱通用零件

1．通用箱体

铸铁的通用主轴箱体(材料为HT200)、前盖和后盖(材料均为HT150)，由于宽度和高度的不同，主轴箱体的标准厚度为180 mm；基型后盖的厚度为90 mm；基型前盖的厚度为55 mm(卧式用)；变型前盖的厚度为70 mm(立式用)。

2．通用主轴

1) 通用钻削类主轴

按支承形式分为三种：

① 圆锥滚子轴承主轴：前后支承均为圆锥滚子轴承。这种支承可承受较大的径向力和轴向力，且结构简单、装配调整方便，广泛用于扩、镗、铰孔和攻螺纹等加工。当主轴进退两个方向都有轴向切削力时常用此种结构。

② 滚珠轴承主轴：前支承为推力球轴承和向心球轴承，后支承为向心球轴承或圆锥滚子轴承。因推力球轴承设置在前端，能承受单方向的轴向力，适用于钻孔主轴。

③ 滚针轴承主轴：前后支承均为无内环滚针轴承和推力球轴承。当主轴间距较小时采用。ZD27-2多轴箱无此类主轴。

2) 攻螺纹类主轴

按支承形式分两种：

(1) 前后支承均为圆锥滚子轴承主轴。

(2) 前后支承均为推力球轴承和无内环滚针轴承的主轴。

3．通用传动轴

按用途和支承形式的不同，通用传动轴分为滚锥传动轴、滚针传动轴、埋头传动轴、手柄轴、油泵传动轴和攻丝用蜗杆轴六种。

4．通用齿轮

主轴箱所用的通用齿轮，有传动齿轮、动力头齿轮和电机齿轮三种。三种齿轮的材料均为45号钢，齿部进行高频淬火。

动力头齿轮有A、B两型，宽度分别为84 mm和44 mm。当采用90 mm厚的后盖时，动力头齿轮要选用A型；而采用50 mm厚的后盖时，动力头齿轮要选用B型。对于后一种情况，由于主轴箱后盖厚度只有50 mm，动力头输出轴端可能与主轴箱体后壁相干涉。此时，可在主轴箱体后壁的对应位置处开洞，否则，需将动力头输出轴截短；当采用厚度为100 mm或125 mm的加厚后盖时，则一律选用B型动力头齿轮。至于选用100 mm厚的后盖时，动力头输出轴是否需要截短，应视其是否与其它轴干涉而定。

五、主轴箱的通用部件

根据组合机床加工工艺的需要，设计了主轴定位减速机构、定位钩、攻丝行程控制机构等主轴箱的通用部件。

在组合机床上用导向装置进行镗孔，当镗孔直径大于导向套孔直径、用多导向镗削一系列同轴孔、用镗刀排镗削同一轴线上相同直径的几个孔，以及镗孔在加工面上不允许有刀具划痕等情况时，为了使镗刀能顺利地进入引刀槽或工件中而不发生碰撞，要求镗杆在引进或退出时，必须停止其旋转运动，使镗刀按规定的方位进入(退出)导向套或工件。

六、主轴箱的设计步骤和内容

主轴箱一般设计法是根据主轴的分布、转速、转向以及尺寸要求等，由设计者进行全部设计工作。这是当前主轴箱设计中最常用的方法。根据多年来主轴箱的设计经验，已总结建立了一套设计方法。

1. 主轴箱设计的原始依据

主轴箱设计者除了要熟悉主轴箱本身的设计规律外，还需熟悉主轴箱与常见其它部分和被加工零件的关系，尤其要了解加工零件的工艺要求。因此，开展主轴箱设计工作的依据是“三图一卡”——机床总图或机床联系尺寸图、被加工零件工序图、加工示意图和生产率计算卡。主轴箱设计的原始依据要包括下述全部或部分内容：

(1) 所有主轴的位置关系尺寸。

(2) 要求的主轴转速和转向(这是指左旋转向，对右旋转向一般不需要注明)。

(3) 主轴的工序内容和主轴外伸部分尺寸。

(4) 主轴箱的外形尺寸以及与其它相关部件的联系尺寸。

(5) 动力部分(包括主电动机)的型号。

(6) 托架或钻模板的支杆在主轴箱上的安装位置及有关要求。

(7) 工艺上的要求。

(8) 其它要求。

2. 主轴的形式与直径的确定和主轴箱所需动力的计算

主轴的形式和直径主要取决于工艺方法、刀具主轴联接结构、刀具的进给抗力和切削扭矩。通常，钻孔时常采用滚珠支承的主轴；钻孔以外的其它工序，主轴前支承有没有止推轴承都可以，这要视具体情况而定。设计时，尽可能地不选用 15 mm 直径的主轴和滚针主轴，因为这种主轴的精度低，既不便于制造装配，也不便于使用和维修。

3. 传动系统的设计与计算

传动系统的设计是主轴箱，特别是大型标准主轴箱设计中最关键的一环。所谓的传动系统的设计，就是通过一定的传动链，按要求把动力从动力部件的驱动轴传递到主轴上去。同时，满足主轴箱其它构件和传动的要求。

一般来说，同一个主轴箱的传动系统可以设计出几种方案来，因此，设计时必须对各种传动方案进行分析比较，从中选出最佳方案。因为，传动系统设计的得当与否，将直接影响主轴箱的质量、通用化程度、设计和制造工作量的大小及其成本的高低等。

1) 传动系统设计的一般要求

(1) 在保证主轴的强度、刚度、转速和转向要求的前提条件下，力求使传动轴和齿轮最少。应尽量使用一根传动轴带动多根主轴；当齿轮啮合中心距不符合标准时，可采用齿轮变位的方法来凑中心距离。

(2) 在保证有足够强度的前提下，主轴、传动轴和啮合的规格要尽可能减少，以减少各类零件的品种。

(3) 通常应避免通过主轴带动主轴，否则将增加主动主轴的负荷。

(4) 最佳传动比为 1～1.5，但允许采用到 3～3.5。

(5) 粗加工主轴上的齿轮，应尽可能靠近前支承，以减少主轴的扭转变形。

(6) 刚性镗削主轴上的齿轮，其分度圆直径要尽可能大于被加工孔的直径，以减少振动，提高传动的平稳性。

(7) 尽可能避免升速传动，必要的升速最好放在传动链的最末一、二级，以减少功率损失。

2) *主轴分布类型及传动系统设计方法*

(1) 主轴分布类型。

组合机床所加工的零件是多种多样的，结构各有所不同，但被加工零件上孔的分布(亦即主轴箱上主轴的分布)，大体可以归纳成下述几种类型：

① 单组或多组圆周分布，如图 3-3-2(a)、(b)所示；

② 等距或不等距直线分布，如图 3-3-2(c)、(d)所示；

③ 圆周和直线混合分布，如图 3-3-2(e)所示；

④ 任意分布，如图 3-3-2(f)所示。

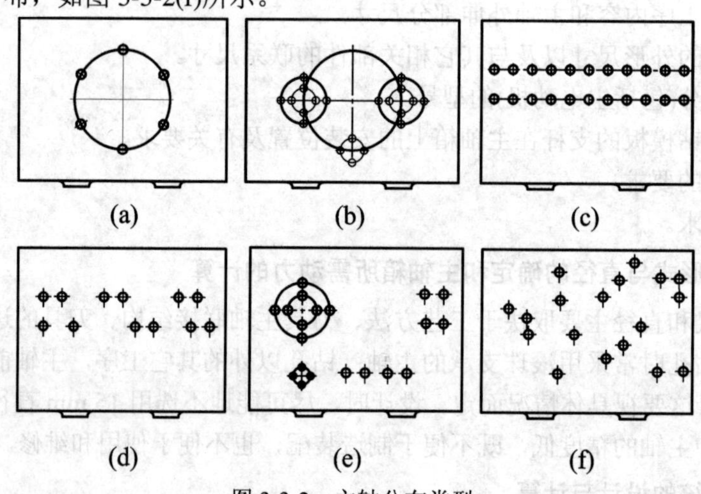

图 3-3-2　主轴分布类型

(2) 传动系统的设计方法。

主轴的分布尽管有各种各样的类型，但通常采用的经济而又有效的传动是：用一根传动轴带动多根主轴。因此，设计传动系统时，首先把所有主轴分布成尽可能少的若干组同心圆，然后在各组同心圆上放置一根传动轴，来带动各自一组的主轴。接着再用尽可能少的传动轴把各主轴与动力部件驱动轴联接起来。这就是通常的传动布置次序，即由主轴处布置起，最后再引到动力部件的驱动轴上。对于一些简单的，主轴数量较少或其它特殊情况，亦可采用其它的布置次序。

当采用液压自驱式动力头时，其驱动轴的转速、转向和相对主轴箱的位置是固定的(特殊情况下，主轴箱对称中心线相对动力头驱动轴中心线也可有偏移)；而动力部件为电机时，其转速、转向和在主轴箱上的安装位置，可视具体情况而定。

3) 主轴箱的润滑、变速和手柄轴的设置

(1) 润滑。

大型标准主轴箱采用叶片润滑油泵进行润滑。油泵供出的油经分油器分向各润滑部位。对于卧式标准主轴箱，主轴箱体前后壁间的齿轮和壁上的轴承用油盘润滑，箱体与后盖以及前盖间的齿轮用油管润滑；对于立式主轴箱，则将油管分散引至最高排齿轮上面，使主轴箱内的传动件得到润滑。

此外，当动力部件导轨采取自动润滑时，尚需由分油器的径向分油口向导轨润滑装置引润滑油管。

一般情况下，对中等尺寸以下的主轴箱，用一个润滑泵即可；对于尺寸较大且轴数较多的主轴箱，可以用两个润滑泵。叶片润滑泵的使用转速为400 r/min～800 r/min，其安放位置应尽可能靠近油池，使之易于泵油。这种泵的传动方式有两种：一种是借助油泵传动轴传动的，另一种是通过直接装在泵轴上的齿轮直接传动的。叶片润滑泵使用可靠，对一般前盖易于拆卸的主轴箱，可不设置专供拆修油泵用的油泵盖。

在设计主轴箱的传动系统时，在主要传动环节未排好之前，可以不考虑油泵的安放位置。待主要传动环节排好之后，再用按比例画在透明纸上的油泵外廓图，并试着给油泵确定合适的位置。当泵体或管接头与传动轴端相碰时，传动轴需采用埋头形式。

小型主轴箱通常用黄干油进行润滑，当然也可以用其它润滑脂，如用二硫化钼润滑脂等。

对专用主轴箱来说，除了可用叶片泵或润滑脂外，还可用柱塞油泵、齿轮油泵、飞溅润滑、喷雾润滑等。

(2) 变速。

大型组合机床主轴的转速，通常是不要求改变的。从这一点来说，设计时可以不必特意留出变速环节。但从长远考虑(比如，考虑到将来刀具的改进，或考虑到设计转速可能确定得不尽合适等)，在设计时有意识地使一对或两对齿轮能起交换齿轮作用，主轴转速能有一定调整范围，有时还是很有必要的。

在大型标准主轴箱上，通常选择分路传动前的一对或两对处于Ⅳ、Ⅴ排的齿轮作为交换齿轮，以便获得一定的变速范围。小型主轴箱的传动系统设计是不用考虑变速齿轮的，因为在小型动力头的传动系统中已设有变速环节(减速器)。

(3) 手柄轴的设置。

组合机床主轴箱上一般都有较多的刀具，为了便于变换和调整刀具，或是装配和维修时检查主轴精度，一般每个主轴箱上都要设置一个手柄轴，以便手动回转主轴。

为了扳动起来轻便，手柄轴的转速应尽可能高一些，其所处位置要靠近机床操作者的一侧，并且是便于下扳手的地方。另外还需注意，手柄轴的周围应有较大的空间，以便扳动一次手柄轴的转角不小于60°。一般在设计传动系统时，暂可不考虑手柄轴的设置问题。而在传动系统排好之后，按前述要求从传动轴中选择一根作为手柄轴。小型和专用主轴箱通常都不设手柄轴。

4) 传动轴直径的确定和齿轮强度的验算

在设计主轴箱传动系统时，往往为了凑齿轮啮合中心距，或由于受空间的限制，根据可能，初步地选定了齿轮的模数、齿数及轴径。然而究竟选得是否适当，除了根据经验判断外，必要时还应做一定的计算和验算。

这里只讲一般常用的传动轴和齿轮强度的粗略计算法。所谓粗略计算法，对传动轴来说，就是把轴看成受纯扭矩作用，不考虑弯矩作用而且采用较低的材料许用应力的一种强度计算法，即扭矩刚度计算法；对齿轮而言，就是把若干因素略去不计，仅按齿轮及其传动的主要参数，借助有关表格进行校验的一种强度计算法。

确定某一传动轴轴径时，首先要算出它所传递的扭矩，再根据此扭矩查轴承受的扭矩表，确定轴的直径。

4．主轴箱坐标计算

坐标计算是主轴箱设计的重要环节之一。它包括计算主轴和传动轴的坐标位置。为了保证组合机床的加工精度(被加工孔的位置精度)，确保齿轮正确的啮合关系，主轴箱坐标计算必须确保正确，否则，将给生产造成损失，轻则返工，重则主轴箱报废。

主轴箱坐标计算步骤如下：

1) 主轴箱坐标原点的确定

为了计算主轴箱的各轴坐标，对于每个主轴箱都必须选择一个坐标原点，如图 3-3-3 所示。对于安装在动力箱上的主轴箱，一律选取主轴箱体的定位销孔为坐标原点，如图 3-3-3(a)所示；当主轴箱直接安装在动力滑台或床身时，一般选取主轴箱体底平面与通过其定位销孔的垂直线交点为坐标原点，如图 3-3-3(b)所示。

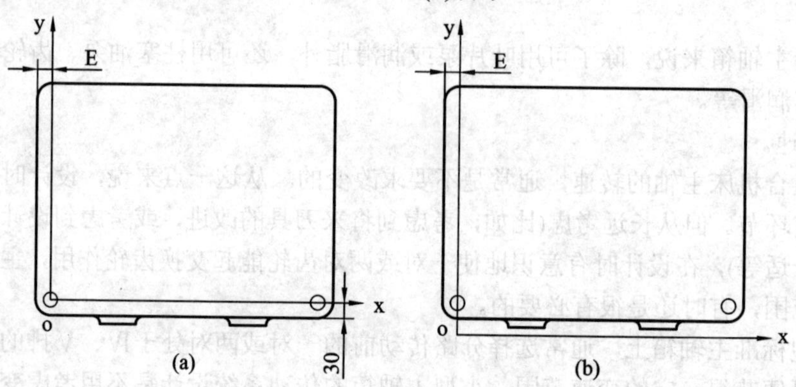

图 3-3-3　主轴箱坐标系原点的确定

2) 坐标计算的顺序

主轴箱坐标的计算顺序是：首先计算主轴的坐标，然后计算与这些主轴有直接啮合关系的传动轴坐标，再按顺序计算其余轴的坐标。

在计算过程中，要随时把计算出来的各轴坐标数据填入专门格式的坐标表中，以供计算其它轴和将来画检查图与箱体图时使用。

3) 主轴坐标的计算

主轴坐标的计算是按主轴箱设计的原始依据或被加工零件工序图进行的。为了确保主轴坐标的正确性，一般应按被加工零件图进行再一次验算。主轴坐标的计算精度要求精确到小数点后第三位数字。

为了减少计算误差，对于角度关系的主轴坐标，应采用七位或七位以上的三角函数进行计算。

当被加工零件的孔距尺寸带有公差时，在计算坐标时应考虑公差的影响。主要是那些带有单向公差或双向不对称公差的尺寸，应当把公差计算进去，使主轴的名义坐标尺寸位于公差带的中央。

4) 传动轴坐标的计算

传动轴坐标计算是主轴箱坐标计算中工作量较大和较复杂的一步。它可分为与一轴定距的传动轴坐标的计算，与二轴定距的传动轴坐标的计算及与三轴等距的传动轴坐标的计算等三种情况。下面分别介绍：

(1) 与一轴定距的传动轴坐标的计算。计算时，只根据一根轴(一根主轴或一个传动轴)的坐标和给定的齿轮啮合中心距来计算传动轴坐标。其实质就是求直角三角形斜边一端点的坐标。计算这种坐标时，使用勾股弦定理，计算图如图 3-3-4 所示。

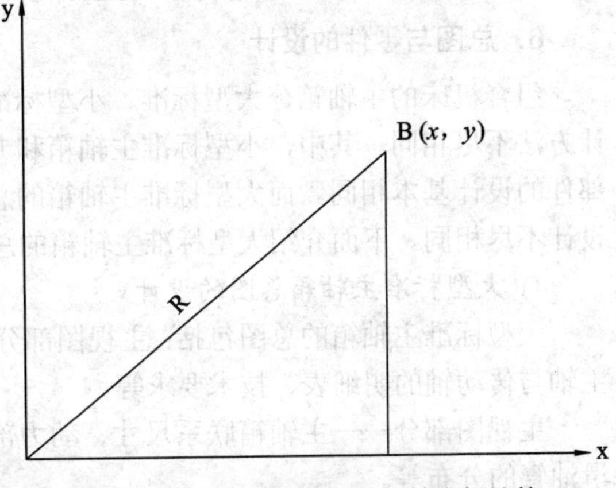

图 3-3-4　与一轴定距的传动轴坐标计算

(2) 与二轴定距的传动轴坐标的计算。计算时根据两轴的坐标和给定的两个齿轮啮合中心距，来算出传动轴的坐标。即已知齿轮啮合三角形的两个顶点的坐标和三条边，求另一顶点的坐标。

(3) 与三轴等距的传动轴坐标的计算。计算这种传动轴的坐标，其实质就是求三角形外接圆圆心的坐标。

(4) 坐标的验算。为了确保镗孔坐标的正确性，抄在坐标表上的所有坐标数值，最好再加以验算。当机床加工有导向装置时，主轴的坐标还要与机床夹具导向孔的坐标进行核对，看是否一致。

5．检查图的绘制

绘制坐标及传动关系的检查图也是主轴箱设计中重要的一步，它是在坐标计算完毕进行的。根据多年来主轴箱设计实践表明，除传动系统很简单的主轴箱以外，一般都要画一张检查图，用以检查下述各项：

(1) 坐标计算的正确性。

(2) 零件间有无干涉(齿轮与齿轮、齿轮与隔套或轴、齿轮与箱体、轴承与轴承或主轴防油套等)。

(3) 附加机构的位置是否合适。

(4) 其它项目。

为了使检查图绘制的尽可能准确，在绘制过程中，最好始终用一把刻度尺。因为不同的刻度尺，其刻度的精度往往是不一样的。

检查图可视具体情况，用 1∶1 或 1∶2 的比例绘制。绘制的顺序，一般是先画出选定的箱体外轮廓上，并绘制上箱体的横坐标 x 和纵坐标 y。然后用刻度尺在 y 轴上找出主轴箱所有轴的 y 坐标点，并注上对应坐标值或轴号。这样，用丁字尺或平尺通过各轴的 y 坐标点，再用刻度尺在水平方向量出对应的 x 坐标值，这样就可以找出主轴箱所有轴的坐标位置。

为了醒目，习惯上用不同颜色的细线分别画出齿轮分度圆、隔套或轴的外圆、轴承外圆、油泵以及附加机构的外廓等。绘制时，最好先画齿轮分度圆，这样，当发现轴的坐标位置有误时，易于擦除(通常用黑线画齿轮分度圆，蓝线画隔套或轴的外圆，红线画轴承外圆)。

然后，注上轴号、主轴的转数、动力部件驱动轴和油泵的转数和转向、齿轮的齿数和模数、变位齿轮的变位量等。对那些零件间似乎要干涉的地方，特别是齿轮与齿轮要干涉时，还须把具体的有关尺寸计算并标出，以供校验时使用。

6. 总图与零件的设计

组合机床的主轴箱分大型标准、小型标准和专用三大类。它们的总图和部分零件的设计方法不尽相同。其中，小型标准主轴箱和专用主轴箱的总图和零件的设计，与一般机械部件的设计基本相同。而大型标准主轴箱的总图和部分零件的设计，却与一般机械部件的设计不尽相同。下面介绍大型标准主轴箱的总图和部分零件的设计。

1) 大型标准主轴箱总图的设计

大型标准主轴箱的总图包括：主视图部分、按装配形式归类的主轴和传动轴的截面图、主轴与传动轴的明细表、技术要求等。

主视图部分——主轴箱联系尺寸、动力部件的型号、主轴位置、传动关系、件号、润滑油管的分布等。

主轴和传动轴的截面图——主轴和传动轴的装配形式、轴承、齿轮、隔套等零件的安装位置，主轴防油套的型号，以及必要的零件尺寸等。

明细表——所有主轴和传动轴合件的各零件编号、规格、数量等。

技术要求——注明主轴箱的装配要求。如制造主轴箱的技术标准，主轴的精度等级，必要的设计、装配、调整和使用说明等。

2) 主轴箱零件的设计

大型主轴箱的大部分零件都是通用的，根据需要进行合理选用就行了。其箱体类零件(前盖、后盖、主轴箱体)虽然也是按系列化和通用化原则设计的，但并不是完全通用的。这些箱体类零件模型，甚至铸件都可以事先做好，但需要根据每个主轴箱的具体需要进行补充加工或修改模型。在这里主要介绍一下大型主轴箱设计中常用的补充加工图、修改模型及补充加工图以及变位齿轮等的设计。

(1) 补充加工图和修改模型及补充加工图。

所谓的补充加工图和修改模型及补充加工图，是对基本零件图——主要是通用箱体零件图——的补充图或对已成型零件提出补充加工要求的图纸。补充机械加工内容的补充图，叫作“补充加工图”。除了补充机械加工内容外，同时还要求改动原有模型(即木模)的补充图，叫作“修改模型及补充加工图”。对于那些标准的或外购零、部件，当其局部不适用于本主轴箱时，也可以采取补充加工的方法，绘制补充加工图。

用细实线把基本零件图上的主要图形画出，次要的图形、投影和一般的尺寸原则上可以不画或不标注。但是，为了表明零件的轮廓及与补充内容有关的位置尺寸关系，通常要标注出轮廓尺寸和有关位置尺寸。需要补充加工和修改模型的部位，要用粗实线画，并注上要求的尺寸、表面粗糙度、技术要求等。如需要取消零件图上原有的图形和尺寸，则需特别加以注明。

(2) 变位齿轮。

在主轴箱传动系统中，常采用一主动轴带动多个传动轴的传动方法。在这种情况下，往往出现两轴的中心距一定，而这个已定的中心距又不符合齿轮的标准啮合中心距的情况。为了凑中心距，就必须把啮合副中的一个或两个齿轮作成角度变位齿轮。

七、主轴箱的设计特点

1. 主轴箱的设计

由于机床在总体结构上的不同，大型标准主轴箱有的安装在动力头或动力箱上，有的则是安装在动力滑台上。安装在动力滑台上时，为了增加主轴箱与滑台的连结刚性，同时也是为了电气走线的需要和美观，主轴箱后面一般都设有侧板。主轴箱与滑台通常采用圆柱定位销。

1) 大型标准钻削类主轴箱的设计

大型标准钻削类主轴箱是指具有钻、镗、扩、铰、倒角、锪平面等单一或混合工序的主轴箱。因为其中钻削主轴箱居多，并有代表性，故统称为钻削类主轴箱。

(1) 钻孔的主轴通常要选前支承有止推轴承的，因为钻削时轴向力较大。至于钻削以外的其它工序用的主轴，采用何种支承结构可视具体条件而定。

(2) 特殊需要时，不采用外伸直径为22/14(或21/14)的主轴，因为这种主轴的直径较细，存在着刚性差和不便加工等缺点。

(3) 尽量避免采用滚针主轴和滚针传动轴，因为滚针轴的传动精度低、滚动部件磨损快，又不便于装配和维修等。

(4) 注油器要放在主轴箱靠近操作者的一侧，以便观察润滑油泵工作情况。

2) 攻丝主轴箱的设计

在组合机床上攻螺纹，根据工件加工部位分布情况和工艺要求，常有攻丝动力头攻螺纹法，攻螺纹靠模装置攻螺纹法和活动攻螺纹模板攻螺纹法三种方法。

攻螺纹动力头用于同一方向纯攻螺纹工序。利用丝杠进给，攻螺纹行程较大，但结构复杂，传动误差大，加工螺纹精度较低(一般低于7H级)。

攻螺纹靠模装置用于同一方向纯攻螺纹工序，由攻螺纹主轴箱和攻螺纹靠模头组成。靠模螺母和靠模螺杆是经过磨制并精细研配的，因而螺孔加工精度较高。靠模装置结构简单，制造成本低，并能在一个攻螺纹装置上方便地攻制不同规格的螺纹，且可各自选用合理的切削用量。

若一个主轴箱完成攻螺纹的同时还要完成钻孔等工序时，就要采用攻螺纹模板攻螺纹，即只需在主轴箱的前面附加一个专用的活动攻螺纹模板，便可完成攻螺纹及钻孔工作。

3) 大型钻攻复合主轴箱的设计

钻攻复合主轴箱是指一个主轴箱上既有钻削类工序用的主轴，又有供攻丝工序的长钻削类主轴的主轴箱。从结构上来说，它是一个钻削类主轴箱和一个攻丝主轴箱的机械式组合。从传动上来说，钻削类主轴部分与攻丝主轴部分又是彼此分开自成系统的，两部分分别由各自的动力部件带动。各部分的设计，与各类主轴箱的设计几乎完全一样，只是攻丝用的主轴要采用长钻削类主轴，而不用一般的双键攻丝主轴。此外，在主轴和前盖上靠近攻丝主轴处，要设计攻丝模板的导杆座。

2．小型标准主轴箱的设计

小型标准主轴箱，从用途上来说，可分为钻削类主轴箱(钻、扩、铰、倒角、锪平面等单一或混合工序)及攻丝主轴两种。但是就结构和设计方法来说，这两种主轴是相同的。小型标准主轴箱设计的特点如下：

(1) 标准主轴箱通常是安装在滑套式动力头的滑套法兰上，并随动力头的滑套一起做轴向移动的。动力头输出轴的转向可随主轴箱的设计需要而定。

滑套式动力头上配有减速器，可以使动力头输出轴获得等于或接近于主轴箱主轴所需的转速。因此，在设计主轴箱时，从动力头输出轴到主轴的传动比，一般可以取为1∶1或接近于1∶1。

(2) 设计主轴箱传动系统时，应尽可能采用主轴箱体和后盖间的一排悬伸齿轮传动，尽量避免采用主轴箱体前后壁之间的一排中间齿轮传动。因为，主轴箱体前后壁间的空间较小，不便于齿轮的装拆。

(3) 箱体件(主轴箱体、前盖和后盖)和导向杆支座是非通用的。设计时要根据结构需要，参照有关的参考图进行专用设计。

箱体件的材料为铸造铝合金时，其热处理后的硬度，一般不得低于HB110；若所用铸铝的硬度太低，则主轴箱体的轴承孔最好压配钢套，以防拆装轴承时将轴承孔拉破，破坏原有精度。

(4) 主轴箱内的传动件，一律用润滑脂润滑。导杆用钢珠油杯润滑。

(5) 主轴箱立式安装时，为了便于动力头把主轴箱从加工终点拉回原点，一般要在主轴箱和导向杆支座间加拉力弹簧。

(6) 当被加工孔距较小，采用通用的主轴排不下时，可采用专用结构的主轴。

3．专用主轴箱的设计

在组合机床上，当采用标准机构的主轴箱不能满足加工工艺的要求(如大直径深孔加工、平面加工等)，或者难以保证精度时，就应设计专用主轴箱，常见的有刚性镗削主轴箱、铣削主轴箱、可调主轴箱、辐射式传动主轴箱、主轴可伸缩主轴箱、曲轴传动主轴箱等。

(1) 刚性镗削主轴箱是一种较常见的专用主轴箱。有单轴的，也有多轴的，其特点是：主轴有足够的刚性，刀杆与主轴采用刚性联接，加工时不需依靠导向套和镗模；主轴的支承距比较大，因此这种主轴箱的厚度较标准主轴箱要厚很多。采用这种主轴箱进行镗削时，因为不采用导向，所以可以使机床的纵向尺寸大为减小。若其用于立式时可大大减小立柱高度，从而降低机床的总高度。

(2) 铣削主轴箱的特点是：采用通用动力头和标准主轴箱，而在主轴箱体的前面，装上根据被加工零件的工艺要求设计的专用铣削部件。

(3) 可调式主轴箱。在一些中小批生产或不同规格的系列化产品的生产中，常采用这样的主轴箱，即主轴的位置和轴数可以在一定的范围内进行调整。

可调式主轴箱可以用来配置钻孔、扩孔、铰孔、镗孔和攻丝等工艺的机床。在加工完一种产品后经过适当的调整，又可以对另一种产品进行加工，从而提高了机床的利用率，起到一机多用的作用。这类主轴箱目前在一些中小批量生产的工厂中，应用越来越广泛。

(4) 主轴可伸缩式主轴箱。在有些被加工零件上，需要加工的孔很多，而且排列很密时，常常要分次加工，即加工一部分孔以后将工件转一个位置，再次加工另一部分的孔，这时不需要所有的主轴都参加工作，往往有些主轴要暂停工作。为了不使其碰伤工件，就要求其在其它主轴加工时能缩回，缩到刀具每次退离线以外。另外，在加工管板机床上，就采用这种主轴可伸缩式主轴箱。

课题四　组合机床设计实例

一、敦煌-12 型 195 柴油机气缸盖的实体

设计如图 3-4-1 所示以敦煌-12 型 195 柴油机气缸盖三维实体图中钻后面六孔的组合机床。

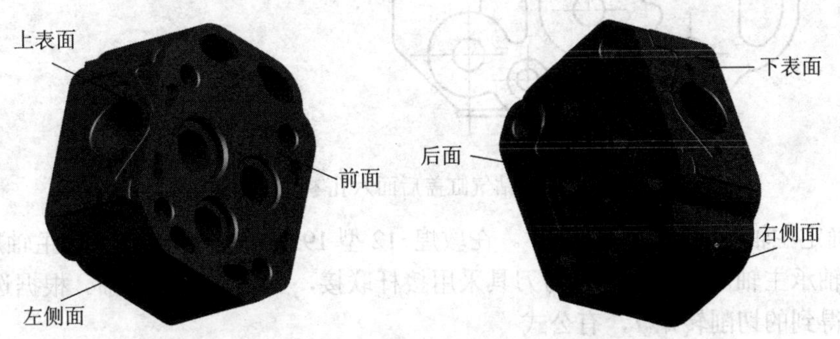

图 3-4-1　敦煌-12 型 195 柴油机气缸盖三维实体图

二、钻后面六孔组合机床设计

绘制组合机床“三图一卡”，在选定的工艺和结构方案的基础上，进行组合机床总体方案图样文件设计。其内容包括：绘制被加工零件工序图、加工示意图、机床联系尺寸图和编制生产率计算卡等。

1．被加工零件工序图

根据工序内容和被加工零件工序图的要求，设计出如图 3-4-2 所示的钻后面六孔被加工零件率工序图。

2．加工示意图

加工示意图是在工艺方案和机床总体方案初步确定的基础上绘制的，是表达工艺方案具体内容的机床工艺方案图。

1) 快速进给结构

(1) 导向结构的选择。在敦煌-12 型 195 柴油机气缸盖中钻孔采用固定套导向。

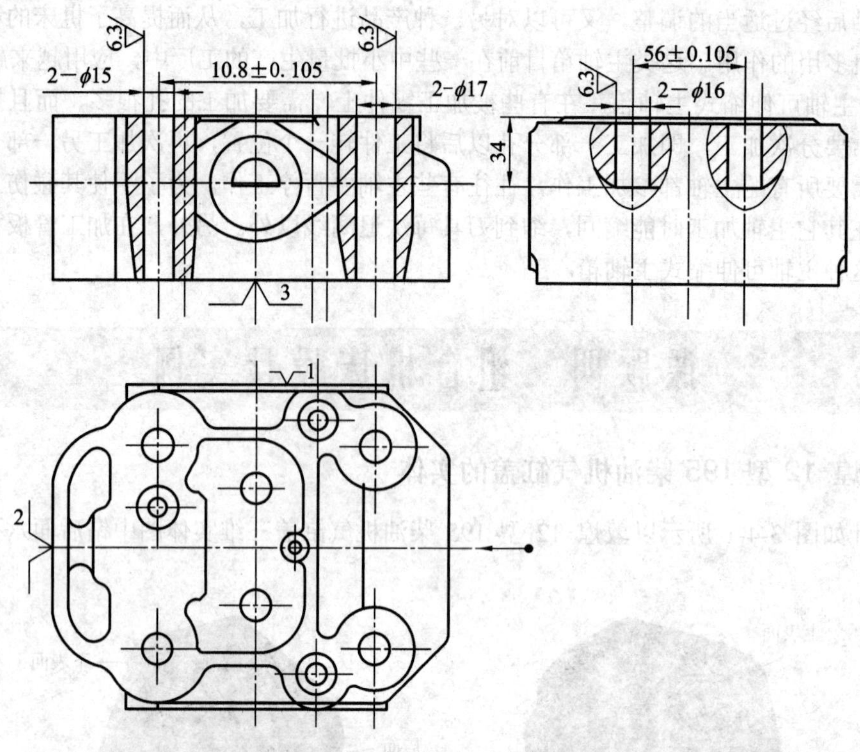

图 3-4-2　钻气缸盖后面六孔零件工序图

(2) 确定主轴、尺寸、外伸尺寸。在敦煌-12 型 195 柴油机气缸盖中，主轴用于钻孔，选用滚锥轴承主轴。钻孔时主轴与刀具采用接杆联接，主轴属于短主轴。根据选定的切削用量计算得到的切削转矩 T，有公式

$$d = B\sqrt[4]{\frac{T}{10}} \tag{3-4-1}$$

$$\frac{T}{W_p} < [\tau] \tag{3-4-2}$$

式中：d——轴的直径，单位为 mm；

T——轴所传递的转矩，单位为 N·mm；

W_p——轴的抗阻截面模数，单位为 m^3；

$[\tau]$——许用剪切应力，单位为 MPa，45 号钢的 $[\tau] = 31$ MPa；

B——系数，本课题中钻孔主轴为传动主轴，取 $B = 5.2$。

根据主轴类型及初定的主轴轴径，可得到主轴外伸尺寸及连杆莫氏圆锥号。滚锥主轴轴径 $d = 25$ mm 时，主轴外伸尺寸为 $D/d_1 = 60/44$，$L = 60$ mm。

2) 引进长度的确定

(1) 工作进给长度 $L_{工}$的确定。工作进给长度 $L_{工}$应等于加工部位长度 L(多轴加工时按最长孔计算)、刀具切入长度 L_1 和切出长度 L_2 之和。切入长度一般为 5 mm～10 mm，根据工件端面的误差情况确定；钻孔时，切出长度一般为 5 mm～10 mm。当采用复合刀具时，

应根据具体情况决定。此处选主轴箱工进长度为 90 mm。

(2) 快速进给长度的确定。快速进给是指动力部件把刀具送到工作进给位置。初步选定两个主轴箱上刀具的快速进给长度均为 60 mm。

3) 快速退回长度的确定

快速退回的长度等于快速引进和工作进给长度之和。一般在固定式夹具钻孔的机床上，动力部件快速退回行程只要把所有的刀具都退至导套内，不影响工作的装卸就行了，但对于夹具需要回转或移动的机床，动力部件快速退回行程必须把刀具托架活动钻模板及定位销都退离到夹具运动可能碰到的范围之外。由已确定的快速进给和工作进给长度可知，两面快速退回长度均为 150 mm。

4) 动力部件总行程的确定

动力部件总行程除了满足工作循环向前或向后所需的行程外，还要考虑因刀具磨损、补偿制造、安装误差，动力部件能够向前调节的距离(即前备量)、刀具装卸以及刀具从接杆中或接杆连同刀具一起从主轴孔中取出时，动力部件所需后退的距离(刀具退离夹具导套外端面的距离应大于接杆插入主轴孔内或刀具插入接杆孔内的长度，即后备量)。因此，动力部件的总行程为快退行程与前备量之和。

根据上述设计，绘制出如图 3-4-3 所示的加工示意图。

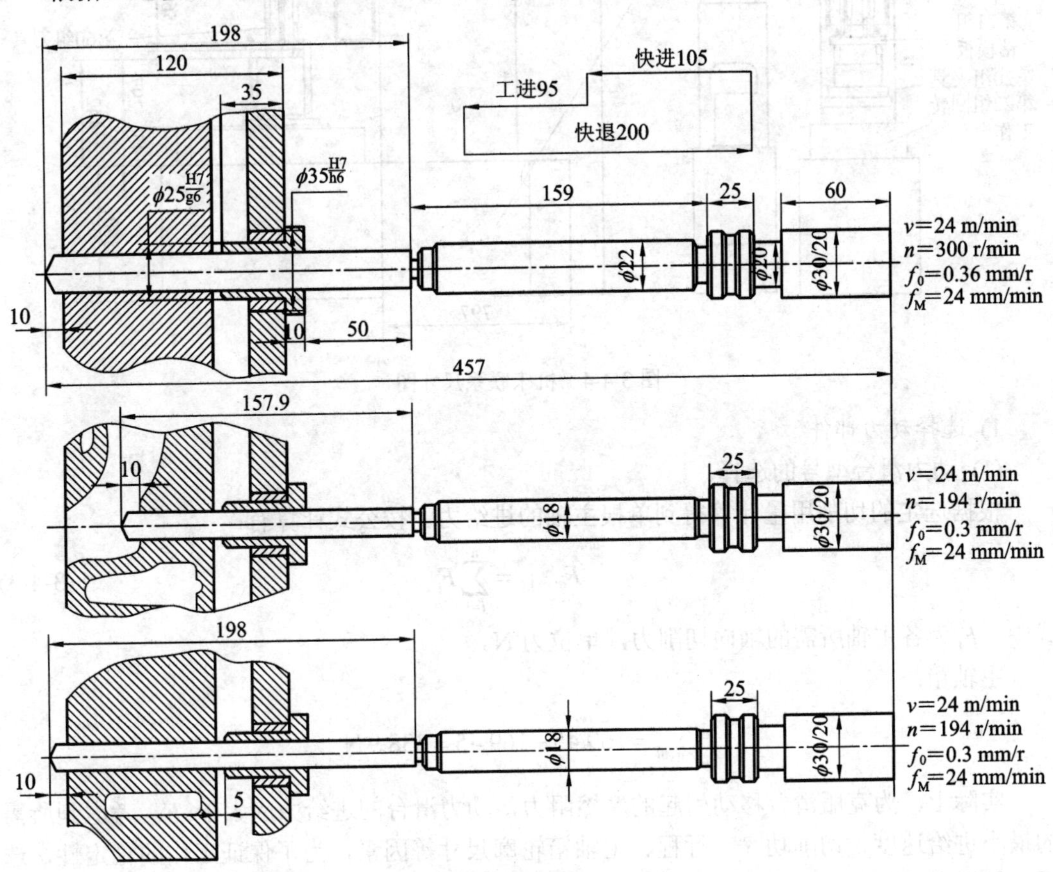

图 3-4-3　气缸盖钻孔加工示意图

3．机床联系尺寸总图

本组合机床采用的是液压滑台。与机械滑台相比较，液压滑台具有如下优点：在相当大的范围内进给量可以无级调速，可以获得较大的进给力；液压驱动的零件磨损小，使用寿命长，当工艺上要求多次进给时，通过液压换向阀很容易实现，过载保护简单可靠，由行程调速阀来控制滑台的快进转工进，转换精度高，工作可靠。机床联系尺寸如图 3-4-4 所示。

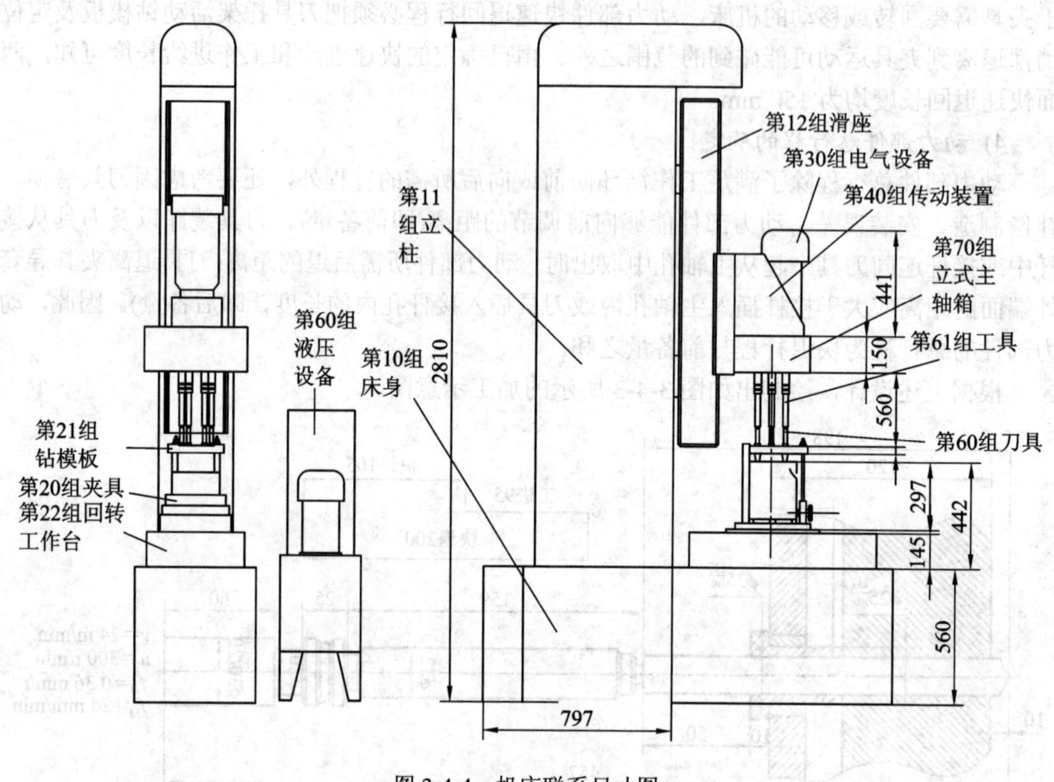

图 3-4-4　机床联系尺寸图

1) 选择动力部件

(1) 动力滑台型号的选择。

根据选定的切削用量计算得到单根主轴的进给力。按公式计算有：

$$F_{多轴箱} = \sum_{i=1}^{n} F_i \tag{3-4-3}$$

式中，F_i 为各主轴所需的轴向切削力，单位为 N。

主轴箱：

$$F_{多轴箱} = 169.45 + 169.45 = 338.9\ \text{N}$$

实际上，为克服滑台移动引起的摩擦阻力，动力滑台的进给力应大于 F。考虑到所需的最小进给速度、切削功率、行程、主轴箱轮廓尺寸等因素，为了保证工作的稳定性，选用机械滑台 1HJ25 型，台面宽为 250 mm，台面长为 500 mm，滑台及滑座总高为 880 mm，允许最大进给力为 8000 N，其相应的侧底座型号为 1CC251。

(2) 动力箱型号的选择。

由切削用量计算得到各主轴的切削功率的总和 $P_{多轴箱}$。根据公式计算有：

$$P_{多轴箱}=\frac{P_{切削}}{\eta} \tag{3-4-4}$$

式中，P——消耗于各主轴的切削功率的总和，单位为 kW；

η——多轴箱的传动效率，加工黑色金属时取 0.8～0.9，加工有色金属时取 0.7～0.8；主轴数多、传动复杂时取小值，反之取大值。

本设计中，被加工零件材料为灰铸铁，属黑色金属，且主轴数量较多、传动复杂，故取 0.8。主轴箱选用 1TD25−IA 型动力箱驱动(n = 520 r/min；电动机选 Y100L−6 型，功率为 1.5 kW)，根据液压滑台的配套要求，滑台额定功率应大于电机功率。

(3) 配套通用部件的选择。

侧底座选用 1CC321 型号，其高度 H = 560 mm，宽度 B = 600 mm，长度 L = 1180 mm。

2) 确定机床装料高度

装料高度是指机床上工件的定位基准面到地面的垂直距离。本设计中，工件最低孔位置 h_2 = 82.5 mm，主轴箱最低主轴高度 h_1 = 90 mm，所选滑台与滑座总高 h_3 = 280 mm，侧底座高度 h_4 = 560 mm，夹具底座高度 h_5 = 280 mm，中间底座高度 h_6 = 560 mm。综合以上因素，该组合机床装料高度取 H = 760 mm。

3) 机床生产率计算卡

依加工示意图所确定的工作循环及切削用量等就可以计算机床生产率，并编制生产率计算卡。它既是反映机床生产节拍或实际生产率和切削用量动作时间、生产纲领及负荷率等关系的技术文件，又是用户验收机床生产率的重要依据。

(1) 理想生产率。由下面公式计算：

$$Q=\frac{A}{t_k} \tag{3-4-5}$$

得

$$Q=\frac{3000}{2350}=1\ 件/小时$$

(2) 实际生产率 Q 是指所设计机床每小时实际可生产的零件数：

$$Q_1=60/T_{单} \tag{3-4-6}$$

式中，$T_{单}$为生产一个零件所需时间，单位为 min。按下式计算：

$$T_{单}=t_{切}+t_{辅}=\left(\frac{L_1}{V_{f_1}}+\frac{L_2}{V_{f_2}}+t_{停}\right)+\left[\left(\frac{L_{快进}+L_{快退}}{V_{f_k}}\right)+t_{移}+t_{装}\right] \tag{3-4-7}$$

如果计算出的机床实际生产率不能满足理想生产率要求，即 $Q_1<Q$，则必须重新选择切削用量或修改机床设计方案。

共计所用时间如下：

$$T_{单}=\left(\frac{54}{27}+\frac{44}{27}+1\right)+\left(\frac{192+246}{27}+0.1+1\right)=22$$

故实际生产率：

$$Q_1 = 60 \div 22 = 3$$

(3) 机床负荷率。当 $Q_1 > Q$ 时，机床负荷率为二者之比，即

$$\eta_{负} = \frac{Q}{Q_1} \tag{3-4-8}$$

由公式得机床负荷率：

$$\eta_{负} = 0.75$$

故钻后面六孔生产率计算卡如表 3-4-1 所示。

表 3-4-1　生产率计算卡

被加工零件		图号		Z-11362A				毛坯种类		铸件		
		名称		敦煌-12 型 195 柴油机气缸盖				毛坯重量				
		材料		HT20-40				硬度		180-220HBS		
工序名称				钻上平面各孔				工序号		35		
序号	工步名称	被加工零件数量	加工直径/mm	加工长度/mm	工作行程/mm	切削速度/(m/min)	每分钟转数/(r/min)	进给量/(mm/r)	进给速度/(mm/min)	工时/min 机加工时间	辅助时间	共计
1	装卸工件	1									1	1
2	动力部件											
3	滑台快进										0.01	0.01
4	主轴箱工进(钻孔 1#)		16		80	21.6	425.5	0.25	27	0.2		0.24
5	(钻孔 2#)		17		80	21.6	425.5	0.25	27	0.2		0.24
6	(钻孔 3#)		18	70	80	21.6	425.5	0.25	27	0.2		0.24
7	滑台快退								8000		0.025	0.02
备注	装卸工件时间取决于操作者熟练程度，本机床计算时取 1.5 min								总计		22.0 min	
									单件工时		22.0 min	
									机床生产率		13 件/小时	
									机床负荷率		75%	

三、钻后面六孔组合机床主轴箱设计

敦煌-12 型 195 柴油机气缸盖钻孔组合机床主轴箱轮廓尺寸为 400×400，属于大型通用主轴箱，结构典型，能利用通用的箱体和传动件；采用通用主轴，借助导向套引导刀具来保证被加工孔的位置精度。通用主轴箱设计的顺序是：绘制主轴箱设计原始依据图；确定主轴结构、轴径及齿轮模数；拟订传动系统；计算主轴、传动轴坐标，绘制坐标检查图；绘制主轴箱总图、零件图及编制组件明细表。

1. 主轴结构形式的选择和动力计算

1) 主轴结构形式的选择

主轴结构的选择包括轴承形式的选择和轴头结构的选择。轴承形式是主轴部件结构的主要特征，主轴进行钻削时，前后支承均为滚锥轴承。

2) 主轴直径和齿轮模数的确定

按同一多轴箱中的模数规格最好不多于两种的原则，用类比法确定齿轮模数。在此之前可先由下式估算：

$$m \geqslant (30\sim32)\left(\frac{p}{zn}\right)^{0.3} \tag{3-4-9}$$

式中：p——齿轮所传递的功率，单位为 kW；

z——对啮合齿轮中的小齿轮齿数；

n——小齿轮的转速，单位为 r/min。

主轴箱中的齿轮模数常用 2、2.5、3、3.5、4 几种。为了便于生产，同一主轴箱中的模数规格不要多于两种。确定本次设计的右箱体齿轮模数为 2。

2．主轴箱传动系统的设计与计算

多轴箱传动设计根据动力箱驱动轴位置和转速、各主轴位置及其转速要求，设计传动链，把驱动轴和各主轴联接起来，使各主轴获得预定的转速和转向。

1) 根据原始依据图计算坐标尺寸

根据原始依据图，计算驱动轴、主轴的坐标尺寸。根据与三轴等距传动轴坐标计算的方法，计算结果如表 3-4-2 所示。

表 3-4-2　主轴箱主轴坐标值　(mm)

坐标	主轴 3	主轴 4	主轴 5	主轴 6	主轴 7	主轴 8
x	126.6	231.6	231.6	175	121	196
y	219	126.6	175	219	121	144

注：驱动轴坐标值为(175，168)。

2) 确定传动轴位置及齿轮齿数

传动方案拟订之后，通过计算、作图和多次试凑相结合的方法，确定齿轮齿数和中间传动轴的位置及转速。由各主轴和驱动轴转速求驱动轴到各主轴之间的传动比。各主轴转速见表 3-4-3 所示。

表 3-4-3　主轴箱主轴及驱动轴转速　(r/min)

主轴	0	3，5，8	4，6，7
转速	520	374.4	359.8

主轴箱中轴的分布有同心圆分布及任意分布，同时为满足主轴上齿轮不过大的要求。确定中间传动轴的位置并配各对齿轮。传动轴转速的计算公式如下：

$$u = z_{主} / z_{从} = n_{从} / n_{主} \tag{3-4-10}$$

$$A = m/2(z_{主} + z_{从})m/2s_{z} \tag{3-4-11}$$

$$n_{主} = n_{从} / u = n_{从} z_{从} / z_{主} \tag{3-4-12}$$

$$n_{从} = n_{主} u = n_{主} z_{主} / z_{从} \tag{3-4-13}$$

$$z_{主} = 2A/m - z_{从} = 2A/m(1+n_{主}/n_{从}) = 2Au/m(1+u) \tag{3-4-14}$$

$$z_{从} = 2A/m - z_{主} = 2A/m(1+n_{从}/n_{主}) = 2Am/(1+u) \tag{3-4-15}$$

式中：u——啮合齿轮副传动比；

s_z——啮合齿轮副齿数和；

$z_{主}$、$z_{从}$——分别为主动、从动齿轮齿数；

$n_{主}$、$n_{从}$——分别为主动、从动齿轮转速，单位为 r/min。

由以上计算，得

驱动轴 0：$m=2$，$z=18$，$n=520$

主轴 3，5，8：$m=2$，$z=25$，$n=374.4$

主轴 4，7，6：$m=2$，$z=26$，$n=359.8$

传动轴 1：$m=2$，$z=25$，$n=347.4$

传动轴 2：$m=2$，$z=26$，$n=359.8$

根据上述计算绘制出六孔钻多主轴箱齿轮传动图如图 3-4-5 所示；其六孔钻多轴箱三维图如图 3-4-6 所示；六孔钻多轴箱装配图如图 3-4-7 所示。

图 3-4-5　六孔钻多轴箱齿轮传动图

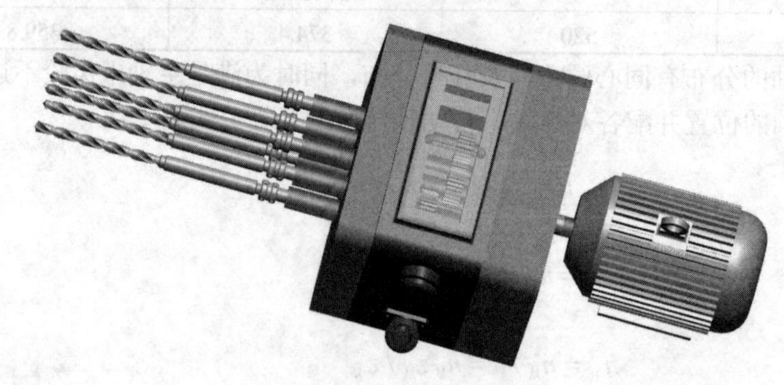

图 3-4-6　六孔钻多轴箱三维图

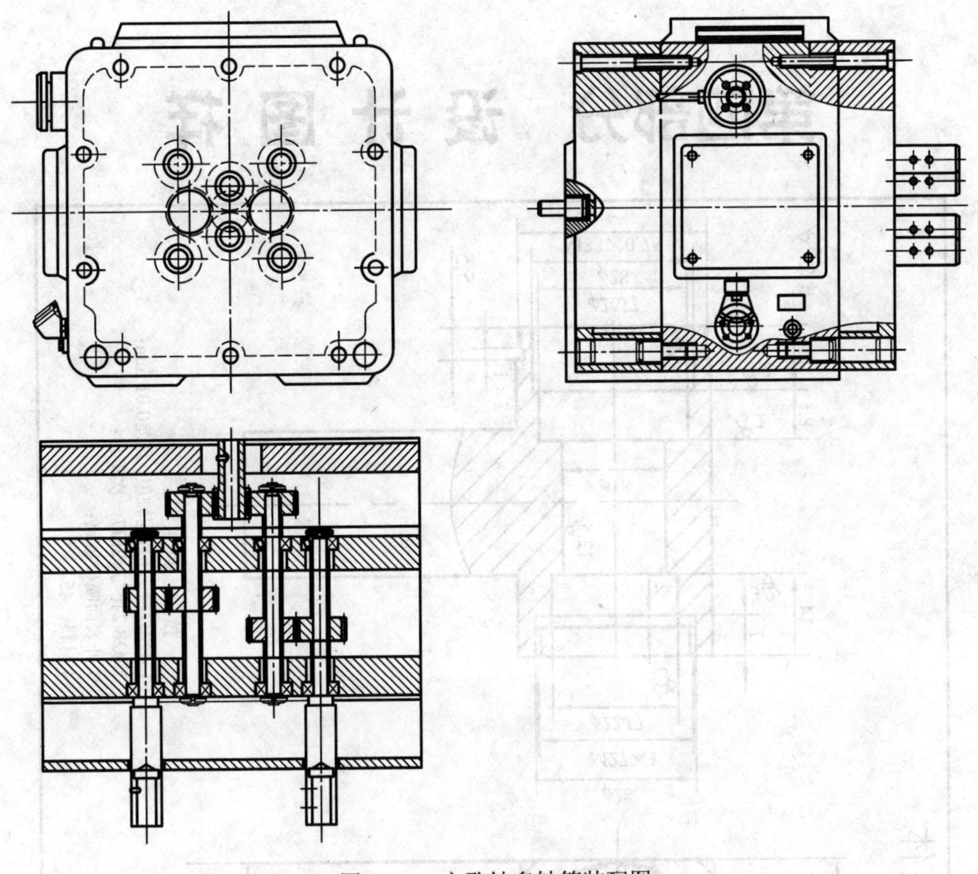

图 3-4-7　六孔钻多轴箱装配图

四、钻后面六孔组合机床整体效果图

根据上述设计内容，设计出的该工序组合机床的整体效果三维实体图如图 3-4-8 所示。

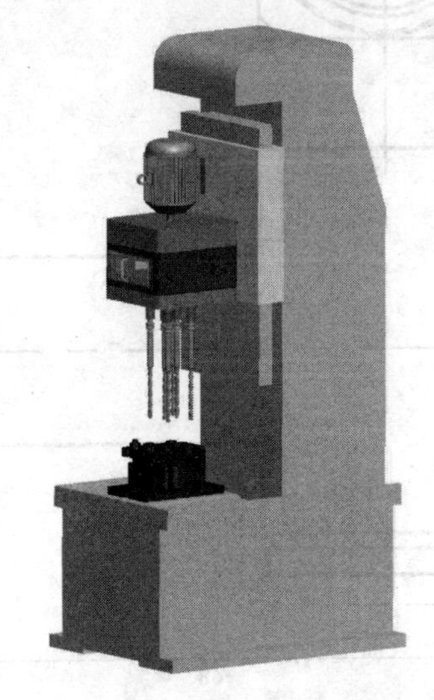

图 3-4-8　钻六孔加工的三维实体图

第四部分 设计图样

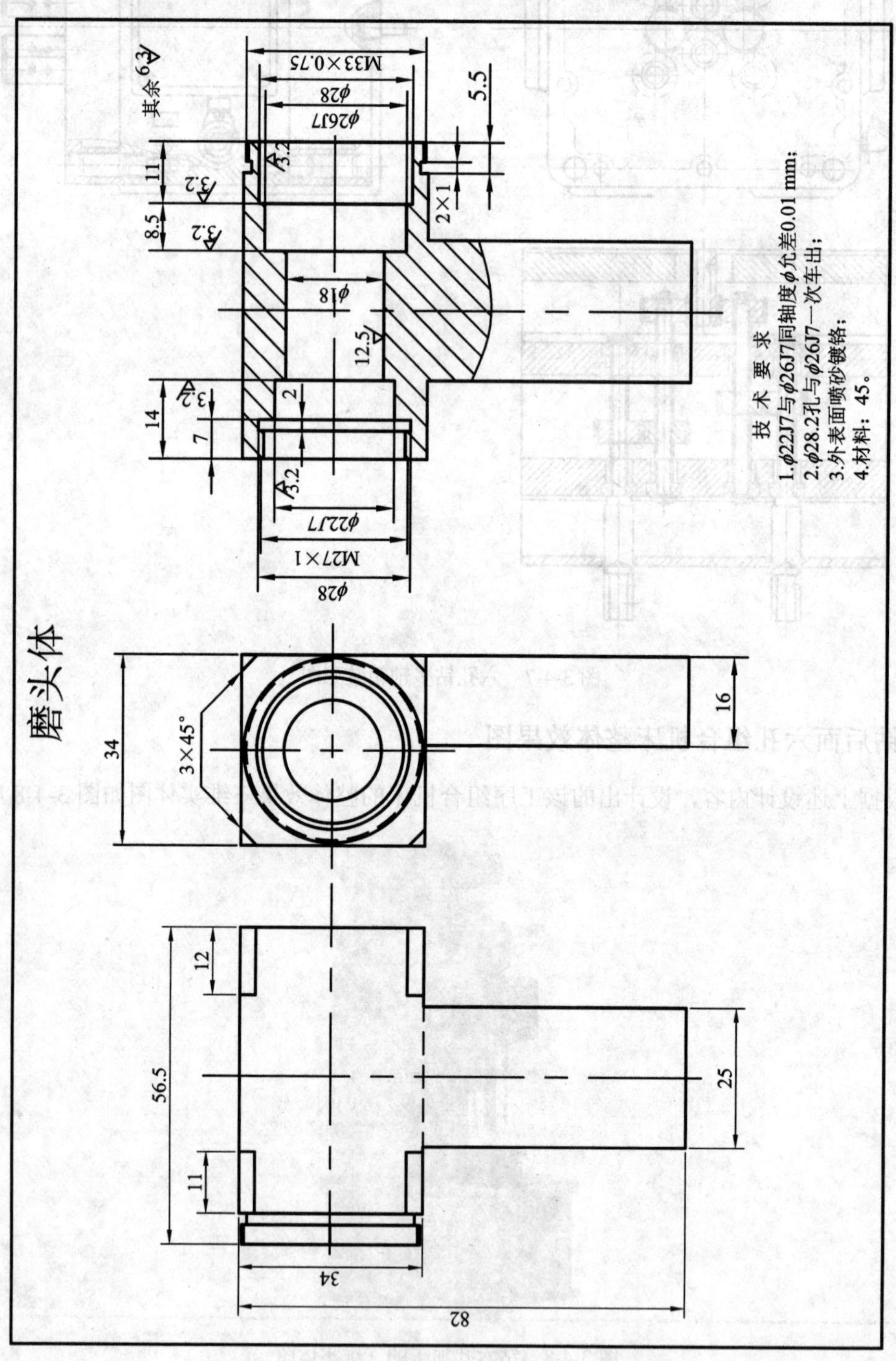
磨头体
其余 6.3
M33×0.75
φ28
φ26J7
5.5
11
8.5
3.2
2×1
φ18
12.5
14
7
2
φ22J7
M27×1
φ28
34
3×45°
16
12
56.5
25
11
34
82
技术要求
1.φ22J7与φ26J7同轴度φ允差0.01 mm；
2.φ28.2孔与φ26J7一次车出；
3.外表面喷砂镀铬；
4.材料：45。

刀盘

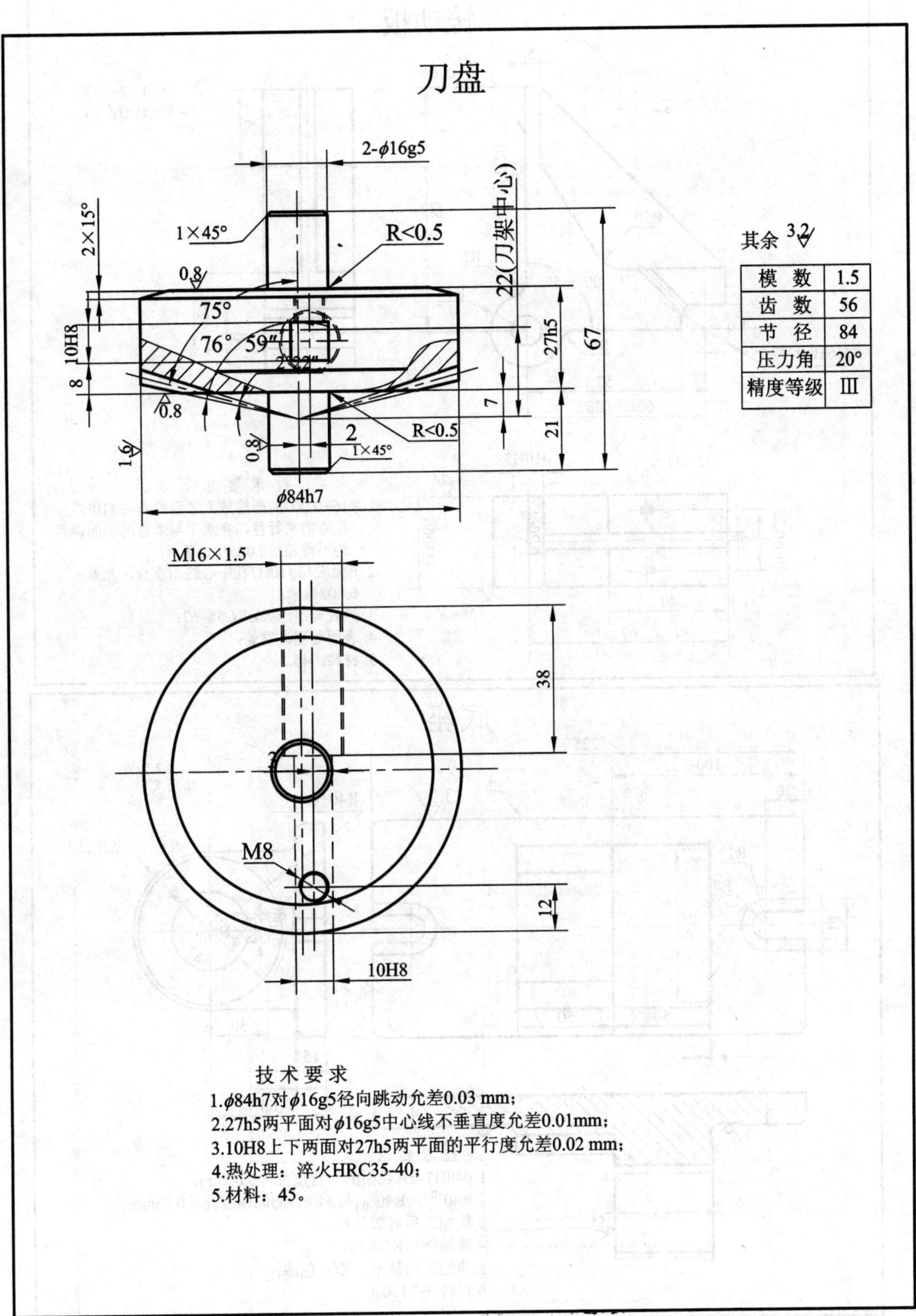

模 数	1.5
齿 数	56
节 径	84
压力角	20°
精度等级	Ⅲ

技 术 要 求

1.ϕ84h7对ϕ16g5径向跳动允差0.03 mm；
2.27h5两平面对ϕ16g5中心线不垂直度允差0.01mm；
3.10H8上下两面对27h5两平面的平行度允差0.02 mm；
4.热处理：淬火HRC35-40；
5.材料：45。

转动板

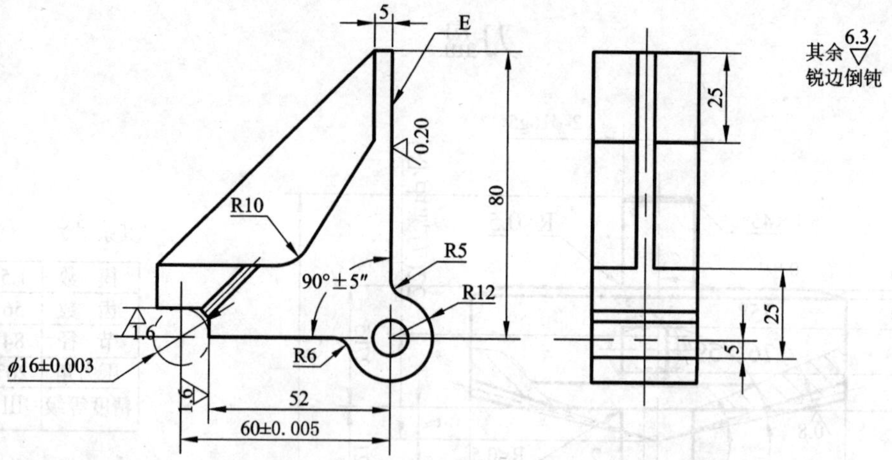

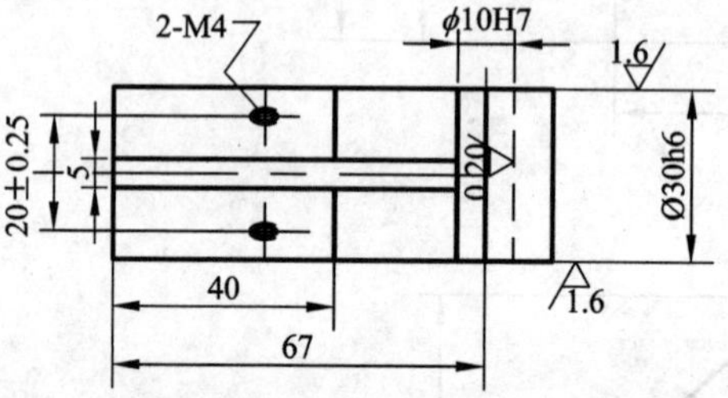

其余 6.3
锐边倒钝

技术要求

1. ϕ16±0.003的圆柱放上之后检查与ϕ10H7孔心的平行性，在水平与垂直两平面误差均不得超过0.005/100毫米；
2. E面应与ϕ10H7孔中心线相重合，允差0.002毫米；
3. 热处理：淬火HRC58~62；
4. 表面处理：发蓝；
5. 材料：45。

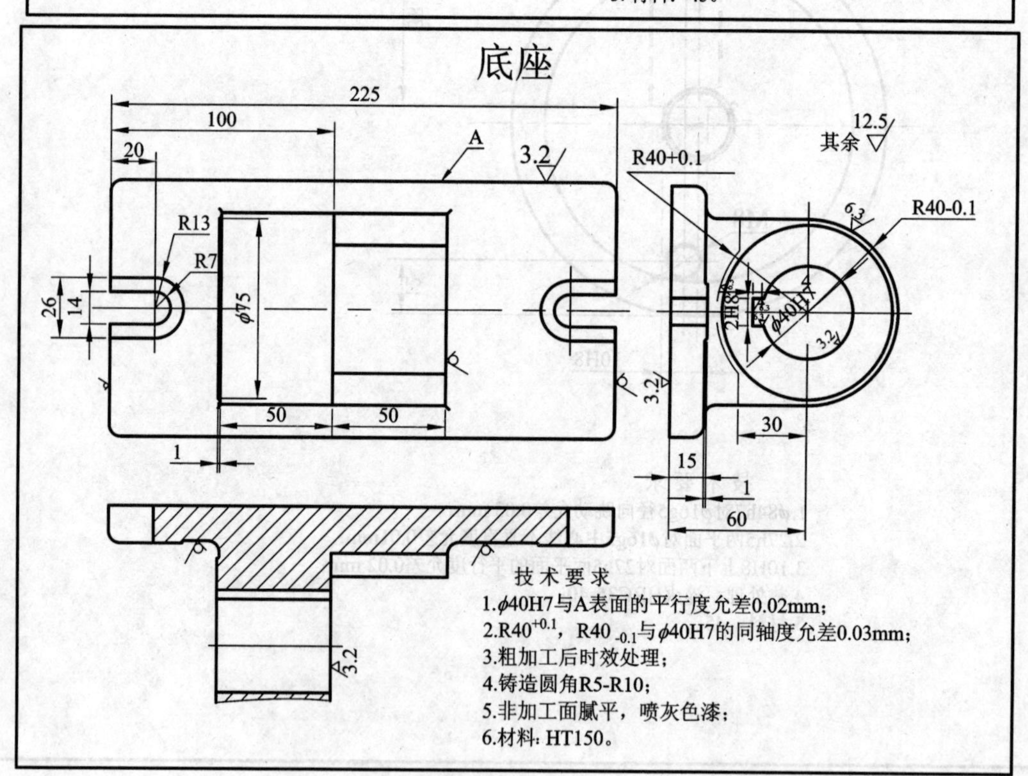

杠杆

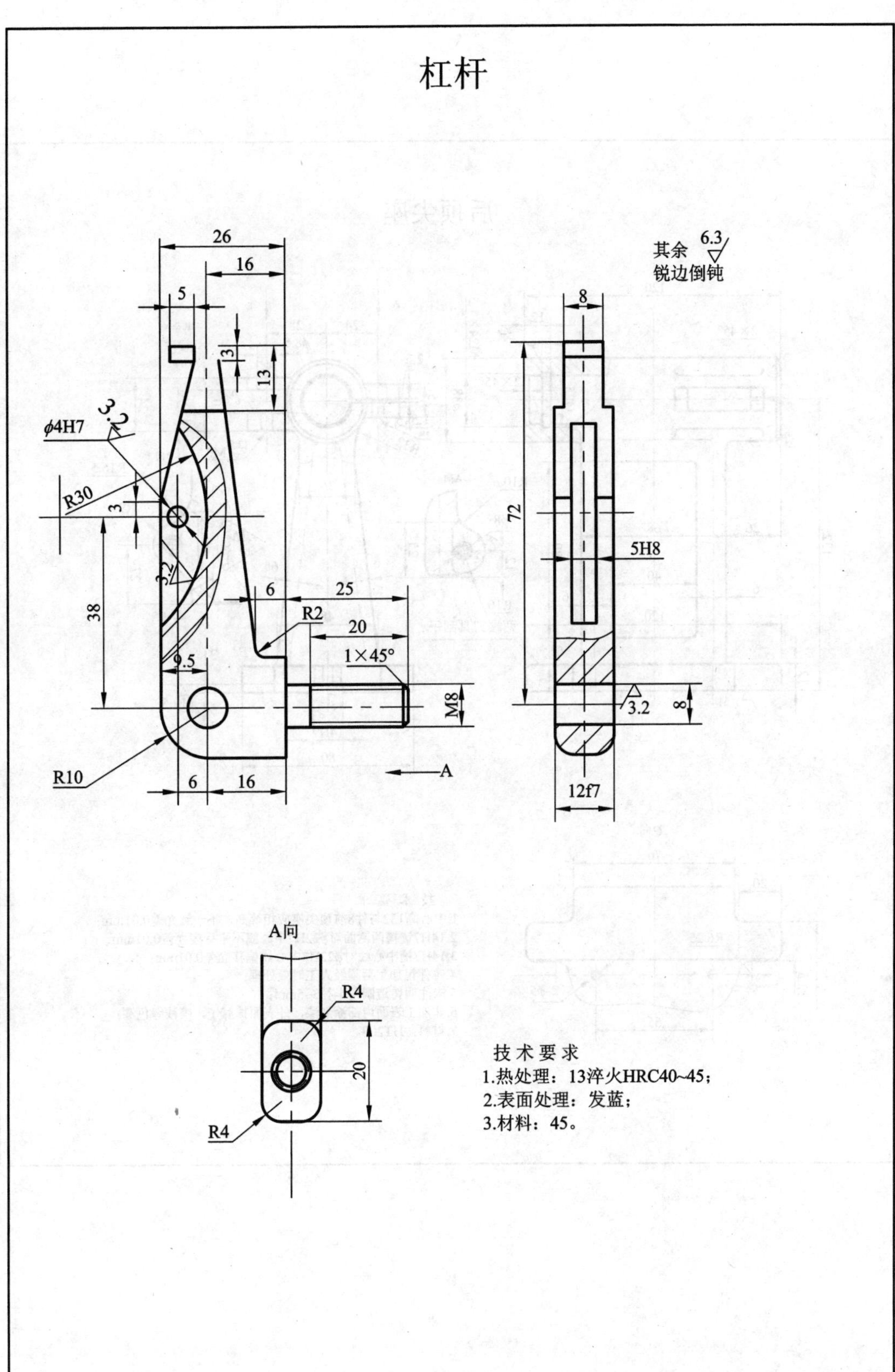

技术要求

1.热处理：13淬火HRC40~45；

2.表面处理：发蓝；

3.材料：45。

后顶尖座

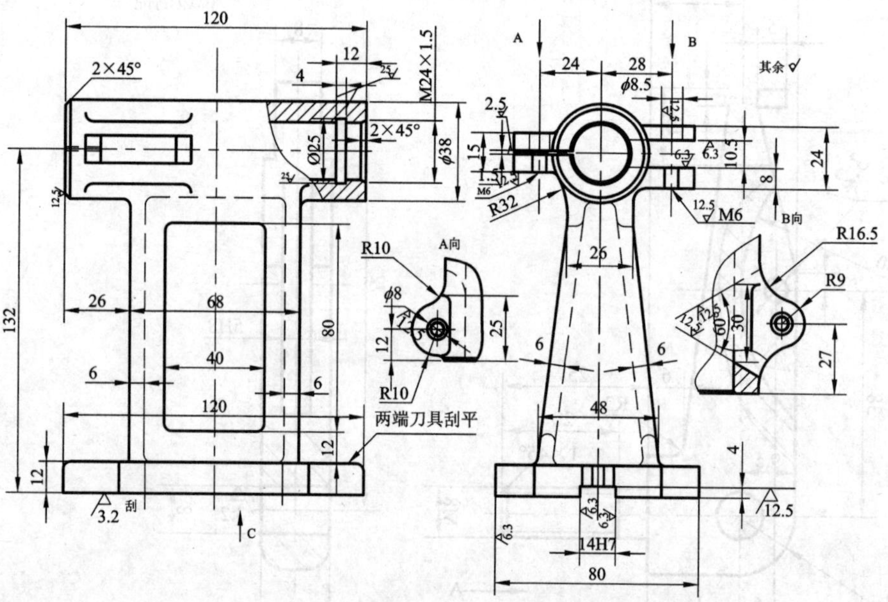

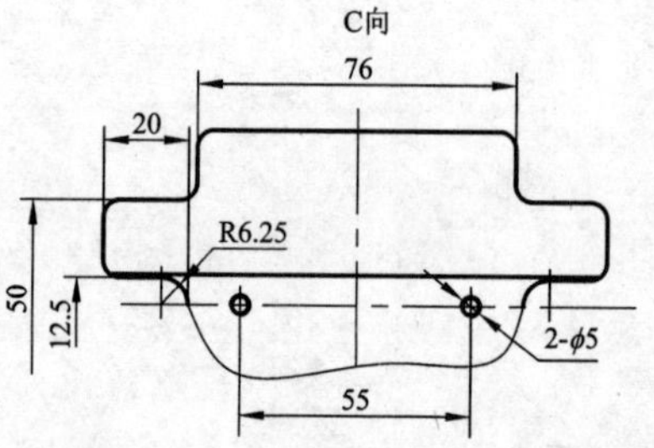

技 术 要 求

1.中心高132与件8前顶尖座应相等高，不一致允差0.01mm；
2.14H7键槽两侧面对ϕ22H7中心线不平行度允差0.01mm；
3.14H7槽中心线对ϕ22H7中心线偏移允差0.01mm；
4.铸件粗加工后须经人工时效处理；
5.未注明铸造圆角半径3~5mm；
6.非加工表面内部涂红漆，外表面抹腻子，喷浅绿色漆；
7.材料：HT200。

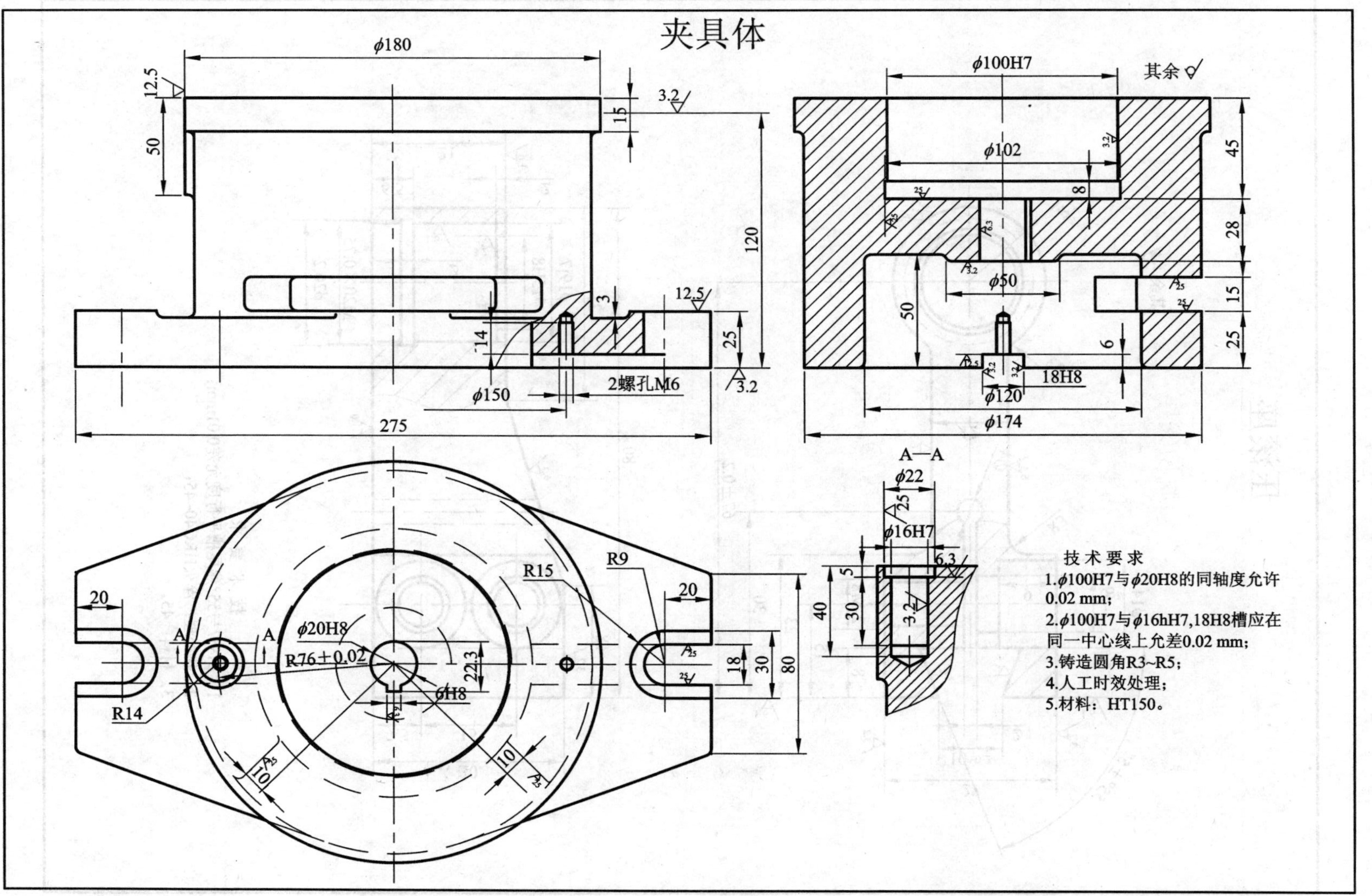

夹具体
其余
A—A
技术要求
1.φ100H7与φ20H8的同轴度允许0.02 mm;
2.φ100H7与φ16hH7,18H8槽应在同一中心线上允差0.02 mm;
3.铸造圆角R3~R5;
4.人工时效处理;
5.材料：HT150。
φ180
φ100H7
φ102
φ50
φ120
φ174
18H8
φ150
2螺孔M6
275
120
φ22
φ16H7
φ20H8
R76±0.02
6H8
R9
R15
R14

压滚座

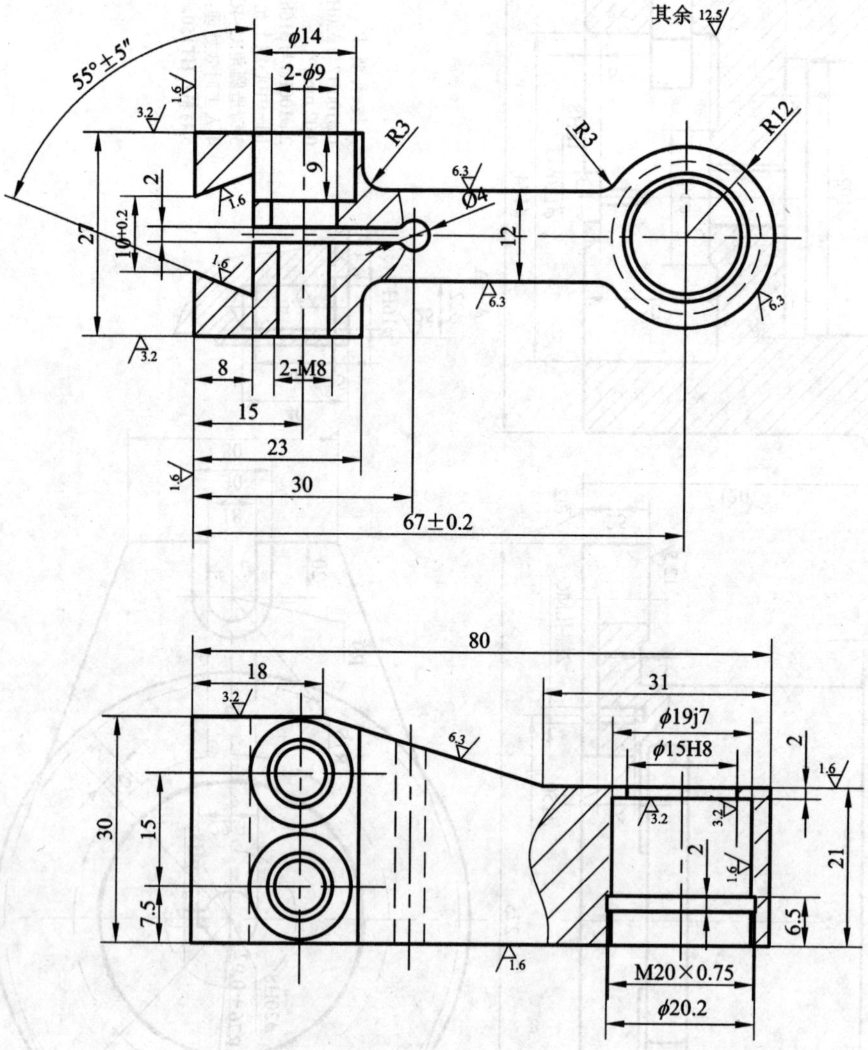

其余 12.5

ϕ14

2-ϕ9

55°±5″

R3

R3

R12

ϕ4

2-M8

67±0.2

80

ϕ19j7

ϕ15H8

M20×0.75

ϕ20.2

技 术 要 求

1. ϕ19j7与55°燕尾槽平行度允差0.01mm；
2. 热处理：淬火HRC40~45；
3. 材料：45。

支座

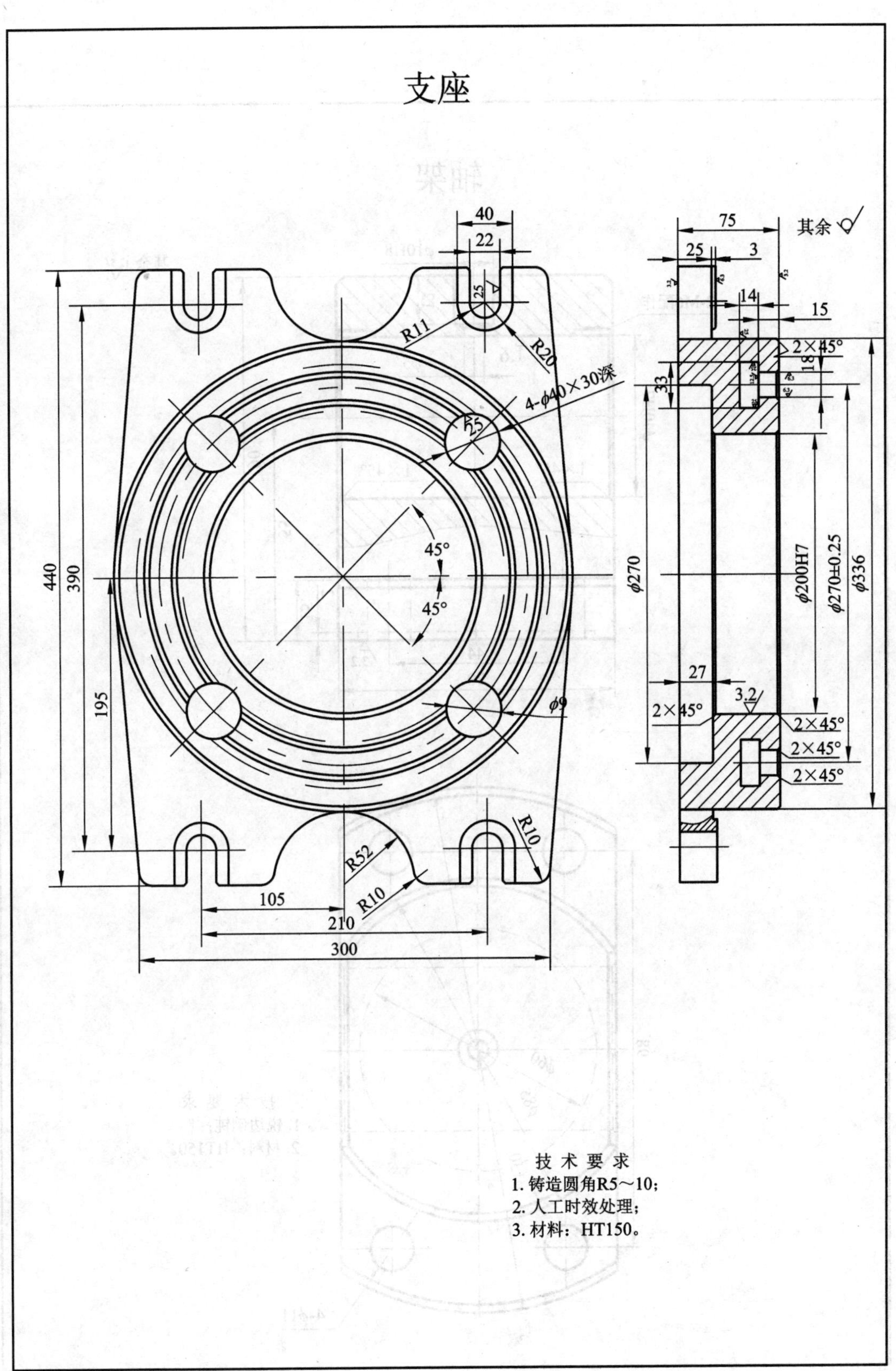

技 术 要 求

1. 铸造圆角R5～10；
2. 人工时效处理；
3. 材料：HT150。

轴架

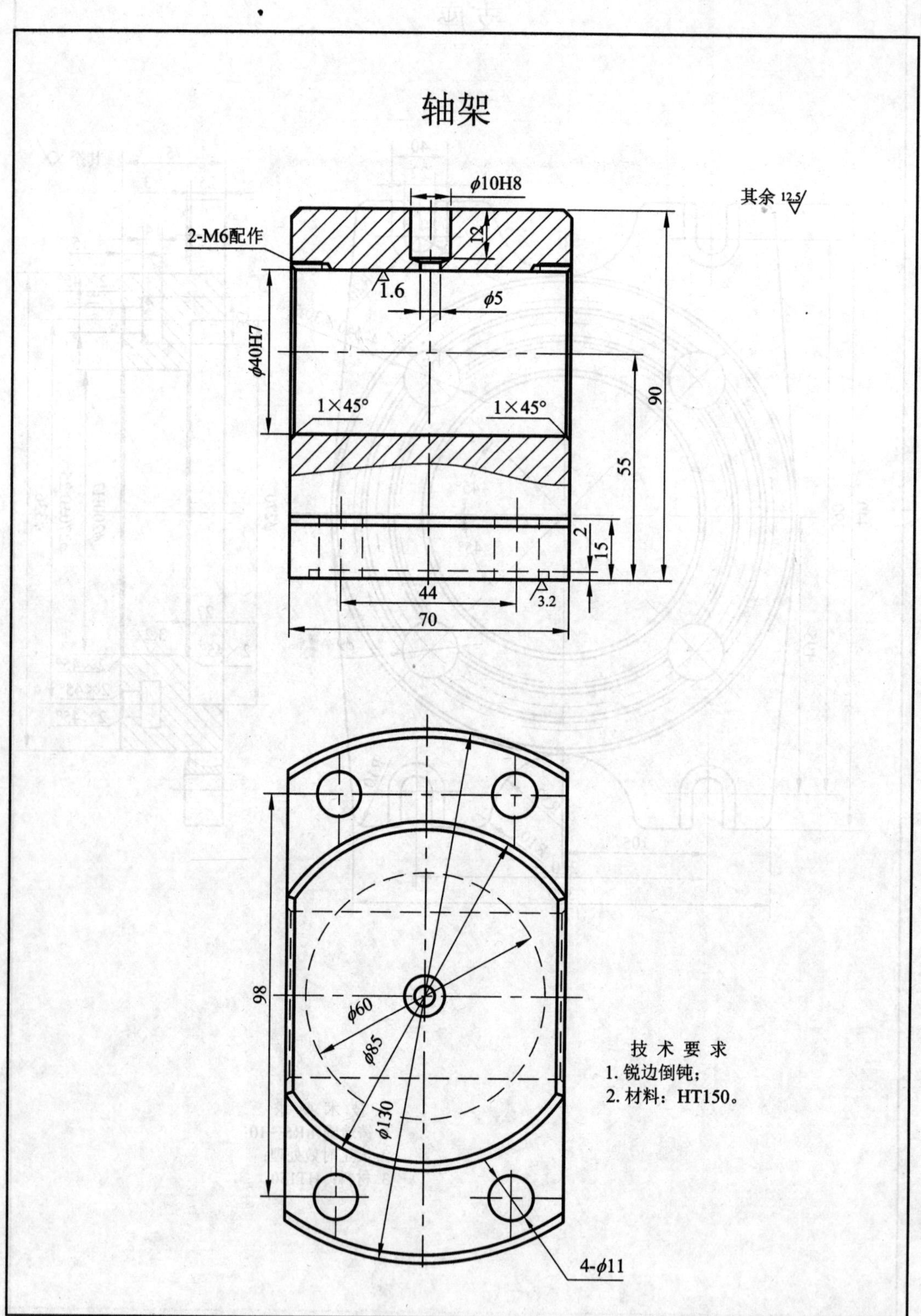

技 术 要 求

1. 锐边倒钝；
2. 材料：HT150。

主壳体

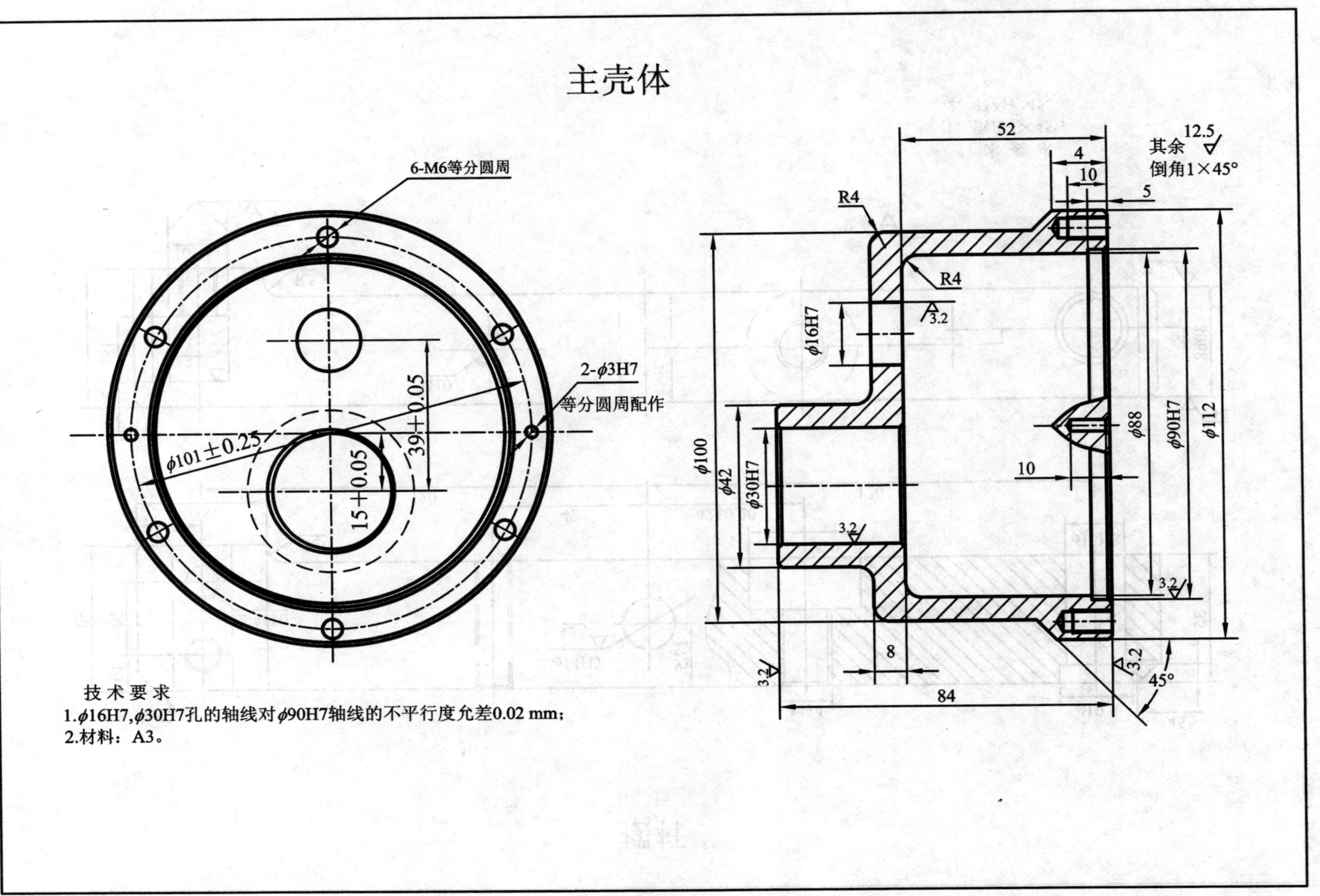
6-M6等分圆周
2-ϕ3H7
等分圆周配作
ϕ101±0.25
39+0.05
15+0.05
52
4
10
5
其余 12.5
倒角1×45°
R4
R4
ϕ16H7
3.2
ϕ100
ϕ42
ϕ30H7
ϕ88
ϕ90H7
ϕ112
10
8
84
45°
技 术 要 求
1.ϕ16H7,ϕ30H7孔的轴线对ϕ90H7轴线的不平行度允差0.02 mm；
2.材料：A3。

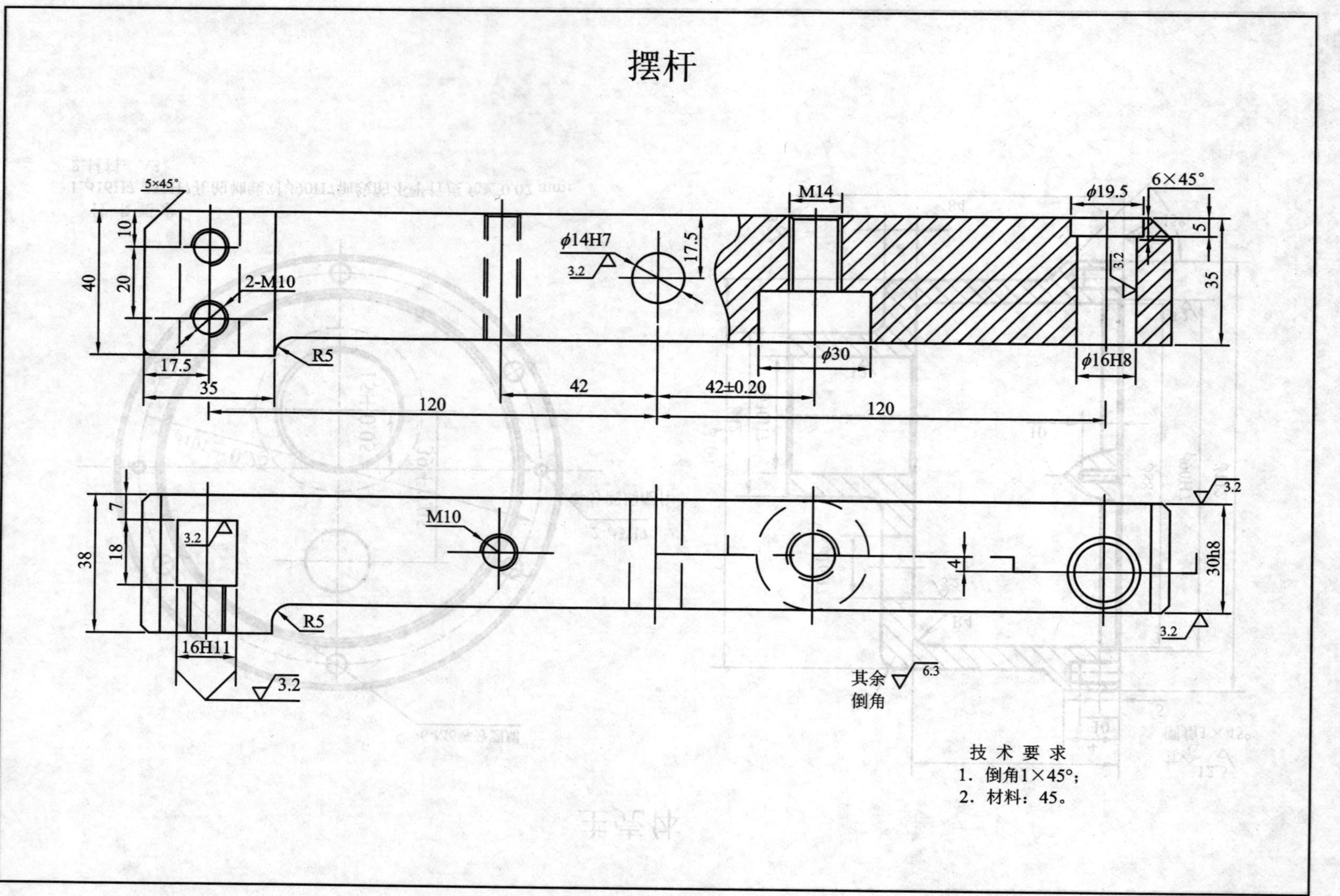
摆杆
5×45°
10
40
20
2-M10
17.5
35
R5
φ14H7
3.2
17.5
M14
φ30
42
42±0.20
120
120
φ19.5
6×45°
5
35
φ16H8
7
38
18
3.2
M10
16H11
R5
3.2
4
30h8
3.2
3.2
其余 6.3
倒角
技术要求
1. 倒角1×45°；
2. 材料：45。

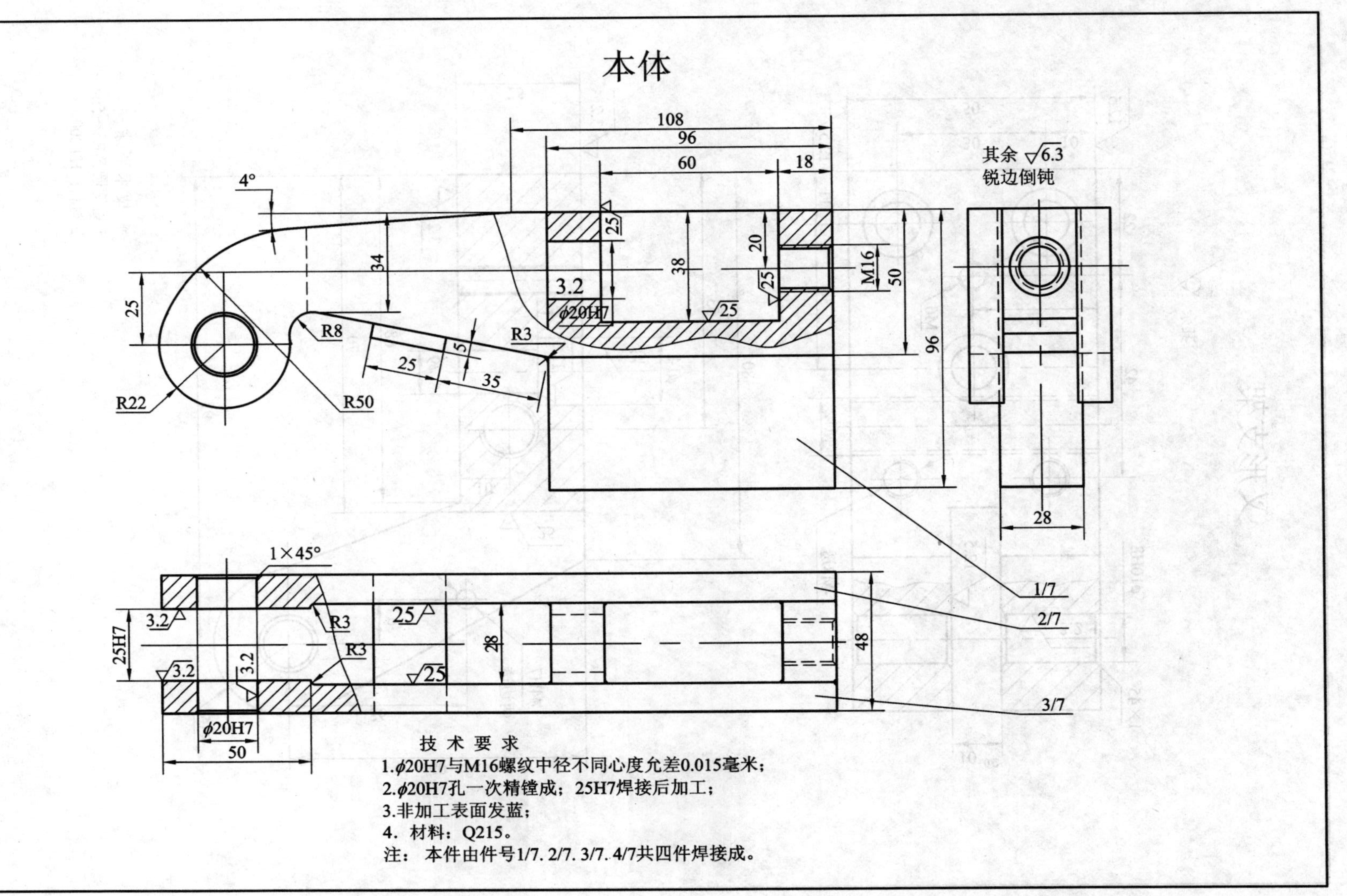
本体
108
96
60
18
4°
34
25
38
20
M16
50
96
3.2
ϕ20H7
R8
R3
5
25
35
R22
R50
其余 √6.3
锐边倒钝
28
1×45°
3.2
25H7
R3
R3
25
28
48
1/7
2/7
3/7
ϕ20H7
50
技 术 要 求
1.ϕ20H7与M16螺纹中径不同心度允差0.015毫米；
2.ϕ20H7孔一次精镗成；25H7焊接后加工；
3.非加工表面发蓝；
4. 材料：Q215。
注： 本件由件号1/7. 2/7. 3/7. 4/7共四件焊接成。

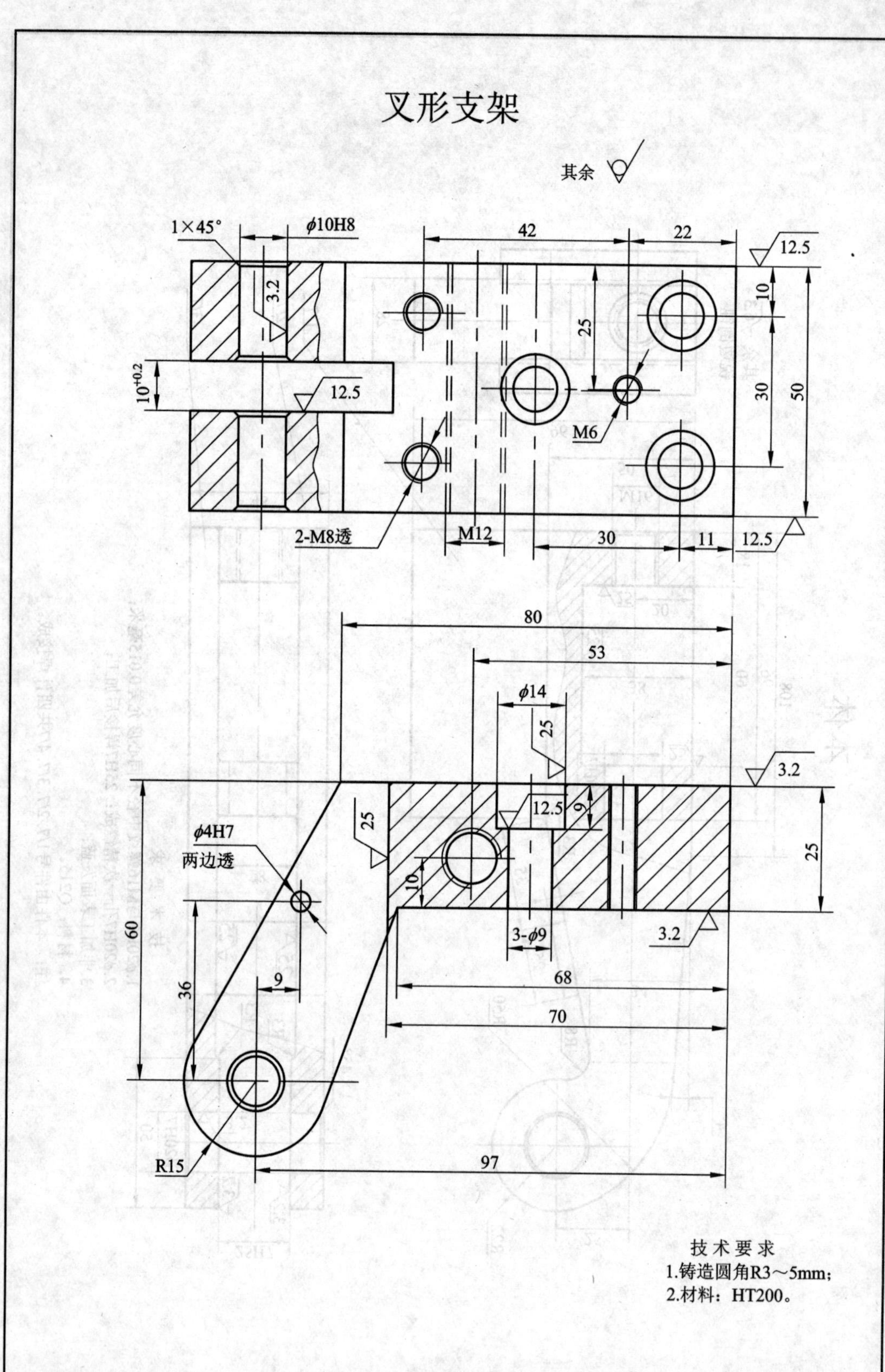
叉形支架
其余
1×45°
φ10H8
3.2
10+0.2
12.5
42
22
12.5
25
10
30
50
M6
2-M8透
M12
30
11
12.5
80
53
φ14
25
3.2
12.5
9
25
φ4H7
两边透
25
10
60
36
9
3-φ9
3.2
68
70
R15
97
技术要求
1.铸造圆角R3～5mm；
2.材料：HT200。

顶尖座

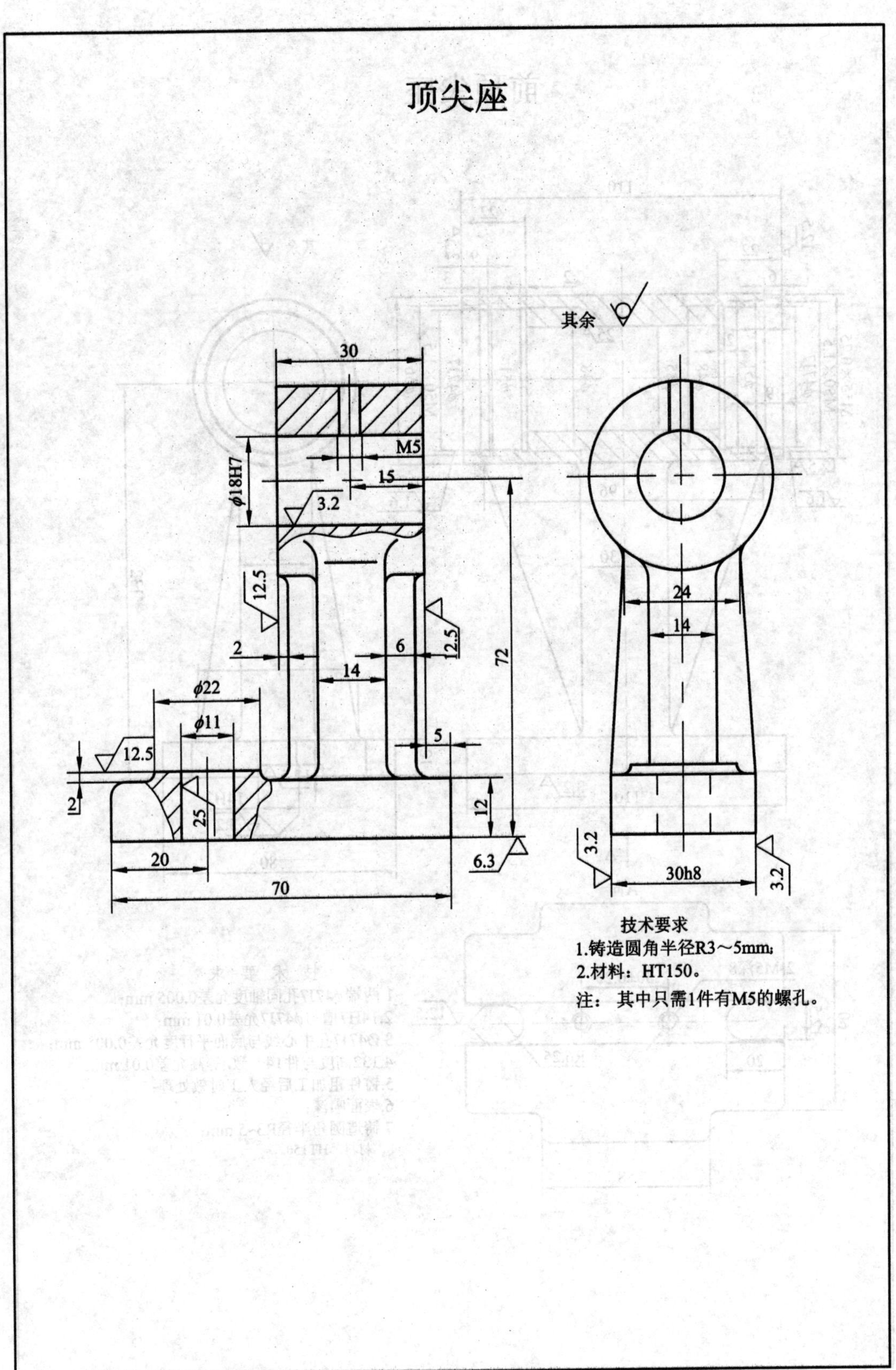

其余
30
M5
15
ϕ18H7
3.2
12.5
2
6
14
72
ϕ22
ϕ11
5
12.5
2
25
12
20
70
6.3
24
14
3.2
30h8
3.2
技术要求
1.铸造圆角半径R3～5mm;
2.材料：HT150。
注：其中只需1件有M5的螺孔。

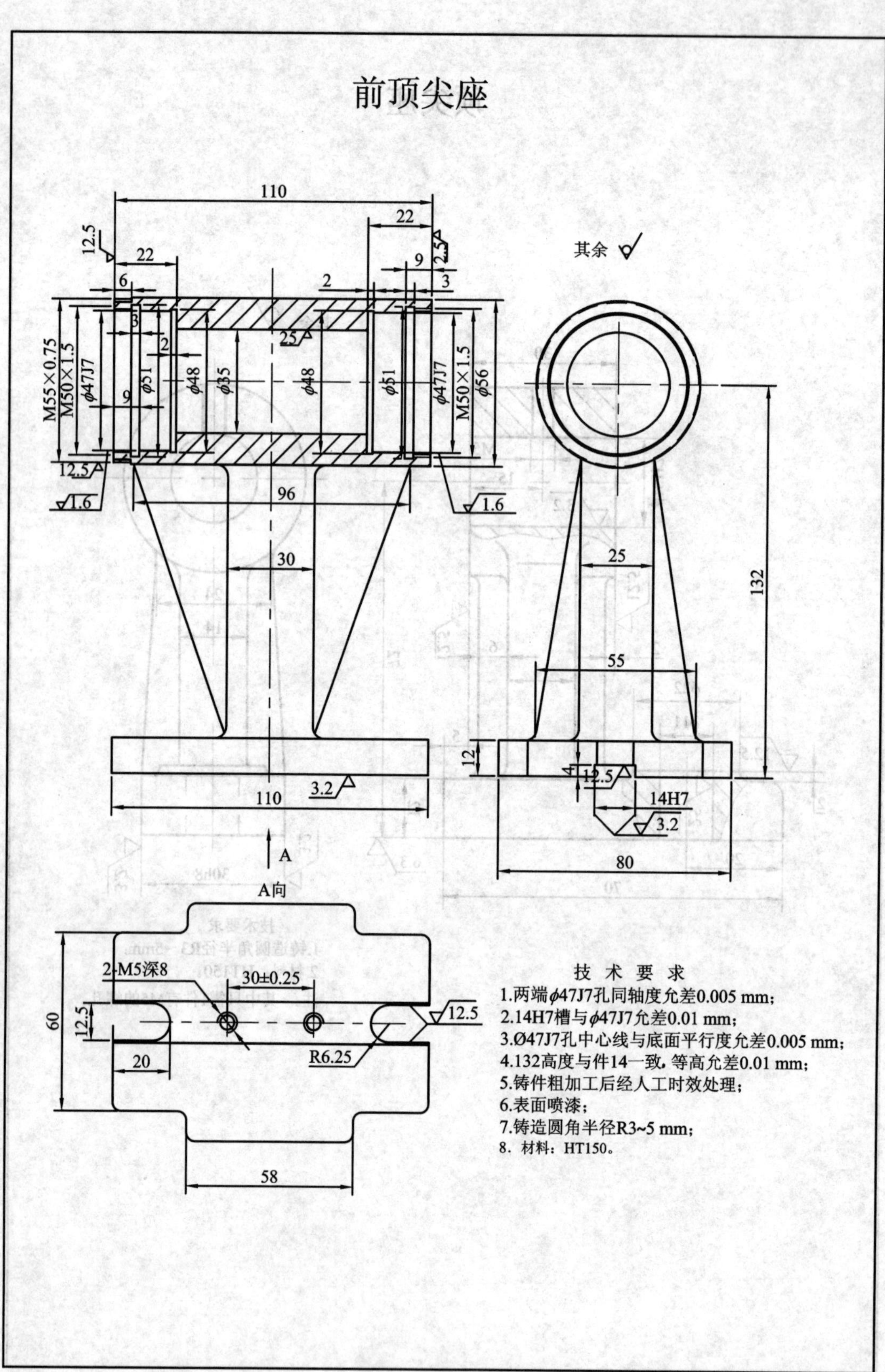
前顶尖座
110
22
12.5
2.5
9
6
3
2
25
M55×0.75
M50×1.5
ϕ47J7
ϕ51
ϕ48
ϕ35
ϕ56
96
1.6
30
132
55
12
4
14H7
3.2
80
A
A向
其余
2-M5深8
30±0.25
60
20
R6.25
58
技 术 要 求
1.两端ϕ47J7孔同轴度允差0.005 mm；
2.14H7槽与ϕ47J7允差0.01 mm；
3.Ø47J7孔中心线与底面平行度允差0.005 mm；
4.132高度与件14一致，等高允差0.01 mm；
5.铸件粗加工后经人工时效处理；
6.表面喷漆；
7.铸造圆角半径R3~5 mm；
8. 材料：HT150。

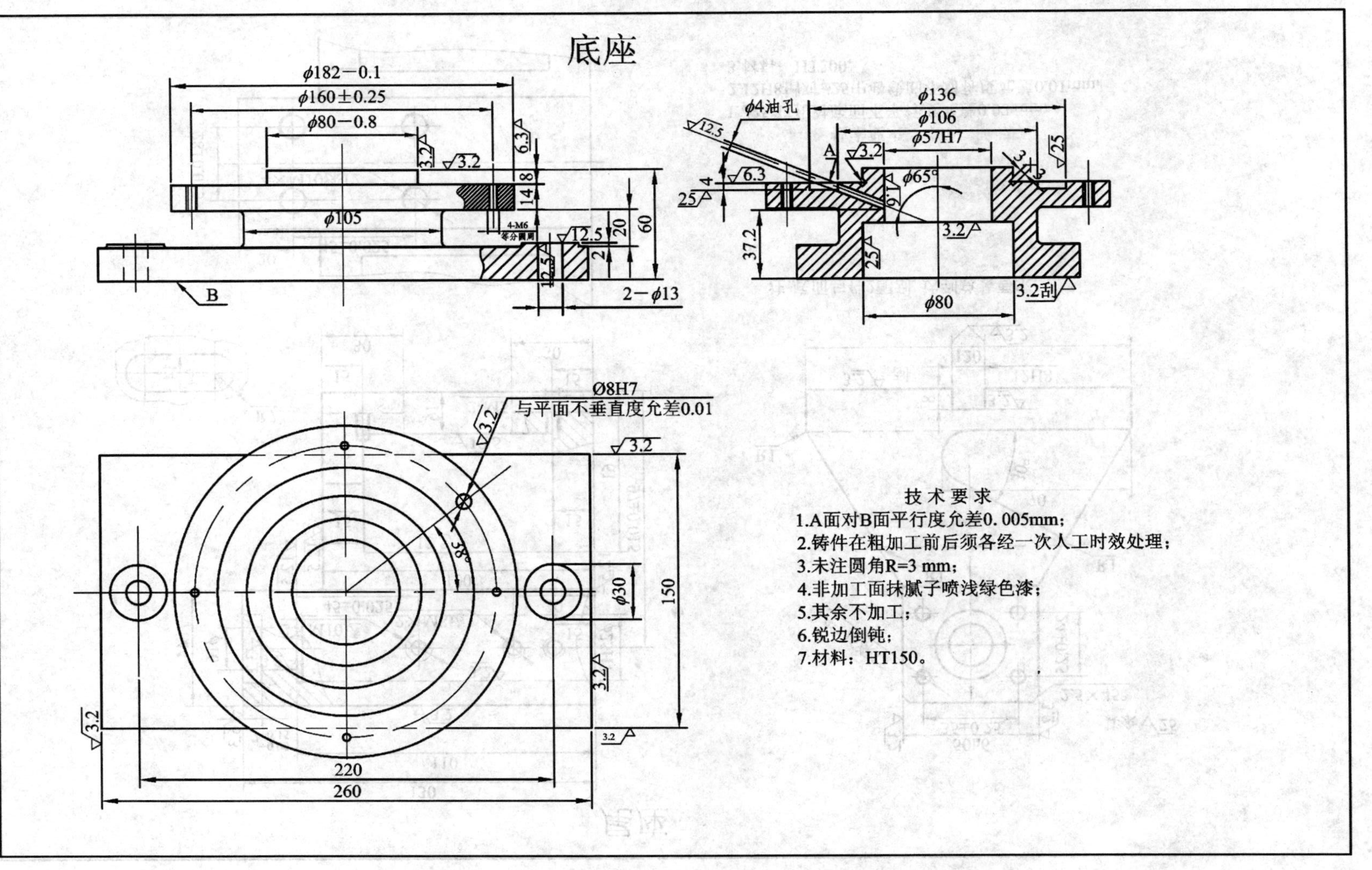
底座
φ182−0.1
φ160±0.25
φ80−0.8
φ105
4-M6
等分圆周
2−φ13
60
20
14
8
B
φ4油孔
φ136
φ106
φ57H7
φ65°
A
37.2
φ80
3.2刮
Ø8H7
与平面不垂直度允差0.01
38°
φ30
150
220
260
技术要求
1.A面对B面平行度允差0. 005mm;
2.铸件在粗加工前后须各经一次人工时效处理;
3.未注圆角R=3 mm;
4.非加工面抹腻子喷浅绿色漆;
5.其余不加工;
6.锐边倒钝;
7.材料：HT150。

尾座

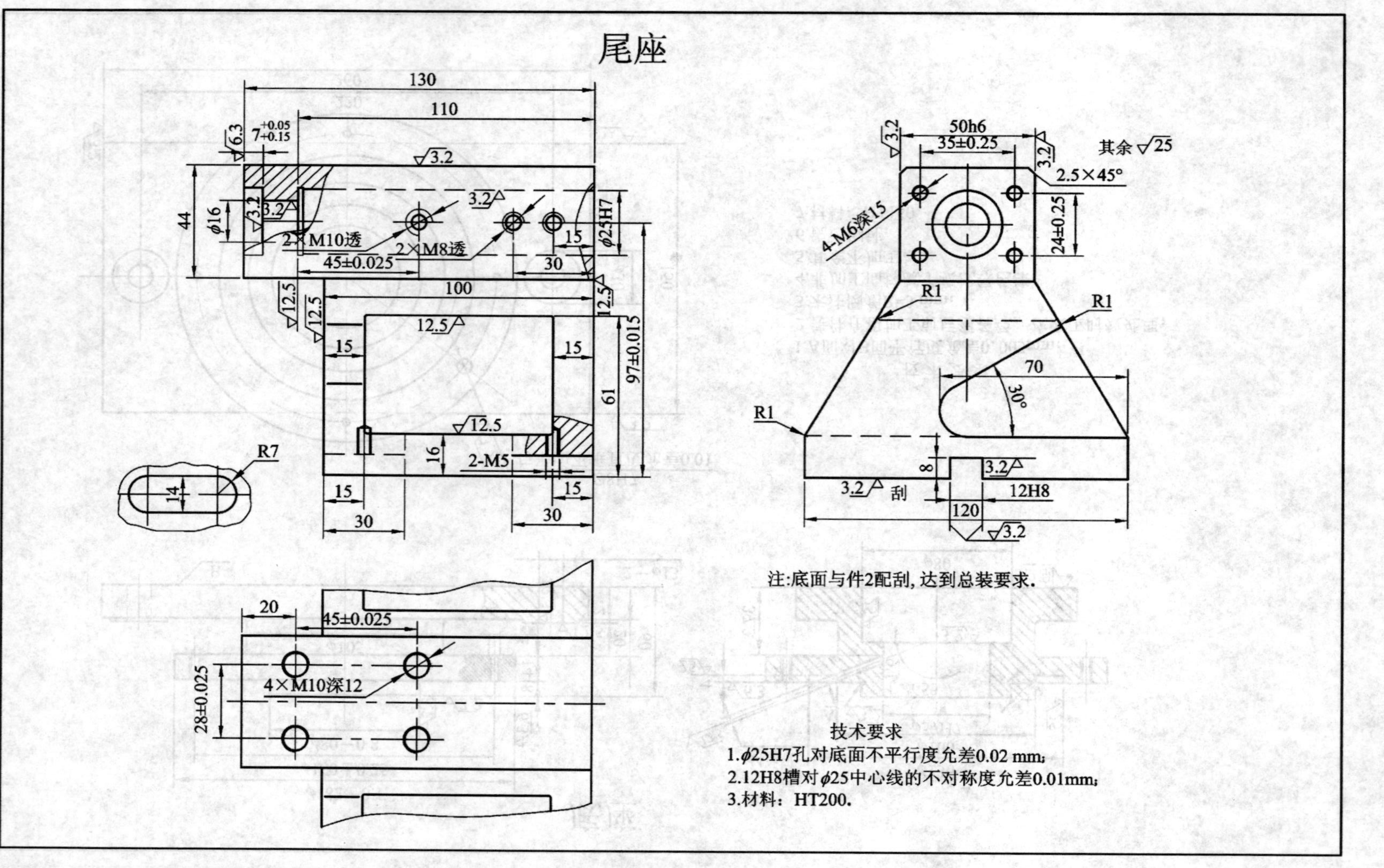

注:底面与件2配刮，达到总装要求.

技术要求

1.ϕ25H7孔对底面不平行度允差0.02 mm;

2.12H8槽对ϕ25中心线的不对称度允差0.01mm;

3.材料：HT200.

引导夹

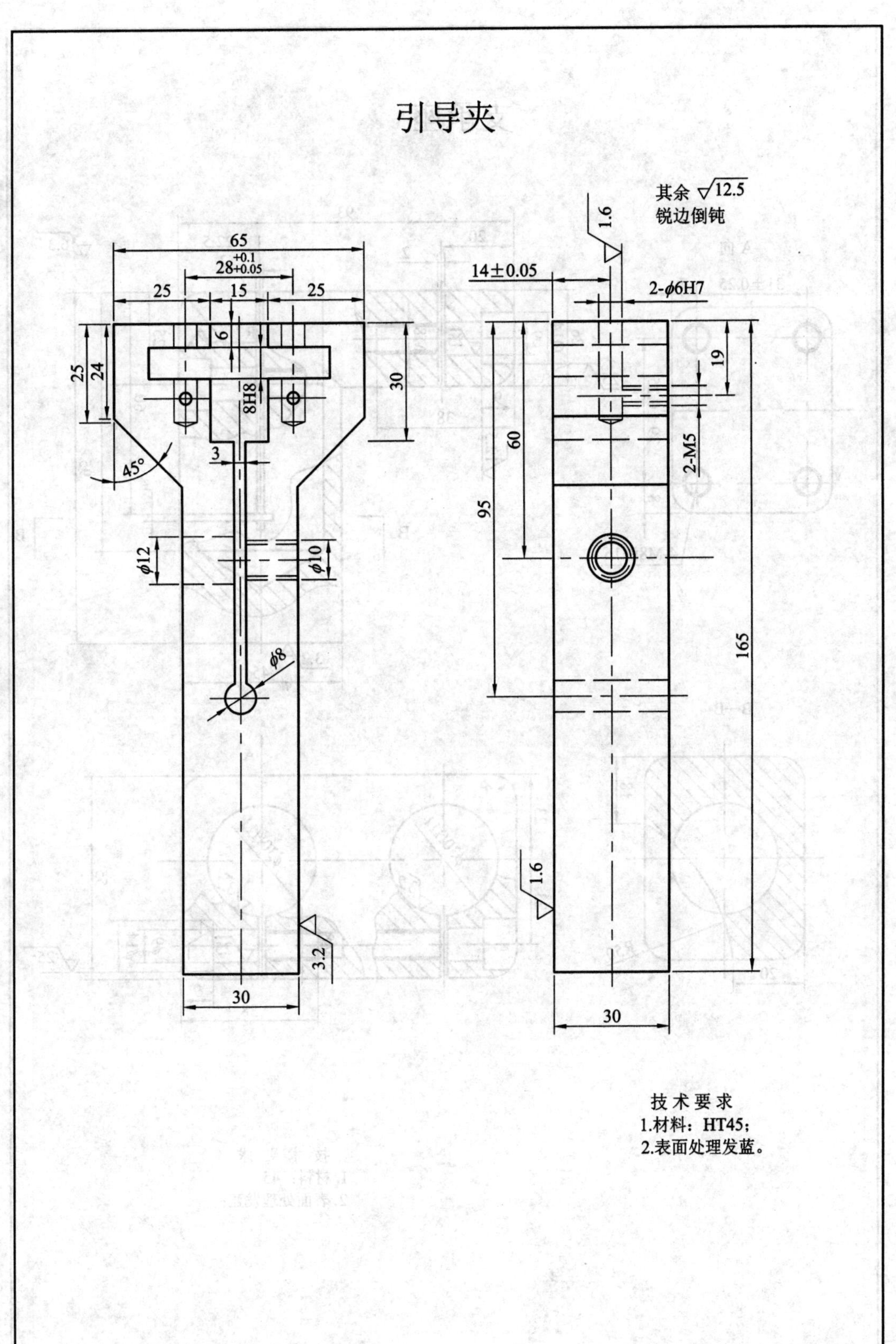

技术要求
1.材料：HT45；
2.表面处理发蓝。

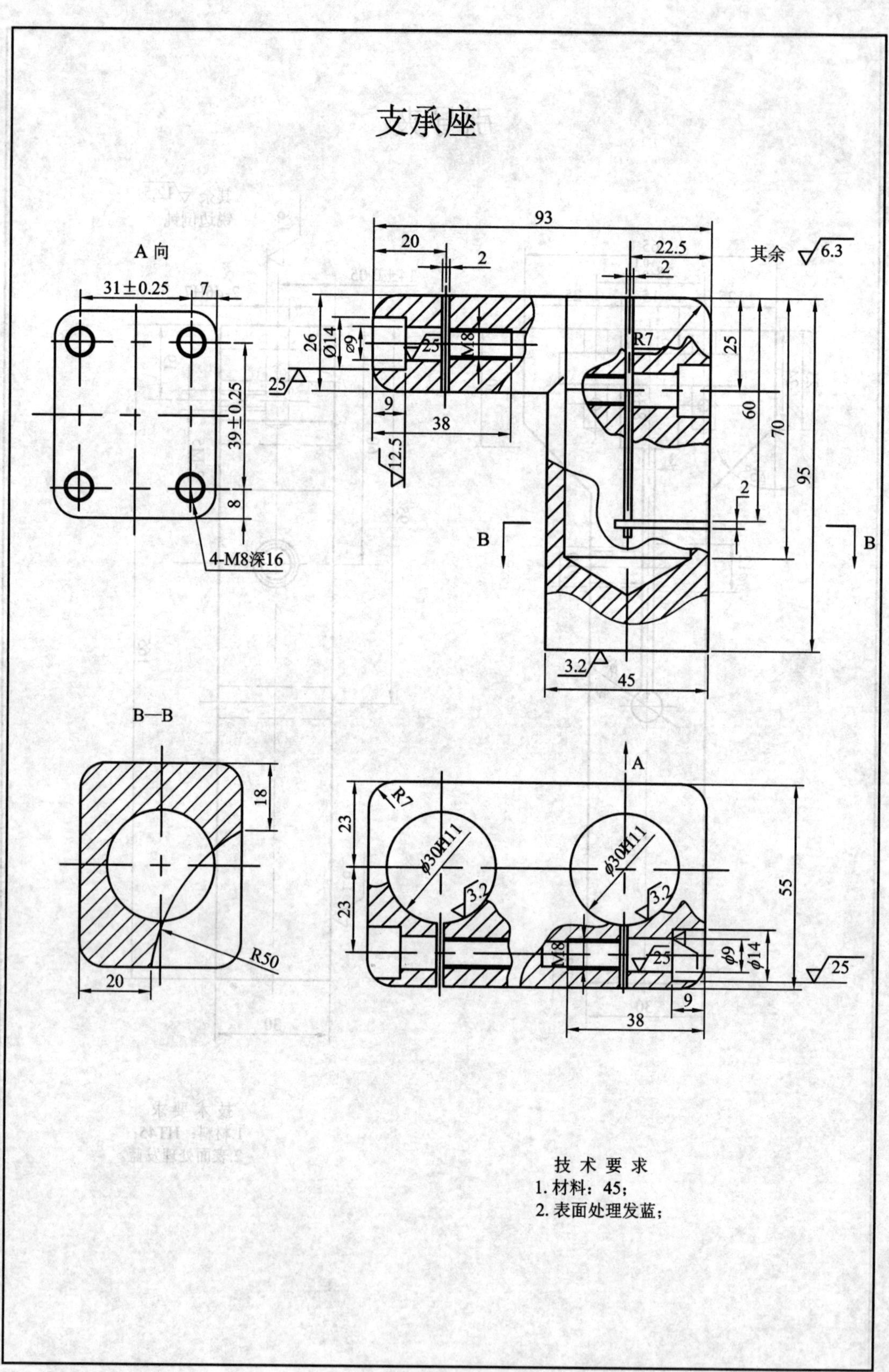
支承座
A向
31±0.25
7
39±0.25
8
4-M8深16
93
20
2
22.5
2
其余 6.3
26
Ø14
Ø9
25
M8
R7
25
60
70
95
2
9
38
12.5
B
B
3.2
45
B—B
18
20
R50
A
R7
23
23
ϕ30H11
ϕ30H11
3.2
3.2
55
M8
25
ϕ9
ϕ14
25
9
38
技 术 要 求
1. 材料：45；
2. 表面处理发蓝；

支架1

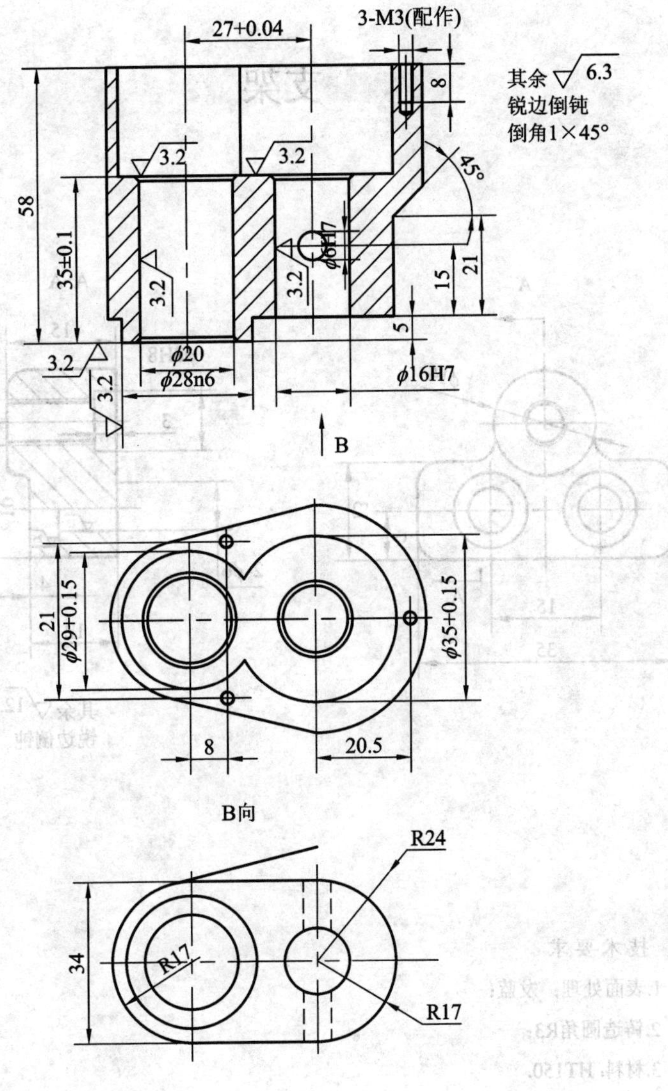

技 术 要 求

1.Ø20H7与Ø16H7孔平行度允差0.01mm；

2.热处理：调质HB220-250；

3.表面处理：发蓝；

4.材料：45.

支架

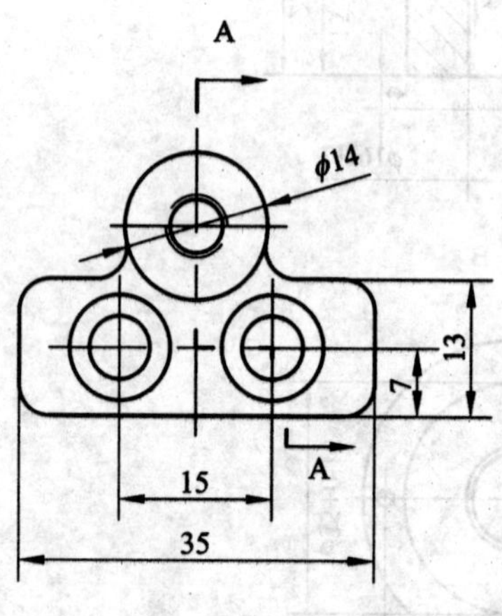

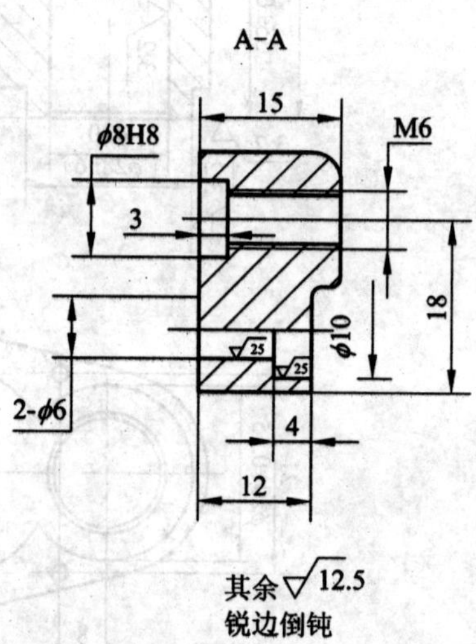

其余 12.5
锐边倒钝

技 术 要 求

1.表面处理：发蓝；

2.铸造圆角R3；

3.材料：HT150.

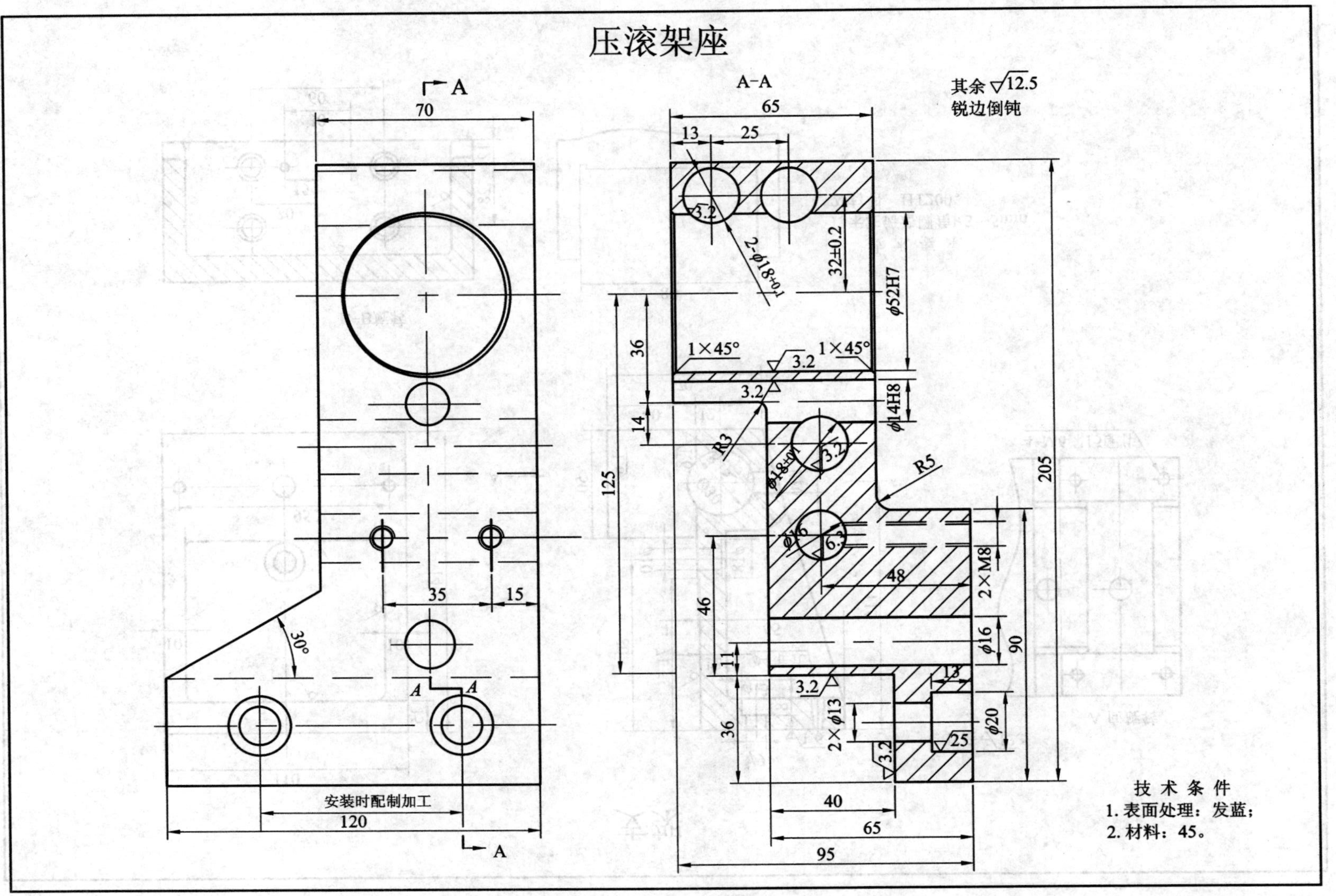

压滚架座
A–A
其余 ∇12.5
锐边倒钝
70
35
15
30°
安装时配制加工
120
65
13
25
2-ϕ18+0.1
32±0.2
ϕ52H7
1×45°
1×45°
3.2
ϕ14H8
36
14
125
R3
R5
ϕ18±0.1
ϕ16
6.3
48
2×M8
46
11
ϕ16
90
205
13
2×ϕ13
ϕ20
25
36
40
65
95
技术条件
1. 表面处理：发蓝；
2. 材料：45。

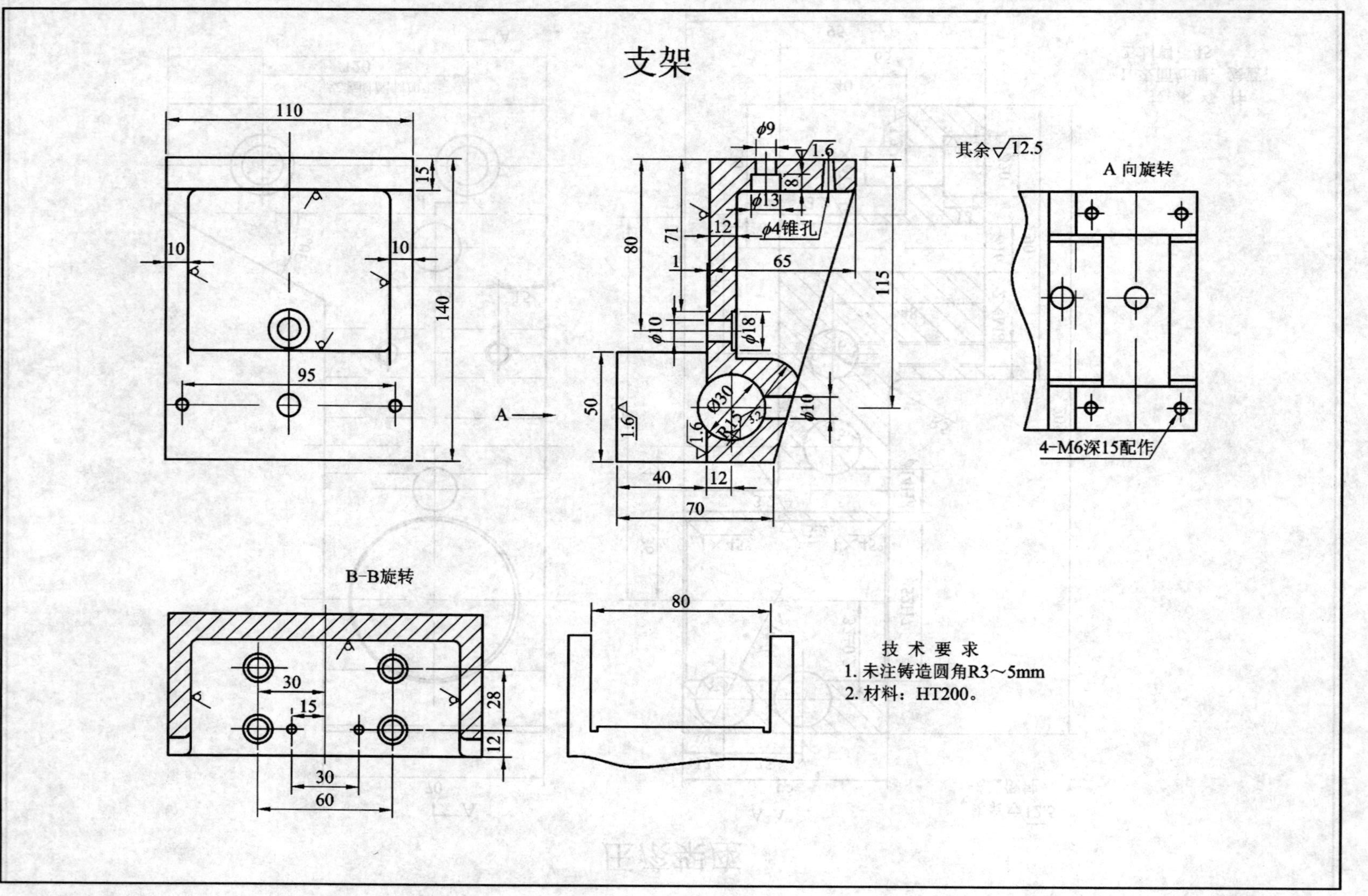

支架
其余 12.5
A 向旋转
4-M6深15配作
ϕ4锥孔
B-B旋转
技 术 要 求
1. 未注铸造圆角R3～5mm
2. 材料：HT200。

端盖

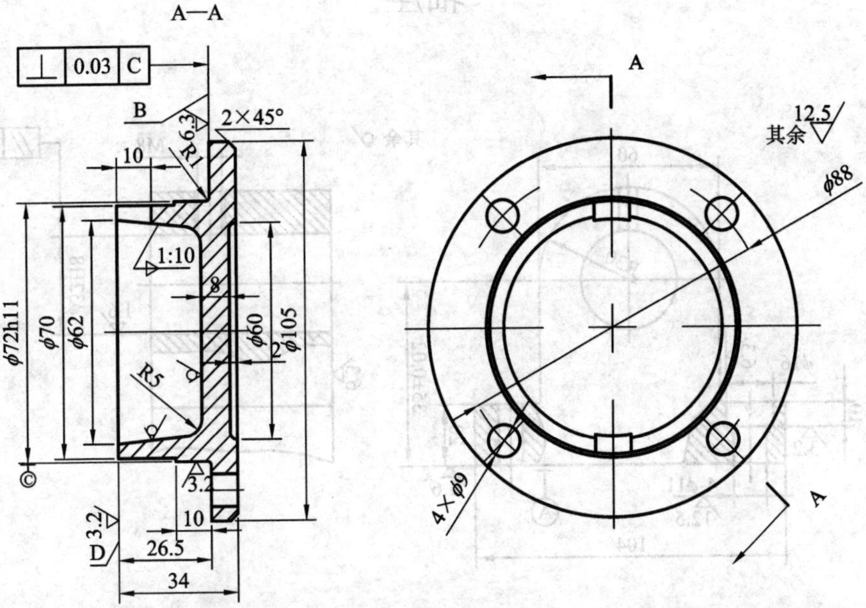

A—A

技 术 要 求

1. 未注铸造圆角均为R2;

2. 材料：HT150。

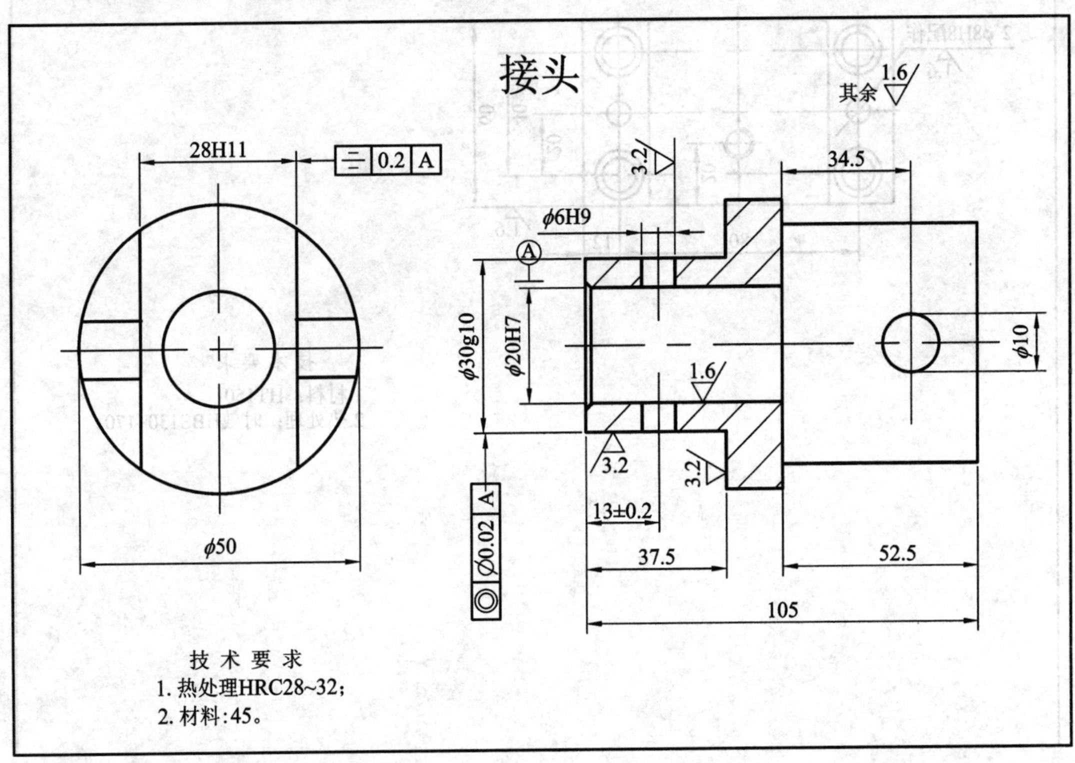

轴座

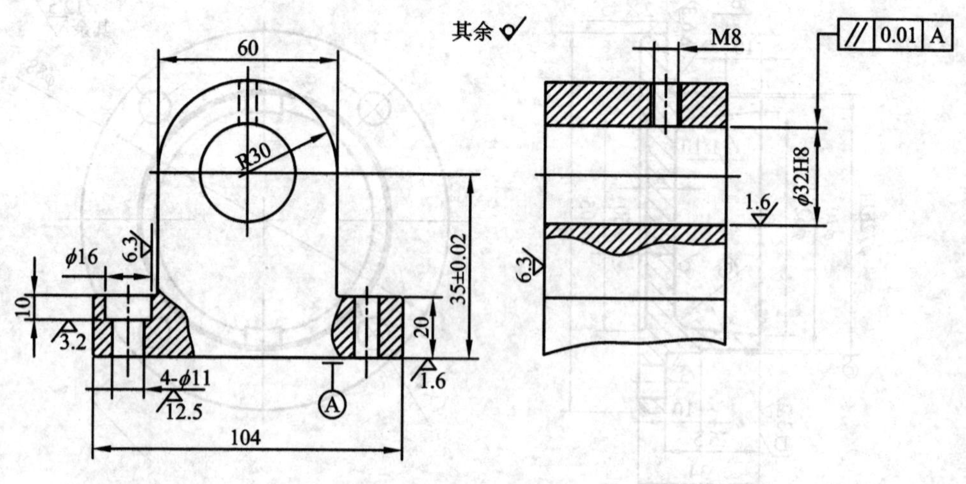

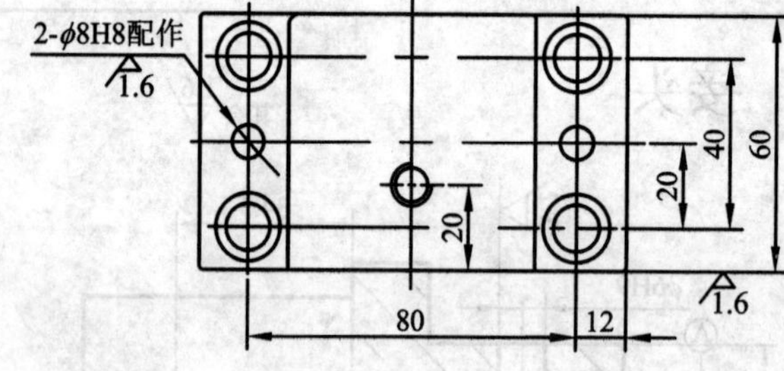

技术要求

1.材料：HT150；

2.热处理：时效HBS130~170。

气门摇杆轴支座

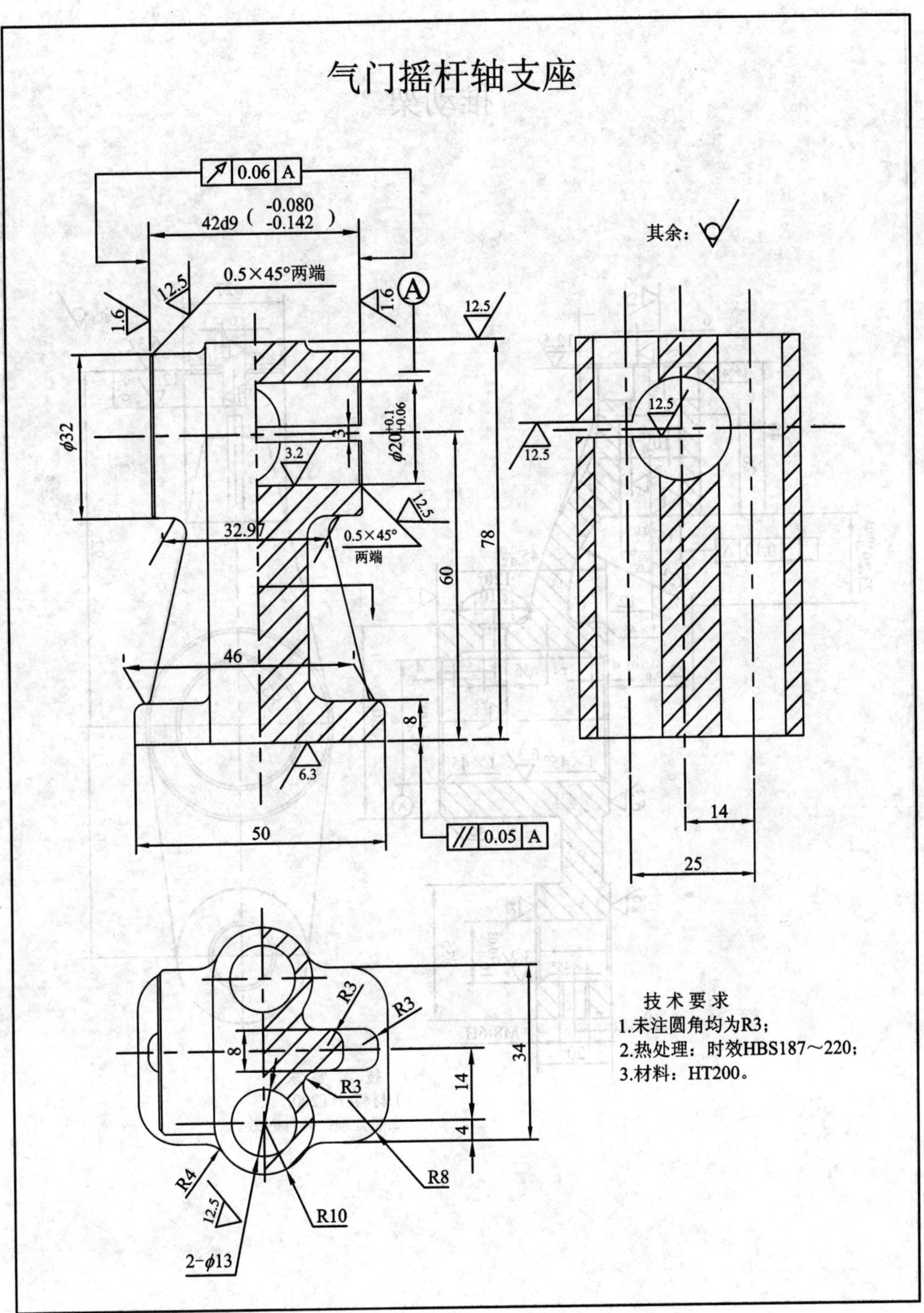

0.06 A
42d9 (-0.080 -0.142)
其余：
0.5×45°两端
12.5
1.6
1.6
A
12.5
φ32
3
φ20+0.1 +0.06
3.2
12.5
32.97
0.5×45° 两端
60
78
46
8
6.3
50
0.05 A
12.5
12.5
12.5
14
25
R3
R3
8
R3
34
14
4
R4
R8
12.5
R10
2-φ13
技术要求
1.未注圆角均为R3；
2.热处理：时效HBS187～220；
3.材料：HT200。

推动架

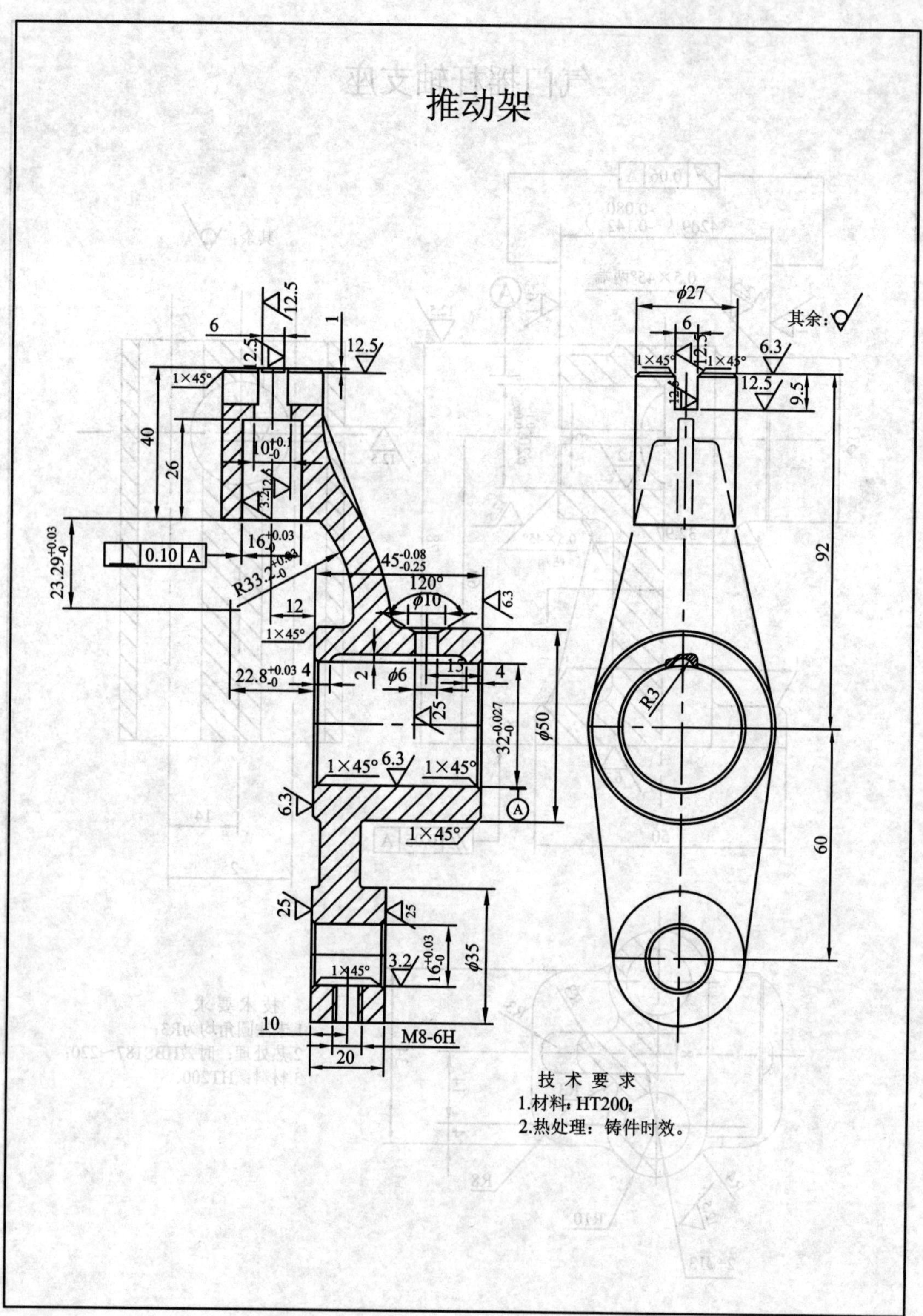

技 术 要 求
1.材料：HT200；
2.热处理：铸件时效。

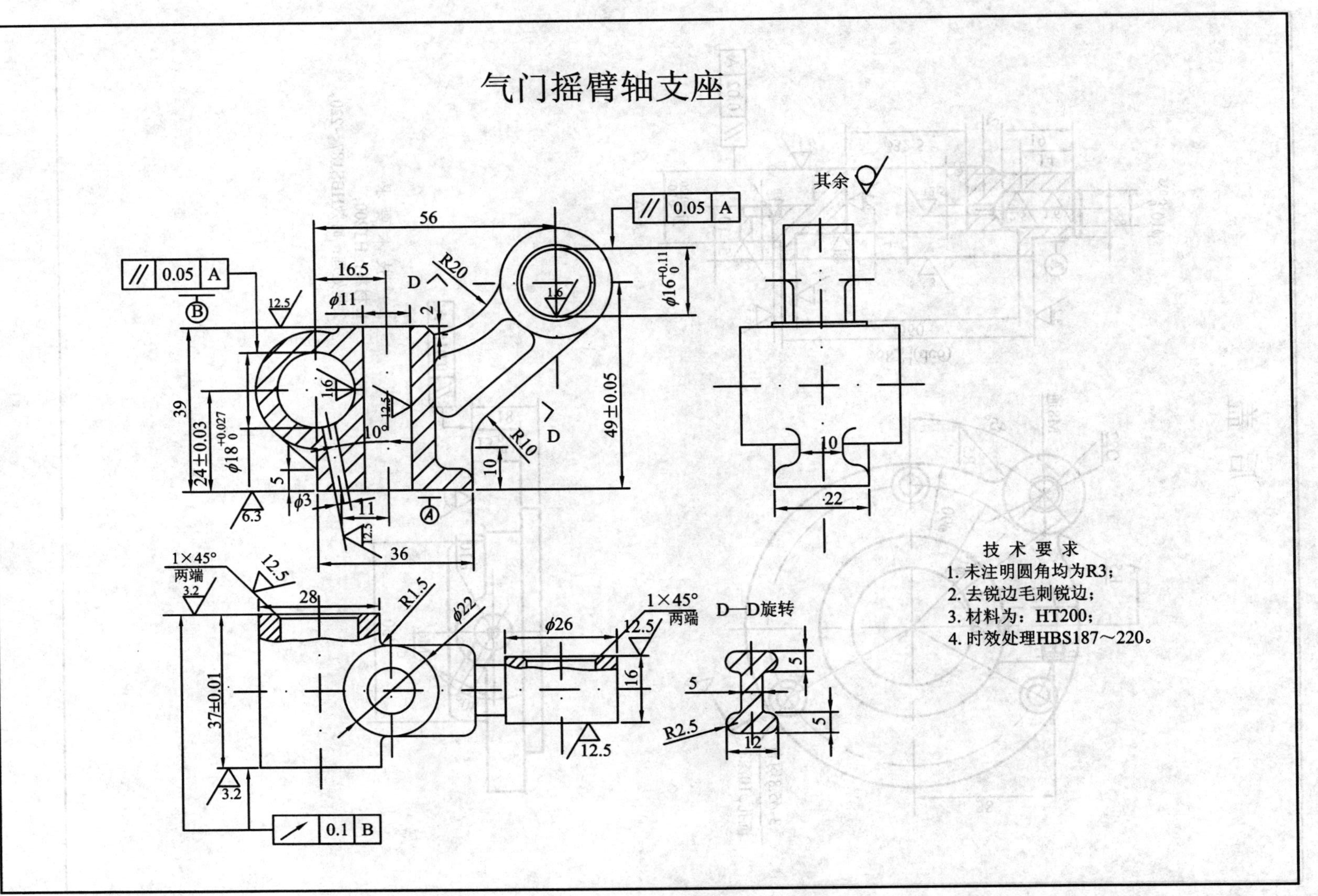

气门摇臂轴支座
其余
0.05 A
56
16.5
R20
D
φ11
2
12.5
B
39
24±0.03
φ18 +0.027 0
16
10
R10
49±0.05
φ16 +0.11 0
5
φ3
11
6.3
A
36
1×45°
两端
3.2
28
R1.5
φ22
φ26
16
37±0.01
0.1 B
D—D旋转
R2.5
12
22
技术要求
1. 未注明圆角均为R3；
2. 去锐边毛刺锐边；
3. 材料为：HT200；
4. 时效处理HBS187～220。

后 盖

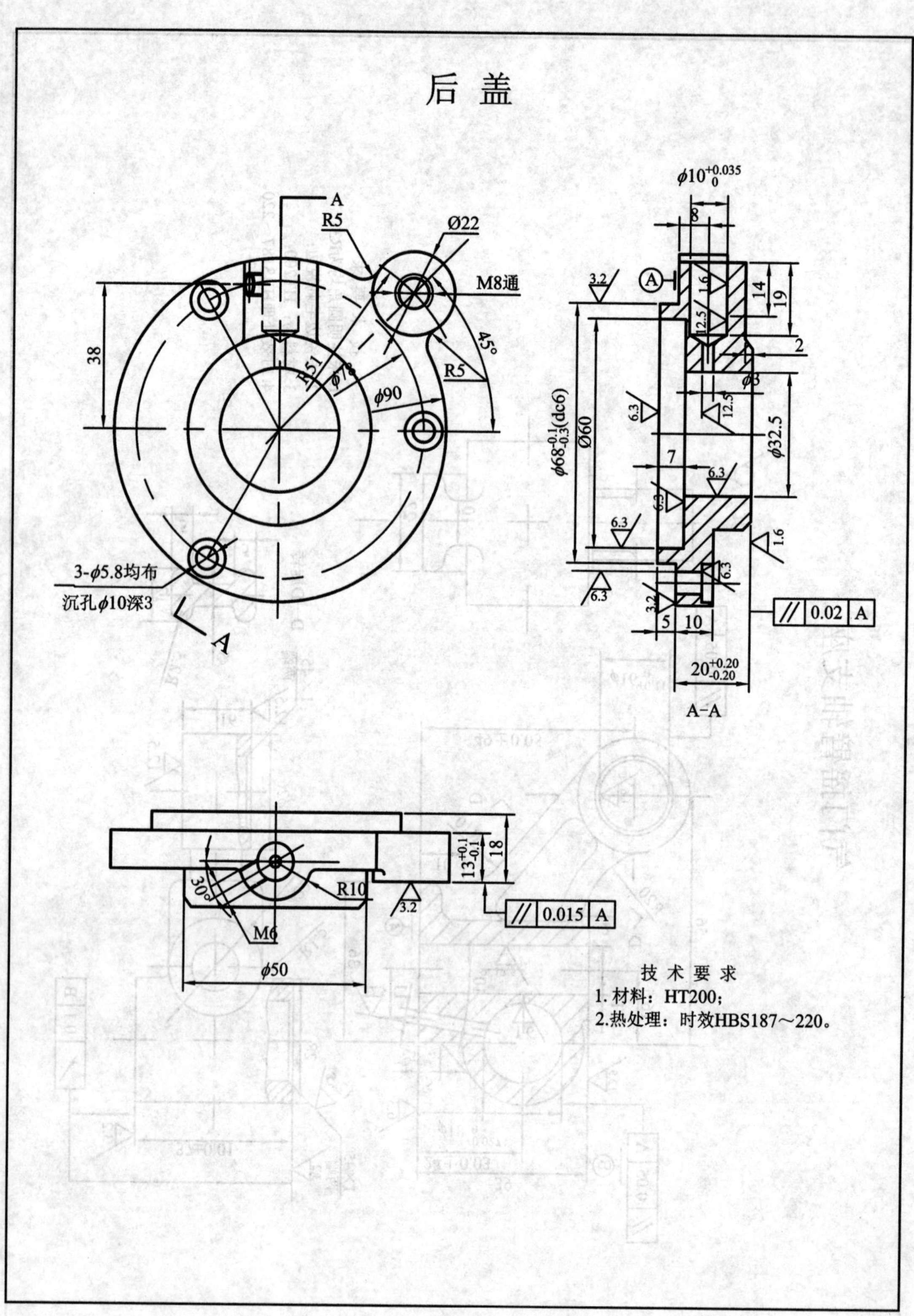

技 术 要 求

1. 材料：HT200；
2. 热处理：时效HBS187～220。

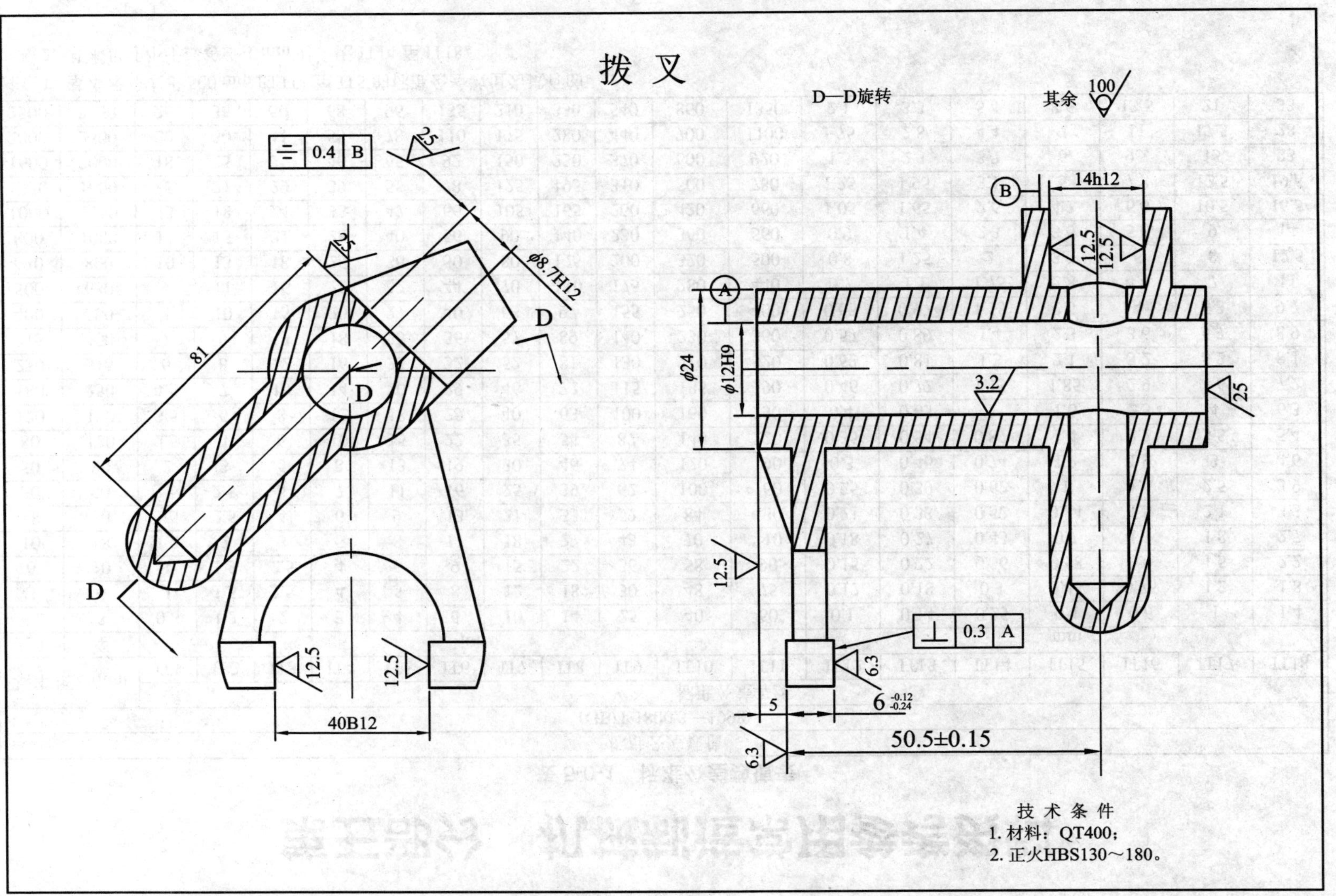
拨叉
D—D旋转
其余 100
0.4 B
25
25
φ8.7H12
81
D
D
D
12.5
12.5
40B12
14h12
B
12.5
12.5
A
φ24
φ12H9
3.2
25
12.5
0.3 A
6.3
$6^{-0.12}_{-0.24}$
5
6.3
50.5±0.15
技术条件
1. 材料：QT400；
2. 正火HBS130～180。

第五部分　机械制造常用参考资料

表 5-0-1　标准公差数值表

标准公差数值 (GB/T 1800.3—1998)																			
基本尺寸/mm		标准公差等级																	
		IT1	IT2	IT3	IT4	IT5	IT6	IT7	IT8	IT9	IT10	IT11	IT12	IT13	IT14	IT15	IT16	IT17	IT18
大于	至	μm											mm						
—	3	0.8	1.2	2	3	4	6	10	14	25	40	60	0.1	0.14	0.25	0.4	0.6	1	1.4
3	6	1	1.5	2.5	4	5	8	12	18	30	48	75	0.12	0.18	0.3	0.48	0.75	1.2	1.8
6	10	1	1.5	2.5	4	6	9	15	22	36	58	90	0.15	0.22	0.36	0.58	0.9	1.5	2.2
10	18	1.2	2	3	5	8	11	18	27	43	70	110	0.18	0.27	0.43	0.7	1.1	1.8	2.7
18	30	1.5	2.5	4	6	9	13	21	33	52	84	130	0.21	0.33	0.52	0.84	1.3	2.1	3.3
30	50	1.5	2.5	4	7	11	16	25	39	62	100	160	0.25	0.39	0.62	1	1.6	2.5	3.9
50	80	2	3	5	8	13	19	30	46	74	120	190	0.3	0.46	0.74	1.2	1.9	3	4.6
80	120	2.5	4	6	10	15	22	35	54	87	140	220	0.35	0.54	0.87	1.4	2.2	3.5	5.4
120	180	3.5	5	8	12	18	25	40	63	100	160	250	0.4	0.63	1	1.6	2.5	4	6.3
180	250	4.5	7	10	14	20	29	46	72	115	185	290	0.46	0.72	1.15	1.85	2.9	4.6	7.2
250	315	6	8	12	16	23	32	52	81	130	210	320	0.52	0.81	1.3	2.1	3.2	5.2	8.1
315	400	7	9	13	18	25	36	57	89	140	230	360	0.57	0.89	1.4	2.3	3.6	5.7	8.9
400	500	8	10	15	20	27	40	63	97	155	250	400	0.63	0.97	1.55	2.5	4	6.3	9.7
500	630	9	11	16	22	32	44	70	110	175	280	440	0.7	1.1	1.75	2.8	4.4	7	11
630	800	10	13	18	25	36	50	80	125	200	320	500	0.8	1.25	2	3.2	5	8	12.5
800	1000	11	15	21	28	40	56	90	140	230	360	560	0.9	1.4	2.3	3.6	5.6	9	14
1000	1250	13	18	24	33	47	66	105	165	260	420	660	1.05	1.65	2.6	4.2	6.6	10.5	16.5
1250	1600	15	21	29	39	55	78	125	195	310	500	780	1.25	1.95	3.1	5	7.8	12.5	19.5
1600	2000	18	25	35	46	65	92	150	230	370	600	920	1.5	2.3	3.7	6	9.2	15	23
2000	2500	22	30	41	55	78	110	175	280	440	700	1100	1.75	2.8	4.4	7	11	17.5	28
2500	3150	26	36	50	68	96	135	210	330	540	860	1350	2.1	3.3	5.4	8.6	13.5	21	33

注：1. 基本尺寸大于 500 mm 的 IT1 至 IT5 的标准公差数值为试行的。

2. 基本尺寸小于或等于 1 mm 时，无 IT14 至 IT18。

表 5-0-2　各种机床上加工时形状、位置的平均经济精度

<table>
<tr><td colspan="3">机 床 类 型</td><td>圆度/mm</td><td colspan="2">圆柱度</td><td colspan="2">平面度(凹入)(按直径)</td></tr>
<tr><td rowspan="4">普通车床</td><td rowspan="5">最大加工直径/mm</td><td>≤400</td><td>0.01</td><td colspan="2">0.0075/100</td><td colspan="2" rowspan="4">0.015/200 0.02/300 0.025/400 0.03/500 0.04/600 0.05/700 0.06/800 0.07/900 0.08/1000</td></tr>
<tr><td>>400～800</td><td>0.015</td><td colspan="2">0.025/300</td></tr>
<tr><td>>800～1600</td><td>0.02</td><td colspan="2">0.03/300</td></tr>
<tr><td>>1600～3200</td><td>0.025</td><td colspan="2">0.04/300</td></tr>
<tr><td>高精度普通车床</td><td>≤500</td><td>0.005</td><td colspan="2">0.01/150</td><td colspan="2">0.01/200</td></tr>
<tr><td rowspan="3">外圆磨床</td><td rowspan="3">最大磨削直径/mm</td><td>≤200</td><td>0.003</td><td colspan="2">0.0055/500</td><td colspan="2" rowspan="3">—</td></tr>
<tr><td>>200～400</td><td>0.004</td><td colspan="2">0.01/1000</td></tr>
<tr><td>>400～800</td><td>0.006</td><td colspan="2">0.015/全长</td></tr>
<tr><td colspan="3">无心磨床</td><td>0.005</td><td colspan="2">0.004/100</td><td colspan="2">等径多边形偏差 0.003</td></tr>
<tr><td colspan="3">珩磨机</td><td>0.005</td><td colspan="2">0.01/300</td><td colspan="2">—</td></tr>
<tr><td colspan="3" rowspan="2">机床类型</td><td rowspan="2">圆度/mm</td><td rowspan="2">圆柱度</td><td rowspan="2">平面度(凹入)(按直径)</td><td colspan="2">成批工件尺寸的分散度/mm</td></tr>
<tr><td>径度</td><td>长直</td></tr>
<tr><td rowspan="4">六角车床</td><td rowspan="4">最大棒料直径/mm</td><td>≤12</td><td>0.007</td><td>0.007/300</td><td>0.02/300</td><td>0.04</td><td>0.12</td></tr>
<tr><td>>12～32</td><td>0.01</td><td>0.01/300</td><td>0.03/300</td><td>0.05</td><td>0.15</td></tr>
<tr><td>>32～80</td><td>0.01</td><td>0.02/300</td><td>0.04/300</td><td>0.06</td><td>0.18</td></tr>
<tr><td>>80</td><td>0.02</td><td>0.025/300</td><td>0.05/300</td><td>0.09</td><td>0.22</td></tr>
<tr><td colspan="3">机床类型</td><td>圆度/mm</td><td>圆柱度</td><td>平面度(凹入)(按直径)</td><td>孔加工的平度</td><td>孔和端面加工的垂直度</td></tr>
<tr><td rowspan="3">卧式车床</td><td rowspan="3">杆直径/mm</td><td>≤100</td><td>外圆 0.025/内孔 0.02</td><td>0.02/200</td><td>0.04/300</td><td rowspan="3">0.05/300</td><td rowspan="3">0.05/300</td></tr>
<tr><td>>100～160</td><td>外圆 0.025 内孔 0.025</td><td>0.025/300</td><td>0.05/500</td></tr>
<tr><td>>160</td><td>外圆 0.03 内孔 0.025</td><td>0.03/400</td><td>—</td></tr>
</table>

续表

机床类型			圆度/mm	圆柱度	平面度(凹入)(按直径)	孔加工的平行度	孔和端面加工的垂直度
内圆磨床	最大磨孔直径/mm	≤50	0.004	0.004/200	0.009		0.015
		>50～200	0.0075	0.0075/200	0.013	—	0.018
		>200	0.01	0.01/200	0.02	—	00.022.
立式金钢镗			0.004	0.01/300	—	—	03/300
机床类型			平面度	平行度(加工面对基面)		垂直度 加工面对基面	垂直度 加工面相互间
卧式铣床			0.06/300	0.06/300		0.04/300	0.05/300
立式铣床			0.06/300	0.06/300		0.04/150	0.05/300
龙门铣床	最大加工宽度/mm	≤2000	0.05/1000	0.03/1000 0.05/2000 0.06/3000 0.07/4000 0.10/6000		侧加工面间的平行度	0.06/300
		>2000		0.13/8000		0.03/1000	0.10/500 0.03/300
龙门刨床		≤2000	0.03/1000	0.03/1000 0.05/2000 0.06/3000 0.07/4000 0.10/6000		—	
		>2000		0.12/8000			0.05/500
插床	最大插削长度/mm	≤200	0.05/300			0.05/300	0.05/300
		>200～500	0.05/300	—		0.05/300	0.05/300
		>500～800	0.06/500	—		0.06/500	0.06/500
		>800～1250	0.07/500	—		0.07/500	0.07/500
平面磨床	立卧轴矩台		—	0.02/1000		—	—
	卧轴矩台(提高精度)		—	0.009/500		—	0.01/100
	卧轴圆台		—	0.02/工作台直径		—	—
	立轴圆台		—	0.03/1000		—	—
牛头刨床			0.04/300	±0.07/3000	±0.07/3000		±0.07/3000

表 5-0-3 铸件尺寸公差数值

毛坯铸件基本尺寸 /mm		公 差 等 级															
大于	至	1	2	3	4	5	6	7	8	9	10	11	12	13	14	15	16
—	10	—	—	0.18	0.26	0.36	0.52	0.74	1.0	1.5	2.0	2.8	4.2	—	—	—	—
18	16	—	—	0.20	0.28	0.38	0.54	0.78	1.1	1.6	2.2	3.0	4.4	—	—	—	—
16	25	—	—	0.22	0.30	0.42	0.58	0.82	1.2	1.7	2.4	3.2	4.6	6	8	10	12
25	40	—	—	0.24	0.32	0.46	0.64	0.90	1.3	1.8	2.6	3.6	5.0	7	9	11	14
40	63	—	—	0.26	0.36	0.50	0.70	1.0	1.4	2.0	2.8	4.0	5.6	8	10	12	16
63	100	—	—	0.28	0.40	0.56	0.78	1.1	1.6	2.2	3.2	4.4	6	9	11	14	18
100	160	—	—	0.30	0.44	0.62	0.88	1.2	1.8	2.5	3.6	5.0	7	10	12	16	20
160	250	—	—	0.34	0.50	0.70	1.0	1.4	2.0	2.8	4.0	5.6	8	11	14	18	22
250	400	—	—	0.40	0.56	0.78	1.1	1.6	2.2	3.2	4.4	6.2	9	12	16	20	25
400	630	—	—	—	0.64	0.90	1.2	1.8	2.6	3.6	5	7	10	14	18	22	28
630	1000	—	—	—	—	1.0	1.4	2.0	2.8	4.0	6	8	11	16	20	25	32
1000	1600	—	—	—	—	—	1.6	2.2	3.2	4.6	7	9	13	18	23	29	37
1600	2500	—	—	—	—	—	—	2.6	3.8	5.4	8	10	15	21	26	33	42
2500	4000	—	—	—	—	—	—	—	4.4	6.2	9	12	17	24	30	38	49
4000	6300	—	—	—	—	—	—	—	—	7.0	10	14	20	28	35	44	56
6300	10 000	—	—	—	—	—	—	—	—	—	11	16	23	32	40	50	64

注：1. 在等级 CT1～CT15 中对壁厚采用粗一级公差。

2. 对于不超过 16 mm 的尺寸，不采用 CT13～CT16 的一般公差，对于这些尺寸应标注个别公差。

3. 等级 CT16 仅适用于一般公差规定为 CT15 的壁厚。

表 5-0-4 轴在粗车外圆后半精车外圆的加工余量

轴的直径 *d* /mm	轴的长度 L/mm						磨前加工误差 /mm
	≤100	>100～250	>250～500	>500～800	>800～1200	>1200～2000	
	直径上余量 *a*/mm						
≤10	0.8	0.9	1	—	—	—	—
>10～18	0.9	0.9	1	1.1	—	—	–0.24
>18～30	0.9	1	1.1	1.3	1.4	—	–0.28
>30～50	1	1	1.1	1.3	1.5	1.7	–0.34
>50～80	1.1	1.1	1.2	1.4	1.6	1.8	–0.4
>80～120	1.1	1.2	1.2	1.4	1.6	1.9	–0.46
>120～180	1.2	1.2	1.3	1.5	1.7	2	–0.53
>180～260	1.3	1.3	1.4	1.6	1.8	2	–0.6
>260～360	1.3	1.4	1.5	1.7	1.9	2.1	–0.68
>360～500	1.4	1.5	1.5	1.7	1.9	2.2	–0.76

表 5-0-5　轴的长度计算(确定精车及磨削加工余量)

毛坯装夹性质	光　轴	台　阶　轴	
		用于轴的中段	用于轴的边缘
装在顶针间或装在卡盘与顶针间	轴的全长	轴的全长	其长度是轴的端面到加工部分最远一端之间距离的 2 倍
装在卡盘内不用顶针	其长度是卡爪端面伸出部分长度的 2 倍	其长度是卡爪端面到加工部分最远一端之间距离的 2 倍	

表 5-0-6　轴磨削加工余量

轴的直径 d/mm	磨削性质	轴的性质	轴的长度 L/mm						磨前加工公差
			≤100	>100～250	>250～500	>500～800	>800～1200	>1200～2000	
			直径余量 a(mm)						
≤10	中心磨	未淬硬	0.30	0.30	0.50	—	—	—	-0.10
		淬硬	0.50	0.50	0.60	—	—	—	
	无心磨	未淬硬	0.30	0.30	0.30	—	—	—	
		淬硬	0.50	0.50	0.60	—	—	—	
>10～18	中心磨	未淬硬	0.30	0.50	0.50	0.50	—	—	-0.12
		淬硬	0.50	0.50	0.60	0.70	—	—	
	无心磨	未淬硬	0.30	0.30	0.30	0.50	—	—	
		淬硬	0.50	0.50	0.60	0.70	—	—	
>18～30	中心磨	未淬硬	0.40	0.40	0.50	0.60	0.60	—	-0.14
		淬硬	0.50	0.50	0.60	0.70	0.90	—	
	无心磨	未淬硬	0.50	0.50	0.50	0.50	—	—	
		淬硬	0.50	0.60	0.60	0.70	—	—	
>30～50	中心磨	未淬硬	0.30	0.30	0.50	0.60	0.60	0.60	-0.17
		淬硬	0.40	0.40	0.50	0.60	0.70	0.70	
	无心磨	未淬硬	0.30	0.30	0.30	0.40	—	—	
		淬硬	0.40	0.40	0.50	0.50	—	—	
>50～80	中心磨	未淬硬	0.30	0.40	0.50	0.50	0.60	0.70	-0.20
		淬硬	0.40	0.50	0.50	0.60	0.80	0.90	
	无心磨	未淬硬	0.30	0.30	0.30	0.40	—	—	
		淬 硬	0.40	0.50	0.50	0.60	—	—	
>80～120	中心磨	未淬硬	0.40	0.40	0.50	0.50	0.60	0.70	-0.23
		淬硬	0.50	0.50	0.60	0.60	0.80	0.90	
	无心磨	未淬硬	0.40	0.40	0.40	0.50			
		淬硬	0.50	0.50	0.60	0.70			

续表

轴的直径 d/mm	磨削性质	轴的性质	轴的长度 L/mm						磨前加工公差
			≤100	>100~250	>250~500	>500~800	>800~1200	>1200~2000	
			直径余量 a/mm						
>120~180	中心磨	未淬硬	0.50	0.50	0.60	0.60	0.70	0.80	−0.26
		淬硬	0.50	0.60	0.70	0.80	0.90	1.00	
	无心磨	未淬硬	0.50	0.50	0.50	0.50			
		淬硬	0.50	0.60	0.70	0.80			
>180~260	中心磨	未淬硬	0.80	0.90	0.90	1.10	1.20	1.40	−0.30
		淬硬	0.90	1.10	1.10	1.20	1.40	1.70	
>260~360	中心磨	未淬硬	0.90	0.90	1.10	1.10	1.20	1.40	−0.34
		淬硬	1.10	1.10	1.20	1.40	1.50	1.70	
>360~500	中心磨	未淬硬	1.10	1.10	1.20	1.20	1.40	1.50	−0.38
		淬硬	1.20	1.20	1.20	1.40	1.50	1.80	

注：本表适用于单件小批量生产。

表 5-0-7　磨孔的加工余量

孔的直径 d /mm	零件性质	磨孔长度					磨前精度公差
		≤50	>50~100	>100~200	>200~300	>300~500	
		直径余量 a					
≤10	未淬硬	0.2					0.1
	淬硬	0.2					
>10~18	未淬硬	0.2	0.3				0.12
	淬硬	0.3	0.4				
>18~30	未淬硬	0.3	0.3	0.4			0.14
	淬硬	0.3	0.4	0.4			
>30~50	未淬硬	0.3	0.3	0.4	0.4		0.17
	淬硬	0.4	0.4	0.4	0.5		
>50~80	未淬硬	0.4	0.4	0.4	0.4		0.20
	淬硬	0.4	0.5	0.5	0.5		
>80~120	未淬硬	0.5	0.5	0.5	0.5	0.6	0.23
	淬硬	0.5	0.5	0.6	0.6	0.7	
>120~180	未淬硬	0.6	0.6	0.6	0.6	0.6	0.26
	淬硬	0.6	0.6	0.6	0.6	0.7	
>180~260	未淬硬	0.6	0.6	0.7	0.7	0.7	0.30
	淬硬	0.7	0.7	0.7	0.7	0.8	
>260~360	未淬硬	0.7	0.7	0.7	0.8	0.8	0.34
	淬硬	0.7	0.8	0.8	0.8	0.9	
>360~500	未淬硬	0.8	0.8	0.8	0.8	0.8	0.38
	淬硬	0.8	0.8	0.8	0.9	0.9	

注：1. 当加工在热处理时极易变形的、薄的轴套及其它零件时应将表中的加工余量数值乘以 1.3。

2. 如被加工孔在以后必须作为基准孔时，其公差应按 2 级精度表制定。

3. 在单件小批量生产时，本表的数值应乘以 1.3 并保留一位小数(四舍五入)。

表 5-0-8　拉孔的加工余量(孔径≤80 mm)

孔的长度/mm	孔的直径/mm			
	10～18	>18～30	>30～50	>50～80
	直径余量			
6～10	0.2	0.3	—	—
>10～18	0.3	0.3	0.4	—
>18～30	0.4	0.4	0.5	0.6
>30～50	0.5	0.5	0.5	0.6
>50～80	—	0.5	0.6	0.7
>80～120	—	0.6	0.6	0.7
>120～180	—	—	0.7	0.8

注：1. 拉孔以前的加工精度为 6 级 D1。

2. 当采用外购拉刀时，孔的直径选择必须符合拉刀前段导程的直径。

表 5-0-9　拉孔的加工余量(孔径≥80 mm)

孔的直径 D/mm	孔的长度	直径余量/mm	拉孔前的加工公差/mm
80～120	(4～3)D	1.0	+0.46
>120～180	(4～2.5)D	1.2	+0.53
>180～260	(2.5～1.5)D	1.4	+0.60
>260～360	(1.5～1)D	1.6	+0.68

注：表中所列余量为最小值。

表 5-0-10　镗孔加工余量表

加工孔的直径/mm	材料								细镗前加工精度为4级
	轻合金		巴氏合金		青铜及铸铁		钢件		
	加工性质								
	粗加工	精加工	粗加工	精加工	粗加工	精加工	粗加工	精加工	
	直径余量/mm								
≤30	0.2	0.1	0.3	0.1	0.2	0.1	0.2	0.1	0.045
>30～50	0.3	0.1	0.4	0.1	0.3	0.1	0.2	0.1	0.05
>50～80	0.4	0.1	0.5	0.1	0.3	0.1	0.2	0.1	0.06
>80～120	0.4	0.1	0.5	0.1	0.3	0.1	0.3	0.1	0.07
>120～180	0.5	0.1	0.6	0.2	0.4	0.1	0.3	0.1	0.08
>180～260	0.5	0.1	0.6	0.2	0.4	0.1	0.3	0.1	0.09
>260～360	0.5	0.1	0.6	0.2	0.4	0.1	0.3	0.1	0.1

注：当一次镗削时，加工余量应该是粗加工余量加上精加工余量。

表 5-0-11　平面加工余量

加工性质	加工面长度	加工面宽度 ≤100 余量 a	≤100 公差(+)	>100～300 余量 a	>100～300 公差(+)	>300～1000 余量 a	>300～1000 公差(+)
粗加工后精刨或精铣	≤300	1.0	0.3	1.5	0.5	2	0.7
	>300～1000	1.5	0.5	2	0.7	2.5	1.0
	>1000～2000	2	0.7	2.5	1.2	3	1.2
精加工后磨削零件在装置时未经校准	≤300	0.3	0.1	0.4	0.12	—	—
	>300～1000	0.4	0.12	0.5	0.15	0.6	0.15
	>1000～2000	0.5	0.15	0.6	0.15	0.7	0.15
精加工后磨削零件装置在夹具或用千分表校准	≤300	0.2	0.1	0.25	0.12	—	—
	>300～1000	0.25	0.12	0.3	0.15	0.4	0.15
	>1000～2000	0.3	0.15	0.4	0.15	0.4	0.15
刮	≤300	0.15	0.06	0.15	0.06	0.2	0.1
	>300～1000	0.2	0.1	0.2	0.1	0.25	0.12
	>1000～2000	0.25	0.12	0.25	0.12	0.3	0.15

注：1. 表中数值是每一加工面的加工余量。

2. 为几个零件同时加工时，长度及宽度为装置在一起的各零件长度和宽度及各零件间的间隙之总和。

表 5-0-12　普通螺纹钻底孔用钻头直径尺寸

公称直径 d/mm	螺距 P		钻头直径/mm D	公称直径 d/mm	螺距 P		钻头直径/mm D
1	粗	0.25	0.75	8	粗	1.25	6.7
	细	0.2	0.8		细	1	7
2	粗	0.4	1.6			0.75	7.2
	细	0.25	1.75	10	粗	1.5	8.5
3	粗	0.5	2.5		细	1.25	8.7
	细	0.35	2.65			1	9
4	粗	0.7	3.3			0.75	9.2
	细	0.5	3.5	12	粗	1.75	10.2
5	粗	0.8	4.2		细	1.5	10.5
	细	0.5	4.5			1.25	10.7
6	粗	1	5			1	11
	细	0.75	5.2	14	粗	2	11.9

续表

公称直径/mm	螺距		钻头直径/mm
14	细	1.5	12.5
		1.25	12.7
		1	13
16	粗	2	13.9
	细	1.5	14.5
		1	15
18	粗	2.5	15.4
	细	2	15.9
		1.5	16.5
		1	17
20	粗	2.5	17.4
	细	2	24.9
		1.5	25.5
		1	26
22	粗	2.5	19.4
	细	2	19.9
		10.5	20.5
		1	21
24	粗	3	20.9
	细	2	21.9
		1.5	22.5
		1	23
27	粗	3	23.9
	细	2	24.9
		1.5	25.5
		1	26
30	粗	3.5	26.3
	细	3	26.9
		2	27.9
		1.5	28.5
		1	29
33	粗	3.5	26.3

公称直径/mm	螺距		钻头直径/mm
33	细	3	29.9
		2	30.9
		1.5	31.5
36	粗	4	31.8
	细	3	32.9
		2	33.9
		1.5	34.5
39	粗	4	34.8
	细	3	35.9
		2	36.9
		1.5	37.5
42	粗	4.5	37.3
	细	4	37.8
		3	38.9
		2	39.9
		1.5	40.5
45	粗	4.5	40.3
	细	4	40.8
		3	41.9
		2	42.9
		1.5	43.5
48	粗	5	42.7
	细	4	43.8
		3	44.9
		2	45.9
		1.5	46.5
52	粗	5	46.7
	细	4	47.8
		3	48.9
		2	49.9
		1.5	50.5

支承板(JB/T 8029.1—1999)

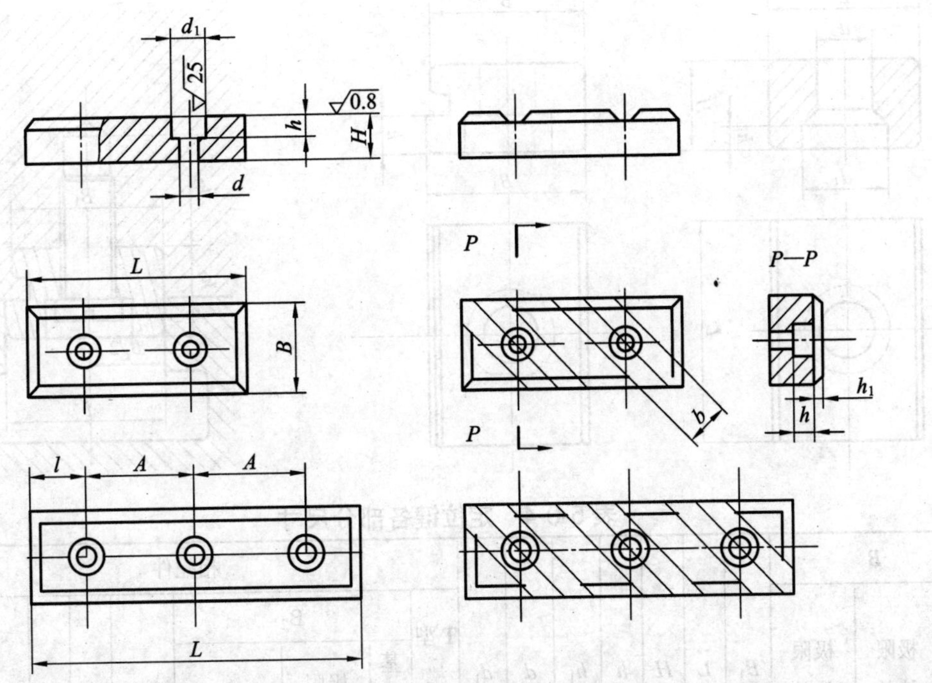

表 5-0-13 支承板各部分尺寸

H	L	B	b	l	A	d	d_1	h	h_1	C	孔数 n
6	30	12	14	7.5	15	4.5	8.5	3	—	0.5	2
	45										3
8	40	14		10	20	5.5	10	3.5			2
	60										3
10	60	16		15	30	6.6	12	4.5		1	2
	90										3
12	80	20	17	20	40	9	15	6	1.5		2
	120										3
16	100	25			60						2
	160										3
20	120	32	20	30		11	18	7	2.5	1.5	2
	180										3
25	140	40			80						2
	220										3

定位键(JB/T 8016—1999)

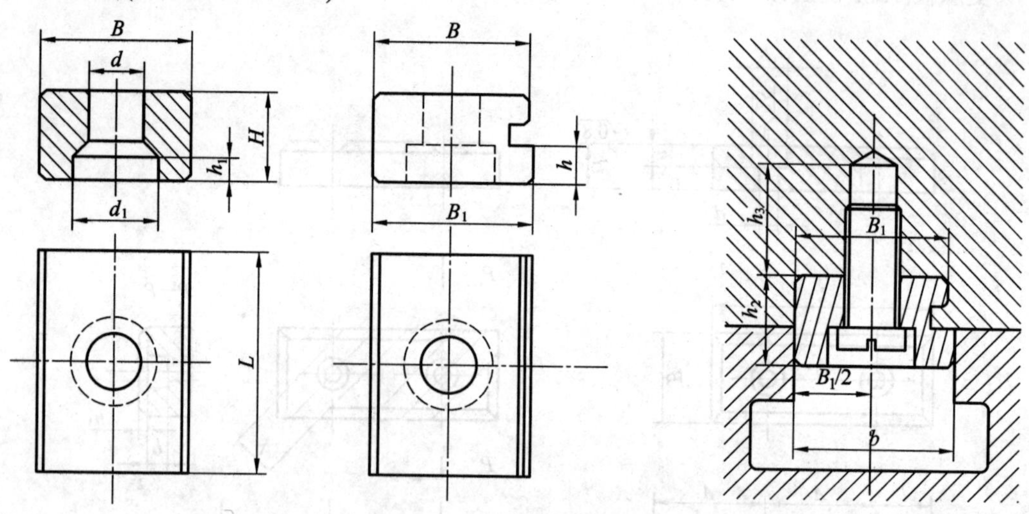

表 5-0-4　定位键各部分尺寸

B 基本尺寸	B 极限偏差 H6	B 极限偏差 H6	B_1	L	H	h	h_1	d	d_1	相配件 T 型槽宽度 b	B_2 基本尺寸	B_2 极限偏差 H7	极限偏差 Js6	d_2	h_2	h_3	螺钉 GB65—76
8	0 −0.009	0 −0.022	8	14	8	3	2.4	3.4	6	8	8	+0.015 0	±0.0045	M3	4	8	M3 × 10
10			10	16			3	4.5	8.5	10	10			M4			M4 × 10
12	0 −0.011	0 −0.027	12	20			4.5	6.6	12	12	12	+0.018 0	±0.0055	M5		10	M5 × 12
14			14							14	14						
16			16	25	10	4				16	16			M6	5	13	M6 × 16
18			18							18	18						
20	0 −0.013	0 −0.033	20	32	12	5				20	20	+0.021 0	±0.0065		6		
22			22							22	22						
24			24	40	14	6	6	9	15	24	24			M8	7	15	M8 × 20
28			28		16	7				28	28				8		
36	0 −0.016	0 −0.039	36	50	20	8	8	14	22	36	36			M12	10	18	M12 × 20
42			42	60	24	9				42	42				12		M12 × 30
48			48	70	28	12	10	18	28	48	48			M10	14	22	M16 × 35
54	0 −0.019	0 −0.046	54	80	32	14				54	54	+0.03 0	±0.0095		16		M16 × 40

V 形块(JB/T 8018—1999)

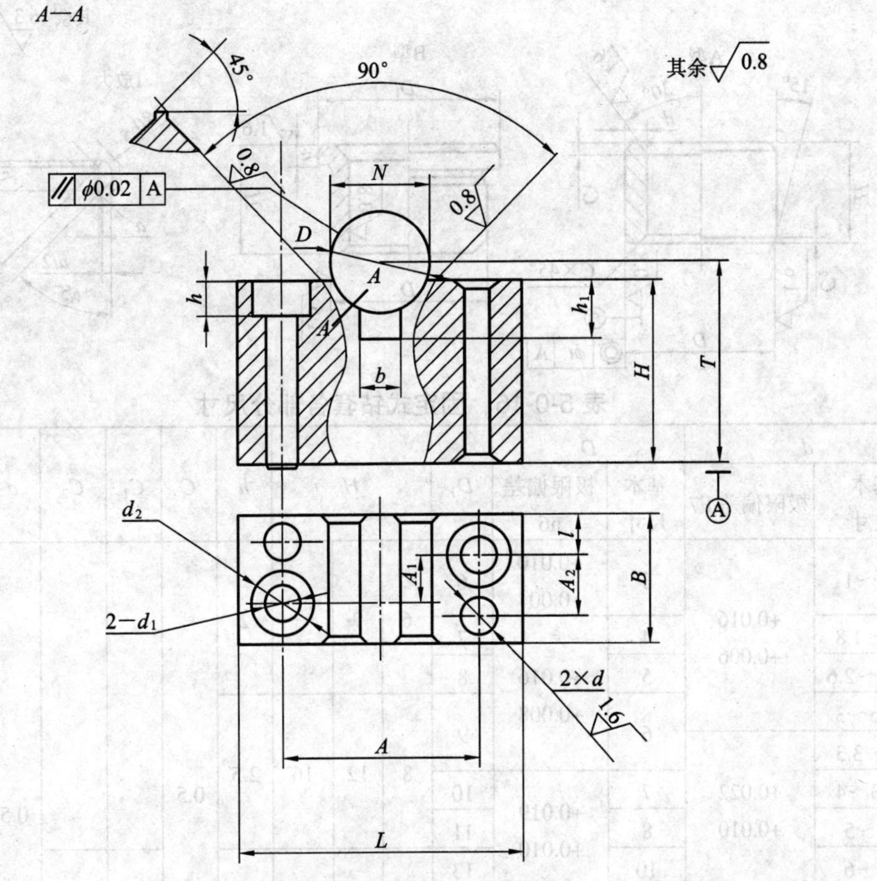

表 5-0-15　V 形块各部分尺寸

N	D	L	B	H	A	A_1	A_2	b	l	d 基本尺寸	d 极限偏差 H7	d_1	d_2	h	h_1
9	5～10	32	16	10	20	5	7	2	5.5	4	+0.012 0	4.5	8.5	4	5
14	>10～15	38	20	12	26	6	9	4	7			5.5	10	5	7
18	>15～20	46	25	16	32	9	12	6	8	5		6.6	12	6	9
24	>20～25	55		20	40			8							11
32	>25～35	70	32	25	50	12	15	12	10	6		9	15	8	14
42	>35～45	85	40	32	64	16	19	16	12	8	+0.015 0	11	18	10	18
55	>45～60	100		35	76			20							22
70	>60～80	125	50	42	96	20	25	30	15	10		14	22	12	25
85	>80～100	140		50	110			40							30

固定式钻套(JB/T 8045.1—1999)

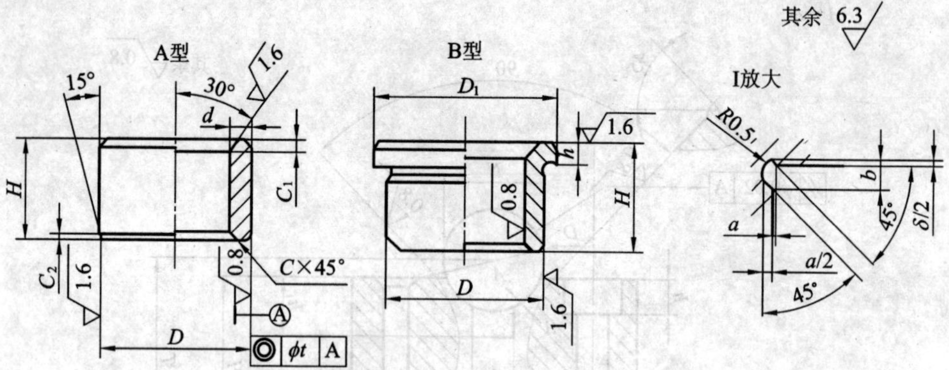

表 5-0-16 固定式钻套各部分尺寸

d 基本尺寸	d 极限偏差 F7	D 基本尺寸	D 极限偏差 n6	D_1	H			h	C	C_1	C_2	a	b	δ
>0～1	+0.016 +0.006	3	+0.010 +0.004	6	6	9	—	2	0.5			0.5	2	0.008
>1～1.8		4	+0.016 +0.008	7										
>1.8～2.6		5		8										
>2.6～3		6		9	8	12	16	2.5						
>3～3.3	+0.022 +0.010													
>3.3～4		7	+0.019 +0.010	10										
>4～5		8		11										
>5～6		10		13	10	16	20	3		1.5	1.25			
>6～8	+0.028 +0.013	12	+0.023 +0.012	15										
>8～10		15		18	12	20	25			2	1.5			
>10～12	+0.034 +0.016	18		22				4						
>12～15		22	+0.028 +0.015	26	16	28	36							
>15～18		26		30					1					0.012
>18～22	+0.041 +0.020	30		34	20	36	45	5		3	2.5	1	3	
>22～26		35	+0.033 +0.017	39										
>26～30		42		46	25	45	56							
>30～35	+0.050 +0.020	48		52										
>35～42		55	+0.039 +0.020	59	30	56	67			3.5	3			
>42～48		62		66				6					4	
>48～50		70		74					1.5					0.040
>50～55	+0.050 +0.025													
>55～62		78		82	35	67	78			4				
>62～70		85	+0.045 +0.023	90								1.5		
>70～78		95		100	40	78	105							
>78～80		105		110										

固定式镗套(JB/T 8046.1—1999)

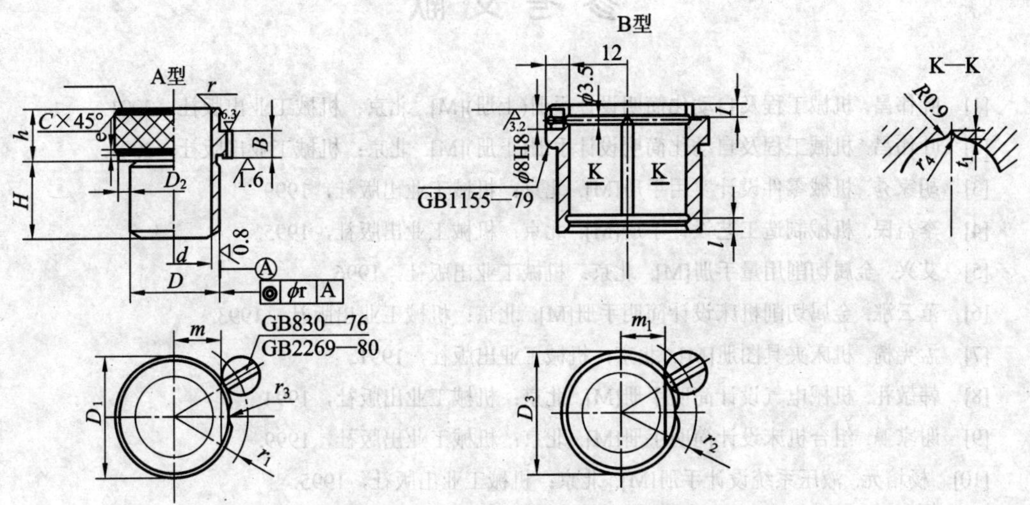

表 5-0-17　固定式镗套各部分尺寸

d	基本尺寸	20	22	25	28	32	35	40	45	50	55	60	70	80	90	100	120	160
	极限偏差 H7	+0.013 0				+0.015 0					+0.010 0				+0.022 0			+0.025 0
	极限偏差 H6	+0.021 0				+0.025 0					+0.030 0				+0.035 0			+0.040 0
D	基本尺寸	25	28	32	35	40	45	50	55	60	65	75	85	100	110	120	145	185
	极限偏差 H7	−0.003 −0.016		−0.003 −0.016					−0.010 −0.023				−0.012 −0.027				−0.014 −0.032	−0.015 −0.035
	极限偏差 H6	−0.007 −0.020		−0.009 −0.025					−0.010 −0.029				−0.012 −0.034				−0.014 −0.039	−0.015 −0.044
H		20		25		35				45			60		80		100	125
		25		35		45				60			80		100		125	160
		35		45		55		60		80			100		120		160	200
l		—			6			8										
D_1		34	38	42	46	52	56	62	70	75	80	90	105	120	130	140	165	220
D_2		32	36	40	44	50	54	60	65	70	75	85	100	155	125	135	160	210
D_3		—			56	60	65	70	75	80	85	90	105	120	130	140	165	220
h		15						18										
m		13	15	17	18	21	23	26	30	32	35	40	47	54	58	65	75	105
m_1		—			23	25	28	30	33	35	38							
r		1		1.5			2					3					4	
r_1		22.5	24.5	26.5	30	33	35	38	43.5	46	48.5	53.5	61	68.5	75.5	81	93	121
r_2		—			35	37	39.5	42	46	48.5	51							

参 考 文 献

[1] 叶伟昌. 机械工程及自动化简明设计手册(上册)[M]. 北京：机械工业出版社，2001.

[2] 叶伟昌. 机械工程及自动化简明设计手册(下册)[M]. 北京：机械工业出版社，2001.

[3] 胡家秀. 机械零件设计实用手册[M]. 北京：机械工业出版社，1999.

[4] 李益民. 机械制造工艺设计手册[M]. 北京：机械工业出版社，1995.

[5] 艾兴. 金属切削用量手册[M]. 北京：机械工业出版社，1996.

[6] 范云涨. 金属切削机床设计简明手册[M]. 北京：机械工业出版社，1993.

[7] 孟宪椅. 机床夹具图册[M]. 北京：机械工业出版社，1991.

[8] 韩敬礼. 机械电气设计简明手册[M]. 北京：机械工业出版社，1994.

[9] 谢家瀛. 组合机床设计简明手册[M]. 北京：机械工业出版社，1999.

[10] 杨培元. 液压系统设计手册[M]. 北京：机械工业出版社，1995.

[11] 王启平. 机床夹具设计[M]. 哈尔滨：哈尔滨工业大学出版社，1988.

[12] 大连组合机床研究所. 组合机床设计参考图册[M]. 北京：机械工业出版社，1996.

[13] 徐锦康. 机械设计[M]. 北京：机械工业出版社，2001.

[14] 大连组合机床研究所所编. 组合机床设计[M]. 北京：机械工业出版社，1975.

[15] 杨黎明. 机床夹具设计手册[M]. 北京：国防工业出版社，1996.

[16] 薛源顺. 机床夹具设计[M]. 北京：机械工业出版社，2000.

[17] 大连组合机床研究所编. 组合机床设计参考图册[M]. 北京：机械工业出版社，1975.

[18] 陈秀宁，施高义. 机械设计课程设计[M]. 杭州：浙江大学出版社，2002.

[19] 王宗荣. 工程图学[M]. 北京：机械工业出版社，2001.

[20] 甘永立. 几何量公差与检测[M]. 上海：上海科学技术出版社，2001.

[21] 黄恺. Pro/E 参数化设计高级应用教程[M]. 北京：化学工业出版社，2008.

[22] 林清安. Pro/ENGINEER 野火 4.0 中文版 [M]. 北京：电子工业出版社，2008.

[23] 二代龙震工作室. Pro/ENGINEER Wildfire 4.0 高级设计[M]. 北京：电子工业出版社，2008.

[24] 和青芳. Pro/ENGINEER Wildfire4.0 高级设计实例精讲[M]. 北京：机械工业出版社，2009.

[25] 钟日铭. Pro/ENGINEER Wildfire 4.0 从入门到精通[M]. 北京：机械工业出版社，2009.